SGILIAU HANFODOL
AR GYFER TGAU

Gwyddoniaeth (Dwyradd)

Dan Foulder
Nora Henry
Roy White

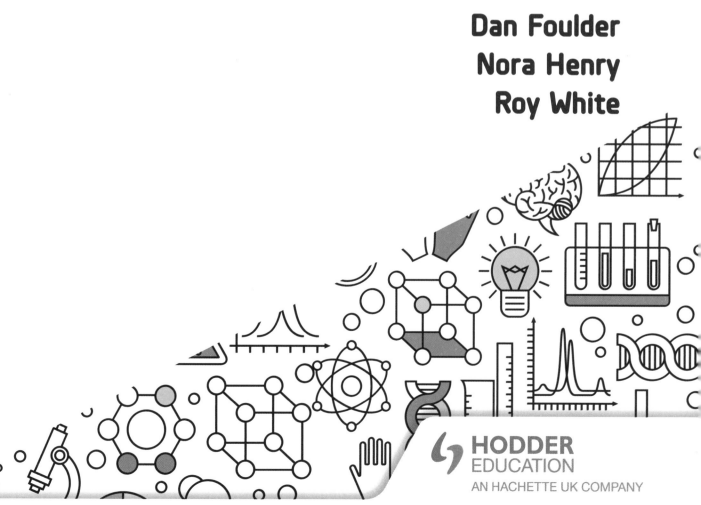

HODDER
EDUCATION
AN HACHETTE UK COMPANY

Sgiliau Hanfodol ar gyfer TGAU Gwyddoniaeth (Dwyradd)

Addasiad Cymraeg o *Essential Skills for GCSE Combined Science* a gyhoeddwyd yn 2019 gan Hodder Education

Ariennir yn Rhannol gan **Lywodraeth Cymru**

Part Funded by **Welsh Government**

Cyhoeddwyd dan nawdd Cynllun Adnoddau Addysgu a Dysgu CBAC

Gwnaed pob ymdrech i gysylltu â'r holl ddeiliaid hawlfraint, ond os oes unrhyw rai wedi'u hesgeuluso'n anfwriadol, bydd y cyhoeddwyr yn falch o wneud y trefniadau angenrheidiol ar y cyfle cyntaf.

Er y gwnaed pob ymdrech i sicrhau bod cyfeiriadau gwefannau yn gywir adeg mynd i'r wasg, nid yw Hodder Education yn gyfrifol am gynnwys unrhyw wefan y cyfeirir ati yn y llyfr hwn. Weithiau mae'n bosibl dod o hyd i dudalen we a adleolwyd trwy deipio cyfeiriad tudalen gartref gwefan yn ffenestr LlAU (*URL*) eich porwr.

Polisi Hachette UK yw defnyddio papurau sy'n gynhyrchion naturiol, adnewyddadwy ac ailgylchadwy o goed a dyfwyd mewn coedwigoedd cynaliadwy. Disgwylir i'r prosesau torri coed a gweithgynhyrchu gydymffurfio â rheoliadau amgylcheddol y wlad y mae'r cynnyrch yn tarddu ohoni.

Archebion: cysylltwch â Hachette UK Distribution, Hely Hutchinson Centre, Milton Road, Didcot, Oxfordshire, OX11 7HH. Ffôn: +44 (0)1235 827827. E-bost: education@hachette.co.uk. Mae'r llinellau ar agor rhwng 9.00 a 17.00 o ddydd Llun i ddydd Gwener. Gallwch hefyd archebu trwy wefan Hodder Education: www.hoddereducation.co.uk.

ISBN 978 1 3983 4995 7
© Dan Foulder, Nora Henry, Roy White, 2019 (Yr argraffiad Saesneg)
Cyhoeddwyd gyntaf yn 2019 gan
Hodder Education,
Cwmni Hachette UK,
Carmelite House,
50 Victoria Embankment
Llundain EC4Y 0DZ

© CBAC 2022 (Yr argraffiad Cymraeg hwn ar gyfer CBAC)
www.hoddereducation.co.uk

Rhif argraffiad   10 9 8 7 6 5 4 3 2 1

Blwyddyn   2026 2025 2024 2023 2022

Dalier sylw: mae argraffiad Saesneg gwreiddiol y gyfrol hon yn ymdrin â nifer o wahanol fanylebau sy'n gymwys ar draws y DU. Wrth baratoi'r llyfr Cymraeg, gwnaed pob ymdrech i addasu'r cynnwys er mwyn adlewyrchu'r hyn sydd ym manyleb CBAC. Lle nad yw'r deunydd yn uniongyrchol berthnasol i'r fanyleb, tynnir sylw at hyn mewn nodyn ar ymyl y ddalen. Serch hynny, gall fod rhai enghreifftiau eraill o gwestiynau ymarfer ac atebion sydd heb fod yn uniongyrchol berthnasol i fanyleb CBAC.

Llun y clawr © kotoffei – stock.adobe.com

Teiposodwyd gan Integra Software Services Pvt. Ltd., Puducherry, India

Argraffwyd yn Sbaen

Mae cofnod catalog y teitl hwn ar gael gan y Llyfrgell Brydeinig.

MIX
Paper from responsible sources
FSC® C104740
www.fsc.org

Cynnwys

Sut i ddefnyddio'r llyfr hwn   iv

1 Mathemateg

Unedau a byrfoddau   1
Rhifyddeg a chyfrifo rhifiadol   6
Trin data   23
Algebra   48
Graffiau   58
Geometreg a thrigonometreg   76

2 Llythrennedd

Sut i ysgrifennu ymatebion estynedig   84
Sut i ateb geiriau gorchymyn gwahanol   89

3 Gweithio'n wyddonol

Cyfarpar a thechnegau   103
Datblygu meddwl gwyddonol   104
Sgiliau a strategaethau arbrofol   109
Dadansoddi a gwerthuso   118
Geirfa, meintiau, unedau a symbolau gwyddonol   120

4 Sgiliau adolygu

Cynllunio ymlaen   121
Defnyddio'r offer cywir   122
Creu'r amgylchedd cywir   125
Technegau adolygu defnyddiol   126
Ymarfer adalw   128
Ymarfer, ymarfer, ymarfer   131

5 Sgiliau arholiad

Cyngor cyffredinol ar arholiadau   133
Amcanion asesu   138
Deall ystyr geiriau gorchymyn   139

6 Cwestiynau enghreifftiol

Bioleg Papur 1   150
Cemeg Papur 1   153
Ffiseg Papur 1   157

Atebion   161
Termau allweddol   181

Sut i ddefnyddio'r llyfr hwn

Croeso i *Sgiliau Hanfodol ar gyfer TGAU Gwyddoniaeth (Dwyradd)*. Mae'r llyfr hwn wedi'i gynllunio i'ch helpu chi i fynd y tu hwnt i wybodaeth bwnc-benodol, a datblygu'r sgiliau hanfodol sylfaenol i lwyddo ym maes TGAU Gwyddoniaeth. Mae'r sgiliau hyn yn cynnwys Mathemateg, Llythrennedd, a Gweithio'n Wyddonol, sef sgiliau y mae mwy o ffocws arnyn nhw bellach.

- Mae'r bennod Mathemateg yn rhoi sylw i'r pum maes allweddol sy'n ofynnol gan y llywodraeth, gyda chyd-destunau gwahanol sy'n benodol i bwnc Gwyddoniaeth. Yn eich arholiadau Gwyddoniaeth, mae cwestiynau sy'n profi sgiliau Mathemateg yn cyfrif am 20% o'r marciau sydd ar gael, gyda chymhareb o 1 : 2 : 3 ar gyfer Bioleg, Cemeg a Ffiseg.
- Mae'r bennod Llythrennedd yn eich helpu i ddysgu sut i ateb cwestiynau ymateb estynedig. Bydd disgwyl i chi ateb o leiaf un o'r rhain ar bob papur, ac fel arfer maen nhw'n werth chwe marc.
- Mae'r bennod Gweithio'n Wyddonol yn rhoi sylw i'r pedwar maes allweddol ym mhob pwnc TGAU gwyddoniaeth.
- Mae'r bennod Adolygu yn esbonio sut i adolygu'n fwy effeithlon drwy ddefnyddio technegau adalw.
- Yn olaf, mae'r bennod Sgiliau Arholiad yn esbonio ffyrdd o wella eich perfformiad yn yr arholiad ei hun.

Er mwyn eich helpu i ymarfer eich sgiliau, mae tri phapur enghreifftiol ar ddiwedd y llyfr, a thri arall ar gael ar y we: www.hoddereducation.co.uk/SgiliauHanfodolGwyddoniaethDwyradd. Er nad ydyn nhw wedi'u cynllunio i gynrychioli unrhyw bapur arholiad yn fanwl gywir, maen nhw'n cynnwys cwestiynau enghreifftiol tebyg i'r rhai mewn arholiad, a bydd gofyn i chi roi eich sgiliau mathemateg, llythrennedd ac ymarferol ar waith.

Nodweddion allweddol

Yn ogystal â blychau Term allweddol a **Cyngor**, mae nifer o nodweddion i ddatblygu eich sgiliau.

(A) Enghreifftiau wedi'u datrys

Mae'r blychau hyn yn cynnwys cwestiynau sy'n dangos y gwaith cyfrifo sydd ei angen i gyrraedd yr ateb cywir.

(A) Sylwadau ar atebion

Mae'r ymatebion estynedig enghreifftiol hyn yn cynnwys sylwadau ar atebion, marc ac esboniad o'r rheswm dros ei roi.

(B) Arweiniad ar y cwestiynau

Mae'r blychau hyn yn eich arwain i'r cyfeiriad cywir, fel y gallwch chi weithio tuag at ddatrys y cwestiwn eich hun.

(B) Asesu ateb myfyriwr

Mae'r gweithgareddau hyn yn gofyn i chi ddefnyddio cynllun marcio i asesu'r ateb enghreifftiol a chyfiawnhau eich sgôr.

(C) Cwestiynau ymarfer

Bydd y cwestiynau enghreifftiol hyn yn profi eich dealltwriaeth o'r pwnc.

(C) Gwella'r ateb

Mae'r gweithgareddau hyn yn gofyn i chi ailysgrifennu'r ateb enghreifftiol i'w wella ac ennill marciau llawn.

Mae atebion i'r holl gwestiynau yng nghefn y llyfr. Mae'r atebion hyn yn ddatrysiadau llawn sy'n cynnwys gwaith cyfrifo cam wrth gam. Mae atebion y tri phapur enghreifftiol ychwanegol i'w cael ar y we: **www.hoddereducation.co.uk/SgiliauHanfodolGwyddoniaethDwyradd**

★ **Mae fersiwn Saesneg y gyfrol hon yn ymdrin â sawl manyleb Gwyddoniaeth ar draws Cymru a Lloegr. Mae'n bosibl felly nad yw rhai adrannau yn y gyfrol hon yn uniongyrchol berthnasol i'ch astudiaethau chi ac asesiadau CBAC. Ond rydyn ni wedi gadael yr adrannau hyn i mewn gan eu bod yn aml yn cynnwys gwybodaeth gefndirol ddefnyddiol. Rydyn ni wedi rhoi nodyn, fel yr un yma, ar ymyl y dudalen yn yr achosion hyn er mwyn tynnu eich sylw atyn nhw.**

1 Mathemateg

Mae mathemateg yn rhan bwysig o TGAU Gwyddoniaeth, ac mae marciau penodol bellach yn cael eu rhoi yn yr arholiadau am ba mor dda rydych chi'n ateb cwestiynau mathemateg. Bydd y sgiliau hyn i gyd yn gyfarwydd i chi o'ch cwrs TGAU Mathemateg – ond nawr byddwch chi'n eu defnyddio nhw mewn cyd-destun gwahanol, sef gwyddoniaeth.

Er enghraifft, efallai bydd cwestiynau mathemateg cyffredin mewn arholiadau gwyddoniaeth yn gofyn i chi luniadu graffiau, cyfrifo cymedrau a chyfrifo tebygolrwydd (e.e. o groesiadau genynnol). Felly, dylai'r sgiliau hyn i gyd fod yn gyfarwydd i chi.

Mae'r bennod hon yn ceisio mynd â chi drwy'r holl sgiliau mathemategol sydd eu hangen er mwyn cwblhau eich cwrs TGAU Gwyddoniaeth yn llwyddiannus.

» Unedau a byrfoddau

Rydyn ni'n defnyddio unedau i fesur meintiau gwyddonol. Mae unedau'n bwysig iawn mewn gwyddoniaeth. Heb unedau, mae gwerthoedd rhifiadol yn aml yn ddiystyr, a bydd anghofio unedau yn costio marciau i chi yn yr arholiad. Dylech chi sicrhau eich bod chi'n defnyddio unedau priodol ym mhob gwaith cyfrifo a thrin data.

Mae gwaith labordy yn rhan ganolog o TGAU Gwyddoniaeth. Drwy gydol eich cwrs byddwch chi'n cael llawer o gyfleoedd i ddefnyddio gwaith ymarferol i ymchwilio i ddata, eu cofnodi a'u prosesu. Gall rhai mesuriadau sy'n cael eu cofnodi mewn gwaith arbrofol fod yn ansoddol ac ni fyddai'r rhain yn cynnwys gwerth rhifiadol.

Rydyn ni'n defnyddio amrywiaeth o unedau meintiol ar gyfer TGAU Gwyddoniaeth. Mae gwyddonwyr yn defnyddio system fesuriadau SI. Mae'r system hon wedi'i seilio ar y saith uned sylfaenol sydd i'w gweld yn Nhabl 1.1. Lle bynnag y bo'n bosibl, dylech chi ddefnyddio'r unedau sy'n cael eu cydnabod yn rhyngwladol. Dylech chi ymgyfarwyddo â'r unedau a hefyd eu byrfoddau.

Tabl 1.1 Unedau sylfaenol TGAU Gwyddoniaeth

Mesuriad	Uned	Byrfodd
màs	cilogram	kg
hyd	metr	m
amser	eiliad	s
cerrynt	amper (amp)	A
tymheredd	gradd Celsius	°C
swm y sylwedd	môl	mol
arddwysedd goleuol	candela	cd

Mae pob uned SI arall yn gyfuniad o'r unedau sylfaenol. Yr enw ar y cyfuniadau hyn yw unedau deilliadol (edrychwch ar Dabl 1.2).

Unedau cyfansawdd yw'r rhai sy'n cynnwys mwy nag un uned. Er enghraifft:

● Mae crynodiad yn cael ei fesur mewn mol/dm³ (mol y dm³)

● Mae newid egni yn cael ei fesur mewn kJ/mol (cilojoule y mol)

Tabl 1.2 Unedau deilliadol TGAU

Mesur ffisegol	Uned ddeilliadol	Byrfodd
arwynebedd	metr sgwâr	m²
cyfaint	metr ciwbig	m³
dwysedd	cilogram y metr ciwbig	kg/m³
gwasgedd	pascal	Pa
cynhwysedd gwres sbesiffig	joule y cilogram am bob gradd Celsius	J/kg°C
gwres cudd sbesiffig	joule y cilogram	J/kg
buanedd	metr yr eiliad	m/s
grym	newton	N
cryfder maes disgyrchiant	newton y cilogram	N/kg
cyflymiad	metr yr eiliad sgwâr	m/s²
amledd	hertz	Hz
egni	joule	J
pŵer	wat	W
gwefr drydanol	coulomb	C
gwahaniaeth potensial trydanol (neu foltedd)	folt	V
gwrthiant trydanol	ohm	Ω
dwysedd fflwcs magnetig	tesla	T

Fyddai hi ddim yn addas rhoi màs cerdyn post, er enghraifft, mewn cilogramau. Felly mae gwyddonwyr yn aml yn defnyddio unedau llai (isluosrifau) ac unedau mwy (lluosrifau) mewn cyfrifiadau. Mae Tabl 1.3 yn dangos y rhai cyffredin.

Tabl 1.3 Unedau isluosol a lluosol TGAU Gwyddoniaeth

Enw'r rhagddodiad	Symbol	Ystyr/Ffurf safonol	degolyn
tera	T	×10¹²	1 000 000 000 000
giga	G	×10⁹	1 000 000 000
mega	M	×10⁶	1 000 000
cilo	k	×10³	1000
centi	c	×10⁻²	0.01
mili	m	×10⁻³	0.001
micro	μ	×10⁻⁶	0.000 001
nano	n	×10⁻⁹	0.000 000 001

Mae'r enghreifftiau hyn yn dangos unedau synhwyrol i fesur y gwrthrychau:

- Mae cerdyn post yn mesur 15 cm wrth 8 cm

- Mae'r pellter rhwng Llundain a Birmingham tua 190 km

- Diamedr darn punt yw 22.5 mm

Trawsnewid rhwng unedau

I adio a thynnu gwerthoedd, mae angen iddyn nhw fod wedi'u mynegi yn yr un unedau. Er enghraifft, allwch chi ddim adio màs basn anweddu (24 g) at fàs copr ocsid (3000 mg) i roi cyfanswm màs, gan fod yr unedau'n wahanol. Os yw'r unedau'n wahanol, mae'n rhaid eu trawsnewid nhw i uned gyffredin cyn adio. Yn yr enghraifft hon, mae'n rhaid i chi drawsnewid màs y copr ocsid o 3000 mg i 3 g yn gyntaf, ac yna ei adio at fàs y basn anweddu mewn gramau (24 g) i roi cyfanswm màs o 27 g.

Bydd angen i chi allu trawsnewid rhwng gwahanol unedau cyfaint a màs fel sy'n cael ei amlinellu isod.

Termau allweddol

Isluosrifau: Ffracsiynau o uned sylfaenol neu uned ddeilliadol, fel centi- yn centimetr.

Lluosrifau: Niferoedd mawr o unedau sylfaenol neu ddeilliadol, fel cilo- yn cilogram.

Cyngor

Mae mwy o wybodaeth am ffurf safonol ar dudalen 8.

Cyngor

Mae rhai meintiau ffisegol hefyd sy'n gymarebau syml, ac nid oes ganddyn nhw uned.
Ar lefel TGAU, dyma nhw:
- effeithlonrwydd
- chwyddhad
- cymhareb troadau newidyddion

Cofiwch nad oes angen i chi roi symbol uned gyda'r meintiau hyn.

Cyngor

Mewn rhifau mwy na 9999, mae grwpiau o ddigidau fel arfer yn cael eu gwahanu'n grwpiau o dri gan fwlch; er enghraifft, 10 000. Ceisiwch osgoi defnyddio atalnod/coma i wahanu grwpiau o ddigidau, oherwydd y tu allan i'r DU ac UDA, mae'r coma'n cael ei ddefnyddio'n aml fel pwynt degol. Gallai camgymryd coma fel safle pwynt degol wrth roi cyffuriau neu ddylunio pont fod yn drychinebus.

Cyfaint

Mae cyfaint fel arfer yn cael ei fesur mewn centimetrau ciwbig (cm³), decimetrau ciwbig (dm³) neu fetrau ciwbig (m³).

$$1000\,cm^3 = 1\,dm^3$$

$$1000\,dm^3 = 1\,m^3$$

Bydd angen i chi allu trawsnewid rhwng unedau cyfaint, yn enwedig ar gyfer cyfrifiadau ar gyfaint a chrynodiad hydoddiannau. Bydd y diagram llif yn Ffigur 1.1 yn eich helpu chi i drawsnewid rhwng unedau cyfaint.

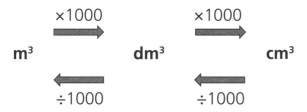

▲ Ffigur 1.1 Trawsnewid rhwng unedau cyfaint

Màs

Rydyn ni'n gallu mesur màs mewn miligramau (mg), gramau (g), cilogramau (kg) a thunelli metrig (t).

$$1\ dunnell\ fetrig = 1000\,kg$$

$$1\ cilogram = 1000\,g$$

$$1\ gram = 1000\,mg$$

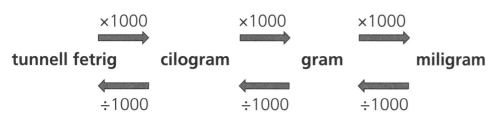

▲ Ffigur 1.2 Trawsnewid rhwng unedau màs

(A) Enghreifftiau wedi'u datrys

1 a **Trawsnewidiwch 35 cm³ i dm³.**

   Edrychwch ar Ffigur 1.1. I drawsnewid o cm³ i dm³, mae angen rhannu â 1000.

   $$\frac{35}{1000} = 0.035\ dm^3$$

 b **Trawsnewidiwch 1.5 dm³ i cm³.**

   Edrychwch ar Ffigur 1.1. I drawsnewid o dm³ i cm³, mae angen lluosi â 1000.

   $$1.5 \times 1000 = 1500\ cm^3$$

 c **Trawsnewidiwch 325 mg i gramau.**

   Edrychwch ar Ffigur 1.2. I drawsnewid o mg i g, mae angen rhannu â 1000.

   $$\frac{325}{1000} = 0.325\ g$$

 ch **Trawsnewidiwch 4.3 kg i gramau.**

   Edrychwch ar Ffigur 1.2. I drawsnewid o kg i g, mae angen lluosi â 1000.

   $$4.3 \times 1000 = 4300\ g$$

d Trawsnewidiwch 2.2 tunnell fetrig i gramau.

Mae angen dau drawsnewidiad: tunnell fetrig → cilogram → gram

Cam 1: I drawsnewid o dunelli metrig i gilogramau, mae angen lluosi â 1000.

$2.2 \times 1000 = 2200\,kg$

Cam 2: I drawsnewid o gilogramau i gramau, mae angen lluosi â 1000.

$2200 \times 1000 = 2\,200\,000\,g$

Cyngor

Gallwch chi gyfeirio at Ffigur 1.2 i'ch helpu â'r trawsnewidiad hwn.

B Arweiniad ar y cwestiynau

1 **Trawsnewidiwch 1.2 dm³ i cm³.**

I drawsnewid o dm³ i cm³, mae angen lluosi â 1000.

$1.2 \times 1000 = $ .... cm³

2 **Trawsnewidiwch 8.2 tunnell fetrig i g.**

Mae angen dau drawsnewidiad yma:

tunelli metrig → kg → g

Cam 1 I drawsnewid o dunelli metrig i kg, mae angen lluosi â 1000.

$8.2 \times 1000 = $ .... kg

Cam 2 Yna, i drawsnewid o kg i g, mae angen lluosi â 1000.

.... $\times 1000 = $ .... g

Cyngor

Cofiwch feddwl am eich ateb bob tro; mae dm³ yn uned fwy na cm³ felly byddech chi'n disgwyl cael nifer mwy o cm³ wrth drawsnewid y ffordd yna.

C Cwestiwn ymarfer

3 Gwnewch y trawsnewidiadau canlynol rhwng unedau.

a 1.2 dm³ i cm³   **ch** 4.4 t i g

b 420 cm³ i dm³   **d** 4 kg i g

c 3452 cm³ i dm³   **dd** 3512 g i kg

Cyfrifiadau sy'n aml yn cynnwys trawsnewid unedau

Mae sawl testun lle bydd angen i chi, o bosibl, drawsnewid unedau yn aml. Mewn Cemeg, er enghraifft, efallai y bydd angen i chi ymdrin â thrawsnewidiadau wrth edrych ar:

- adweithiau rhwng cyfeintiau o nwyon, lle gallai fod angen i chi gyfrifo molau o nwy gan ddefnyddio'r hafaliad:

$$\text{swm (mewn molau)} = \frac{\text{cyfaint}(dm^3)}{24}$$

- symiau sylweddau, lle gallai fod angen i chi gyfrifo molau gan ddefnyddio'r hafaliadau:

$$\text{swm (mewn molau)} = \frac{\text{màs}(g)}{A_r} \quad \text{neu} \quad \text{swm (mewn molau)} = \frac{\text{màs}(g)}{M_r}$$

Cyngor

A_r yw'r màs atomig cymharol ac mae i'w weld yn y Tabl Cyfnodol ar gyfer pob elfen. M_r yw'r màs fformiwla cymharol. Does gan y gwerthoedd hyn ddim unedau.

A Enghraifft wedi'i datrys

Cyfrifwch faint o folau sy'n bresennol mewn 2.4 tunnell fetrig o fagnesiwm.

I gyfrifo'r swm mewn molau, defnyddiwch yr hafaliad canlynol:

$$\text{swm (mewn molau)} = \frac{\text{màs (g)}}{A_r}$$

Cyn defnyddio'r mynegiad hwn, mae angen trawsnewid màs y magnesiwm o dunelli metrig i gramau.

tunelli metrig → cilogramau → gramau
$$\times 1000 \qquad \times 1000$$

Cam 1 màs y magnesiwm mewn gramau = $2.4 \times 1000 \times 1000 = 2\,400\,000\,g$

Cam 2 $\text{swm (mewn molau)} = \frac{\text{màs (g)}}{M_r}$

$$= \frac{2400\,000}{24} = 100\,000\,mol$$

Term allweddol

Màs fformiwla cymharol, M_r: Cyfanswm masau atomig cymharol (A_r) yr holl atomau sydd i'w gweld yn y fformiwla.

Cyngor

Efallai y bydd gofyn i chi gyfrifo nifer y molau yn hytrach na'r swm mewn molau – byddwch chi'n ateb hyn yn yr un ffordd.

B Arweiniad ar y cwestiynau

1 **Cyfrifwch faint o folau sy'n bresennol mewn 9.8 kg o asid sylffwrig, H_2SO_4, sydd â'r màs fformiwla cymharol (M_r) 98.**

I gyfrifo'r swm mewn molau, defnyddiwch y mynegiad

$$\text{swm (mewn molau)} = \frac{\text{màs (g)}}{M_r}$$

Cam 1 Trawsnewidiwch y màs o kg i g drwy luosi â 1000.

$9.8 \times 1000 = \ldots\ldots\ldots$

Cam 2 Amnewidiwch y màs mewn gramau a'r M_r i'r hafaliad i gyfrifo eich ateb terfynol.

$$\text{swm (mewn molau)} = \frac{\text{màs (g)}}{98} = \ldots\ldots\ldots = \ldots\ldots\ldots$$

2 **Cyfrifwch faint o folau sy'n bresennol mewn 48 000 cm³ o nwy nitrogen.**

I gyfrifo'r swm mewn molau o nwy, defnyddiwch y mynegiad

$$\text{swm (mewn molau)} = \frac{\text{cyfaint (cm}^3)}{24}$$

Cam 1 Trawsnewidiwch gyfaint y nwy o cm³ i dm³ drwy ei rannu â 1000

$\frac{48\,000}{1000} = \ldots\ldots\ldots\ dm^3$

Cam 2 Amnewidiwch y cyfaint i'r hafaliad a chyfrifwch eich ateb terfynol.

$$\text{swm (mewn molau)} = \frac{\text{cyfaint (dm}^3)}{24} = \ldots\ldots\ldots = \ldots\ldots\ldots$$

Cyngor

Dim ond os bydd y cyfaint yn cael ei roi y mae'n bosibl defnyddio'r hafaliad hwn i gyfrifo nifer y molau nwy.

3 Cyfrifwch faint o folau sy'n bresennol mewn 6 kg o galsiwm (Ca).

4 Cyfrifwch faint o folau sy'n bresennol mewn 3.2 tunnell fetrig o galsiwm carbonad. Màs fformiwla cymharol (M_r) calsiwm carbonad = 100.

5 Cyfrifwch faint o folau sy'n bresennol mewn 17 kg o amonia (NH_3).

6 Cyfrifwch faint o folau sy'n bresennol mewn 2.1 tunnell fetrig o haearn(III) ocsid (Fe_2O_3).

7 Cyfrifwch faint o folau sy'n bresennol mewn 0.592 kg o fagnesiwm nitrad ($Mg(NO_3)_2$).

8 Cyfrifwch faint o folau sy'n bresennol mewn 7200 cm³ o nwy sylffwr triocsid (SO_3).

» Rhifyddeg a chyfrifo rhifiadol

Mynegiadau ar ffurf ddegol

Wrth adio neu dynnu data, mae lleoedd degol yn aml yn cael eu defnyddio i nodi trachywiredd yr ateb. Mae'r term 'lle degol' yn cyfeirio at y rhifau ar ôl y pwynt degol. Nifer y lleoedd degol yw nifer y digidau ar ôl y pwynt degol.

Lle degol 1af   3ydd lle degol

2il le degol

▲ Ffigur 1.3 Lleoedd degol

Mae gan y rhif 5.743 dri lle degol, ond does gan y rhif 10 ddim lle degol.

Weithiau, bydd gofyn i chi roi eich ateb i un neu ddau le degol. I wneud hyn, mae angen i chi dalgrynnu eich ateb. Er enghraifft:

● Mae talgrynnu rhif i un lle degol yn golygu bod un digid yn unig ar ôl y pwynt degol.

● Mae talgrynnu rhif i ddau le degol yn golygu bod dau ddigid ar ôl y pwynt degol.

I dalgrynnu rhif i nifer penodol o leoedd degol, edrychwch ar y digid ar ôl yr un olaf sydd ei angen arnoch chi (y ffigur sy'n penderfynu) ac

● os yw'r rhif nesaf yn *5 neu'n fwy*, talgrynnwch i fyny

● os yw'r rhif nesaf yn *4 neu'n llai*, peidiwch â thalgrynnu i fyny.

Er enghraifft, os ydych chi'n talgrynnu rhif i ddau le degol, mae'n ddefnyddiol tanlinellu pob rhif hyd at ddau rif ar ôl y pwynt degol. Mae hyn wedyn yn tynnu eich sylw at y rhif nesaf, sy'n eich helpu gyda'r talgrynnu.

Dylech chi sicrhau eich bod chi'n defnyddio'r nifer priodol o leoedd degol (ll.d.) wrth dalgrynnu atebion i gwestiynau arholiad. Mae'n debyg y bydd hyn yn dibynnu ar nifer y ffigurau ystyrlon sy'n cael eu defnyddio yn y cwestiwn neu ar y data sydd wedi'u rhoi.

Cyngor

Mae rhifau degol yn gallu cael eu defnyddio'n aml hefyd i fynegi ffracsiynau, er enghraifft $\frac{1}{2} = 0.5$.

Termau allweddol

Lleoedd degol (ll.d.): Nifer y cyfanrifau sy'n cael eu rhoi ar ôl pwynt degol (p.d.).

Cyfanrifau: Rhifau cyfan yw'r rhain, sy'n cynnwys seroau.

Ffigur sy'n penderfynu: Y cyfanrif ar ôl nifer y lleoedd degol angenrheidiol sy'n *penderfynu* a oes rhaid i ni dalgrynnu i fyny neu beidio.

Wrth ateb cwestiynau ymarferol sy'n cynnwys mesuriadau, ddylech chi ddim defnyddio mwy o leoedd degol nag sydd yn y mesuriad lleiaf manwl gywir. Er enghraifft, os yw pren mesur yn cael ei ddefnyddio i fesur arwynebedd ochrau ciwb i'r 0.1 cm agosaf, wrth ddefnyddio'r gwerth hwn i gyfrifo'r arwynebedd arwyneb (cm²) a'r cyfaint (cm³) ddylech chi ddim defnyddio mwy nag un lle degol.

Mae gan y rhan fwyaf o werthoedd nifer union o leoedd degol, ond mae eraill yn gallu cynnwys degolion cylchol (er enghraifft $\frac{1}{3} = 0.333333333$ cylchol) neu nifer anfeidraidd o leoedd degol (fel pi – π). Mae'n bwysig talgrynnu'r gwerthoedd anarferol hyn i'r nifer priodol o leoedd degol.

Gallwch chi weld enghraifft o ddegolyn cylchol drwy rannu'r rhif 2 â'r rhif 3 ar eich cyfrifiannell. Gyda'r cyfrifiad hwn, efallai y gwelwch chi 0.6666666666 ar eich sgrin, er bod cyfrifianellau mwy modern yn ei ddangos fel 0.6̇; mae'r dot uwchben y 6 yn dangos bod y 6 yn ailadrodd am byth. Yn y naill achos neu'r llall, mae'r rheol ar gyfer talgrynnu yr un fath. Ar gyfer 3 ll.d., bydden ni'n ysgrifennu 0.6666666666 neu 0.6̇ fel 0.667. Sylwch, os oes dau ddot, mae'r rhifau *rhwng* y dotiau yn cael eu hailadrodd. Felly, mae 0.6̇52̇ yn golygu 0.652652652... Byddai hyn yn 0.7 i 1 ll.d., 0.65 i 2 ll.d. a 0.653 i 3 ll.d.

Term allweddol

Cylchol: Pan fydd rhif yn mynd ymlaen am byth.

(A) Enghraifft wedi'i datrys

Mae ffisegydd yn mesur diamedr rhoden fetel fel 0.7 cm i 1 ll.d.

Gan roi'r ddau ateb i 2 ll.d., beth yw:

a **y diamedr lleiaf y gallai'r rhoden ei gael?**

 Cam 1 Byddai'n rhaid i'r rhif lleiaf fod yn werth y gallai'r ffisegydd ei dalgrynnu i fyny o hyd, felly 6 fyddai'r lle degol cyntaf.

 Cam 2 Byddai'n rhaid i'r rhif sy'n dilyn y 6 fod mor fach â phosibl, ond gan ddal i fod yn rhif sy'n caniatáu i ni dalgrynnu i fyny.

 Cam 3 Felly, y diamedr lleiaf yw 0.65 cm.

b **y diamedr mwyaf y gallai'r rhoden ei gael?**

 Cam 1 Mae'n rhaid i'r rhif mwyaf fod yn ddigon bach i beidio â chael ei dalgrynnu i fyny, felly 7 fyddai'r lle degol cyntaf.

 Cam 2 Byddai'n rhaid i'r rhif sy'n dilyn y 7 fod mor fawr â phosibl, ond dal yn rhif sydd ddim yn caniatáu i ni dalgrynnu i fyny.

 Cam 3 Felly, y diamedr mwyaf yw 0.74 cm.

(B) Arweiniad ar y cwestiynau

1 **Mae diamedr gwreiddyn yn 0.345 cm. Ysgrifennwch y diamedr hwn i un lle degol.**

 Yr ail le degol yw 4, felly mae angen talgrynnu i lawr.

 Diamedr y gwreiddyn i un lle degol = ...

2 **Mae car tegan yn rholio i lawr llethr ac yn teithio 20 cm mewn 6.4 eiliad. Cyfrifwch fuanedd y car mewn cm/s i 2 ll.d.**

 Cam 1 Darganfyddwch y buanedd: $\frac{20 \text{ cm}}{6.4 \text{ s}}$ = ...cm/s

 Cam 2 Rhowch yr ateb i 2 ll.d.: buanedd y car = ... cm/s

Cyngor

Os ydych chi'n creu tablau canlyniadau yn eich arholiad neu mewn tasg ymarferol ofynnol, cofiwch roi'r un nifer o leoedd degol i'r gwerthoedd i gyd.

(C) Cwestiynau ymarfer

3 Mae hydoddiant copr(II) sylffad yn cael ei electroleiddio am bum munud gan ddefnyddio electrodau copr. Mae'r tabl yn dangos màs yr anod a'r catod copr cyn ac ar ôl yr electrolysis.

	anod	catod
Màs yr electrod cyn electrolysis/g	1.66	1.58
Màs yr electrod ar ôl electrolysis/g	1.15	1.87

Cyfrifwch fàs y copr sy'n cael ei ddyddodi i un lle degol.

4 Mae myfyriwr yn pwyso 630 N a chyfanswm arwynebedd ei draed mewn cysylltiad â'r ddaear yw 205 cm^2.

Cyfrifwch y gwasgedd mae'n ei roi ar y ddaear, gan roi eich ateb mewn N/cm^2 i 1 ll.d.

Cyngor

Yn yr arbrawf electrolysis hwn, caiff copr ei ddyddodi ar un electrod, sy'n mynd yn drymach, ac mae'r electrod arall yn mynd yn ysgafnach.

Ffurf safonol

Weithiau, mae gwyddonwyr yn delio â rhifau mawr iawn neu rifau bach iawn. Er enghraifft:

- nifer y moleciwlau dŵr mewn llwy fwrdd o ddŵr yw tua 602 000 000 000 000 000 000 000 (sy'n rhif anhygoel o fawr)

- mae tonfedd pelydr X tua 0.000 000 000 1 metr (sy'n rhif anhygoel o fach)

- gallai'r egni mae planhigyn yn ei gael o'r Haul fod yn 1 800 000 kJ/m^2/bl

- gallai diamedr cell facteriol fod yn 0.005 mm

Mae ffurf safonol yn cael ei defnyddio i fynegi rhifau mawr iawn neu rifau bach iawn er mwyn ei gwneud hi'n haws eu deall a'u trin. Mae'n haws dweud bod sbecyn o lwch yn pwyso 1.2×10^{-6} gram na dweud ei fod yn pwyso 0.000 001 2 gram neu bod hyd bond carbon-i-garbon yn 1.3×10^{-10} m na dweud ei fod yn 0.000 000 000 13 m.

Mae ffurf safonol bob amser yn edrych fel Ffigur 1.4:

Rhaid i 'A' fod rhwng 1 a 10 bob amser

'n' yw'r nifer o leoedd y mae'r pwynt degol yn symud

$$A \times 10^n$$

▲ Ffigur 1.4 Ffurf safonol

Gallwn ni hefyd feddwl am 'n' fel pŵer o ddeg y caiff A ei luosi ag ef i fod yn hafal i'r rhif gwreiddiol. Mae'n bwysig eich bod chi'n gallu trawsnewid ffurf safonol yn ôl i ffurf gyffredin, a ffurf gyffredin i ffurf safonol. Mae Tabl 1.3 ar dudalen 2 yn dangos sut mae rhagddodiaid yn cael eu defnyddio i gynrychioli ffurf safonol.

Pwerau o 10

Mae pwerau o 10 yn rhoi ffordd i ni ysgrifennu'r rhifau mawr iawn hyn a'r rhifau bach iawn mewn rhyw fath o fformat llaw-fer. Er enghraifft, os edrychwn ni ar y cyfrifiad $10 \times 10 = 100$, gallwn ni weld bod dau rif deg yn cael eu lluosi gyda'i gilydd. Felly, gallwn ni ysgrifennu gwerth 100 fel 10^2 neu 1.0×10^2.

Yn y cyfrifiad $10 \times 10 \times 10 \times 10 = 10\,000$, gallwn ni weld bod pedwar rhif deg yn cael eu lluosi â'i gilydd. Gallwn ni ysgrifennu'r gwerth $10\,000$ fel 10^4, neu 1.0×10^4. Mae nifer y seroau yn cael ei drosi'n bŵer 10 wrth ysgrifennu pob rhif ar ffurf safonol. Rydyn ni'n ysgrifennu pwerau fel rhifau uwchysgrif – er enghraifft, rydyn ni'n ysgrifennu 10 i bŵer 2 fel 10^2 – y rhif 2 bach uchel yw'r pŵer.

Mae pŵer positif yn golygu lluosi â'r pŵer 10 hwnnw. Yn y bôn, mae hyn yn golygu bod angen i chi luosi â 10 yr un nifer o weithiau â'r pŵer. Er enghraifft, mae gan 1×10^3 y pŵer 3, felly rydyn ni'n lluosi 1 â 10 dair gwaith:

$$1 \times 10 \times 10 \times 10 = 1000 = 1 \times 10^3$$

Tabl 1.4 Pwerau positif o 10

Rhif	Cael ei ysgrifennu fel	I'w weld yn aml fel
10	1×10^1	10
100	1×10^2	10^2
1000	1×10^3	10^3
10 000	1×10^4	10^4
100 000	1×10^5	10^5
1 000 000	1×10^6	10^6

Wrth gynrychioli rhifau sy'n llai nag 1 ar ffurf safonol, rydych chi'n cael pwerau negatif (er enghraifft 1×10^{-1}). Yn y bôn, mae hyn yn golygu bod angen i chi rannu â 10 yr un nifer o weithiau â'r pŵer. Er enghraifft:

Mae gan 1×10^{-2} y pŵer -2, felly mae angen rhannu 1 â 10 ddwywaith: $1 \div 10 \div 10 = 0.01 = 1 \times 10^{-2}$.

Tabl 1.5 Pwerau negatif o 10

Ffracsiwn	Degolyn	Cael ei ysgrifennu fel	I'w weld yn aml fel
$\frac{1}{10}$	0.1	1×10^{-1}	10^{-1}
$\frac{1}{100}$	0.01	1×10^{-2}	10^{-2}
$\frac{1}{1000}$	0.001	1×10^{-3}	10^{-3}
$\frac{1}{10000}$	0.0001	1×10^{-4}	10^{-4}
$\frac{1}{100000}$	0.00001	1×10^{-5}	10^{-5}
$\frac{1}{1000000}$	0.000001	1×10^{-6}	10^{-6}

Cyngor

Wrth luosi rhifau ar ffurf safonol, mae angen adio'r pwerau at ei gilydd a lluosi'r rhifau eraill.

Cyngor

Un o'r rhifau y byddwch chi'n eu defnyddio mewn Cemeg, sy'n cael ei gyflwyno fel arfer ar ffurf safonol, yw rhif Avogadro, sef 6.02×10^{23}.

Term allweddol

Rhif Avogadro: Nifer yr atomau, moleciwlau neu ïonau sydd mewn un môl o sylwedd penodol.

A Enghreifftiau wedi'u datrys

1 **Mae lled tiwb sylem yn 0.072 mm. Ysgrifennwch y lled hwn ar ffurf safonol.**

   Cam 1 Rydyn ni'n gwybod bod $0.01 = 1 \times 10^{-2}$

   Cam 2 Gan fod y lled yn 0.072, mae angen rhoi 7.2 yn lle'r 1

   Cam 3 Mae hyn yn rhoi ateb o $0.072\,\text{mm} = 7.2 \times 10^{-2}$ mm

2 **Ysgrifennwch y tonfeddi canlynol ar ffurf safonol.**

   a **Golau oren (0.000 000 58 metr).**

   Cam 1 Ysgrifennwch 5.8

   Cam 2 Mae'r pwynt degol nawr ar ôl y 5 (yn 5.8); mae'r pwynt degol wedi symud saith lle i'r dde (o 0.000 000 58 i 5.8)

   Cam 3 Y donfedd ar ffurf safonol yw 5.8×10^{-7} m

b **Pelydrau-X (0.000 000 000 195 metr).**

   Cam 1 Ysgrifennwch 1.95

   Cam 2 Mae'r pwynt degol nawr ar ôl yr 1 (yn 1.95); mae'r pwynt degol wedi symud 10 lle i'r dde (o 0.000 000 000 195 i 1.95)

   Cam 3 Y donfedd ar ffurf safonol yw 1.95×10^{-10} m

B Arweiniad ar y cwestiynau

1 **Cyfrifwch nifer yr atomau sy'n bresennol mewn 2.3 g o sodiwm.**

   Cam 1 Cyfrifwch swm y sodiwm mewn molau gan ddefnyddio

   $$\text{Swm(mewn molau)} = \frac{\text{màs (g)}}{M_r} = \frac{2.3}{23} = 0.1$$

   Cam 2 Mae un môl o atomau yn cynnwys 6.2×10^{23} o atomau. I ddod o hyd i nifer yr atomau sy'n bresennol mewn 2.3 g o sodiwm, mae angen lluosi'r swm mewn molau â 6×10^{23}

2 **Mae rhywogaeth bacteriwm yn rhannu bob dwy awr. Os oes 10 o facteria yn y boblogaeth wreiddiol, faint o facteria fyddai yno ar ôl 24 awr? Defnyddiwch yr hafaliad isod a rhowch eich ateb ar ffurf safonol:**

   Poblogaeth bacteria = poblogaeth gychwynnol y bacteria $\times$ $2^{\text{nifer y rhaniadau}}$

   Cam 1 Cyfrifwch sawl rhaniad fydd yn digwydd mewn 24 awr. I wneud hyn, mae angen rhannu'r cyfanswm gyda'r amser rhannu cymedrig.

   $$\frac{24}{2} = 12$$

   Felly, mae'r bacteria'n rhannu 12 gwaith mewn 24 awr.

   Cam 2 Amnewidiwch y gwerthoedd i'r hafaliad.

   Poblogaeth bacteria = 10×2^{12} = ...

> **Term allweddol**
>
> Cymedr: Math o gyfartaledd yw'r cymedr. Rydyn ni'n sôn am gymedrau ar dudalennau 26-28.

C Cwestiynau ymarfer

3 Mae arwyneb y ddaear wedi'i rannu'n blatiau. Yng Nghefnfor Gogledd Iwerydd, mae dau o'r platiau hyn yn cwrdd. Mae'r platiau hyn yn symud oddi wrth ei gilydd tua 25 mm bob blwyddyn.

   Pa mor bell oddi wrth ei gilydd y byddan nhw'n symud mewn pum can mil o flynyddoedd? Rhowch eich ateb mewn metrau ar ffurf safonol.

4 Mae rhywogaeth bacteriwm yn rhannu bob 5 awr. Os oes 200 o facteria yn y boblogaeth wreiddiol, faint o facteria fyddai yno ar ôl 30 awr? Rhowch eich ateb ar ffurf safonol.

5 Mae diamedr atom copr yn 0.256 nm. Mae gan wifren gopr ddiamedr o 0.044 cm.

   a Ysgrifennwch ddiamedr yr atom a'r wifren mewn metrau.
   b Sawl gwaith yn lletach yw'r wifren gopr nag atom copr? Rhowch eich ateb i 2 le degol ar ffurf safonol.

6 Mae atom hydrogen yn cynnwys proton ac electron. Cyfrifwch fàs atom hydrogen os yw màs proton yn 1.6725×10^{-24} g a màs electron yn 0.0009×10^{-24} g.

Defnyddio cyfrifiannell gyda rhifau ar y ffurf safonol

Yn eich arholiad, efallai bydd angen i chi ddefnyddio ffurf safonol gyda chyfrifiannell wyddonol. Mae gan y rhan fwyaf o gyfrifianellau sgrin sy'n gallu dangos tua naw rhif ar ei thraws, sy'n golygu nad ydyn ni'n gallu rhoi rhifau mawr iawn a rhifau bach iawn i mewn ar ffurf normal.

Er enghraifft, i gyfrifo $(2.99 \times 10^3) \times (4.1 \times 10^8)$ bydden ni'n gwneud y canlynol:

Cam 1	rhoi 2.99 i mewn
Cam 2	pwyso'r botwm '$\times 10^x$' (ar rai cyfrifianellau mae'r botwm '$\times 10^x$' wedi'i labelu ag 'EXP')
Cam 3	rhoi 3 i mewn
Cam 4	pwyso'r botwm lluosi, $\times$
Cam 5	rhoi 4.1 i mewn
Cam 6	pwyso'r botwm '$\times 10^x$'
Cam 7	rhoi 8 i mewn
Cam 8	pwyso'r botwm '=' i ddangos yr ateb, sef 1.2259×10^{12}

I roi 2.99×10^{-3} i mewn, pwyswch y botwm –, neu'r botwm $\pm$ cyn rhoi'r rhif 3 i mewn.

Cymarebau, ffracsiynau a chanrannau

Mae ffurf normal (degolion), ffurf safonol, ffracsiynau a chanrannau i gyd yn rhifau y gallwn ni eu rhoi i mewn i gyfrifiannell. Gan fod pob un o'r ffurfiau hyn yn cynrychioli rhifau, mae'n bosibl eu newid o un ffurf i'r llall, fel sydd i'w weld yn Nhabl 1.6.

Tabl 1.6 Rhifau ar wahanol ffurfiau

Ffurf normal	Ffurf safonol	Ffracsiwn	Canran
0.03	3×10^{-2}	$\dfrac{3}{100}$	3%
0.5	5×10^{-1}	$\dfrac{1}{2}$	50%
3.7	3.7×10^0	$\dfrac{37}{10}$	370%
12.25	1.225×10^1	$12\dfrac{1}{4}$	1225%

Yn yr adran ganlynol, byddwn yn edrych ar ffracsiynau, cymarebau a chanrannau. Bydd yn rhaid i chi ddefnyddio'r rhain mewn llawer o gyfrifiadau.

Ffracsiynau

Rhan o rif cyfan yw ffracsiwn, ac rydyn ni'n ei fynegi fel rhif cyfan wedi'i rannu â rhif cyfan arall. Y rhif uchaf yn y ffracsiwn yw'r rhifiadur a'r rhif isaf yn y ffracsiwn yw'r enwadur.

Wrth ddefnyddio ffracsiynau, mae'n arfer da i ysgrifennu pob ffracsiwn ar ei ffurf symlaf, er enghraifft gallech chi ysgrifennu $\frac{5}{10}$ fel $\frac{4}{8}, \frac{3}{6}$ neu $\frac{2}{4}$; ond y ffurf symlaf yw $\frac{1}{2}$ felly dylech chi ddefnyddio'r ffurf hon.

I ddod o hyd i ffurf symlaf ffracsiwn, mae angen rhannu'r rhifiadur a'r enwadur (y rhif uchaf a'r rhif isaf) gyda'r un rhif cyfan (ffactor gyffredin), a dal i wneud hyn nes nad yw'n bosibl rhannu'r rhifiadur a'r enwadur eto i roi rhifau cyfan.

Er enghraifft, yn $\frac{2}{8}$ gallwn ni rannu'r rhifiadur a'r enwadur â 2 i roi rhifau cyfan, felly $\frac{2}{8} = \frac{1}{4}$

Yn $\frac{9}{12}$ gallwn ni rannu'r rhifiadur a'r enwadur â 3 i roi rhifau cyfan, felly $\frac{9}{12} = \frac{3}{4}$

Dydy hi ddim yn bosibl rhannu 3 a 4 eto gyda'r un rhif i roi rhifau cyfan, felly $\frac{3}{4}$ yw'r ffordd symlaf o ysgrifennu'r ffracsiwn hwn.

Cyfrifo ffracsiynau (y ffordd draddodiadol)

Mae gan y rhan fwyaf o gyfrifianellau gwyddonol y gallu i roi atebion fel ffracsiwn, er enghraifft $\frac{5}{24}$, er y gallwch chi osod eich cyfrifiannell i arddangos rhif degol yn lle hynny. I drawsnewid o ffracsiwn i ddegolyn, mae angen i chi rannu'r rhifiadur (y rhif uchaf) â'r enwadur (y rhif isaf):

$$\frac{5}{24} = 0.208 \text{ (3 ll.d.)}$$

Bydd gan eich cyfrifiannell fotwm i wneud y cyfrifiad hwn ar eich cyfer. Yn aml mae ganddo'r label S⇔D.

Mae angen i chi allu adio, tynnu, lluosi a rhannu ffracsiynau.

Lluosi ffracsiynau

Mae lluosi'n waith syml iawn. Lluoswch y rhifau uchaf (rhifiaduron) gyda'i gilydd, ac yna'r rhifau isaf (enwaduron).

Er enghraifft: $\frac{2}{3} \times \frac{3}{4} = \frac{6}{12}$

Gallwn ni symleiddio'r ffracsiwn drwy rannu'r rhifiadur a'r enwadur â 6 i roi $\frac{1}{2}$.

Rhannu ffracsiynau

I rannu ffracsiynau, rydyn ni'n gwrthdroi'r rhannydd (yr ail ffracsiwn) ac yn lluosi.

Er enghraifft: $\frac{3}{4} \div \frac{7}{8} = \frac{3}{4} \times \frac{8}{7} = \frac{24}{28}$

Gallwn ni symleiddio'r ffracsiwn drwy rannu'r rhifiadur a'r enwadur â 4 i roi $\frac{6}{7}$.

Adio a thynnu ffracsiynau

Mae'n hawdd adio neu dynnu ffracsiynau os oes ganddyn nhw'r un enwadur.

Enghraifft 1: $\frac{2}{7} + \frac{4}{7} = ?$

Yma, yr enwadur cyffredin yw 7, felly $\frac{2}{7} + \frac{4}{7} = \frac{6}{7}$

Enghraifft 2: $\frac{7}{12} - \frac{5}{12} = ?$

Yma, yr enwadur cyffredin yw 12, felly $\frac{7}{12} - \frac{5}{12} = \frac{2}{12}$

Gallwn ni symleiddio'r ffracsiwn drwy rannu'r rhifiadur a'r enwadur â 2 i roi $\frac{1}{6}$.

Os nad yw'r enwadur cyffredin wedi'i roi i ni, mae angen i ni ddod o hyd i un. Bydd unrhyw ddau ffracsiwn (neu fwy) yn rhannu enwadur cyffredin, a bydd hynny'n caniatáu i ni eu hadio neu eu tynnu. I ddod o hyd i enwadur cyffredin, gallwch chi luosi'r ddau enwadur gyda'i gilydd.

Er enghraifft:

$$\frac{1}{3} + \frac{1}{4} = ?$$

Yn yr enghraifft hon, allwn ni ddim eu hadio gyda'i gilydd fel y maen nhw. Ond os ydyn ni'n lluosi'r enwaduron gyda'i gilydd, rydyn ni'n cael 3 × 4 = 12.

> ### Cyngor
> Os ydych chi'n gweld ffracsiwn lle mae'r rhifiadur yn fwy na'r enwadur, fel $\frac{9}{6}$, mae hyn yn golygu ei bod yn bosibl ei symleiddio fel rhif cyfan a ffracsiwn. Yn yr enghraifft hon, mae gennych chi $\frac{6}{6}$ plws $\frac{3}{6}$ arall, neu $1\frac{3}{6} \equiv 1\frac{1}{2}$.

I wneud yn siŵr bod y ffracsiynau'n aros yn gywerth (yr un peth) pan fyddwn ni'n newid yr enwadur, mae'n rhaid i ni luosi'r rhifiadur â'r un rhif hefyd. Mae hyn oherwydd nad yw $\frac{1}{3}$ yr un gwerth â $\frac{1}{12}$. Fe wnaethon ni luosi'r enwadur (3) â 4 i gael 12, felly mae angen i ni luosi'r rhifiadur (1) â 4 hefyd. Os ydyn ni'n gwneud hyn i'r ddau ffracsiwn, rydyn ni'n cael:

$$\frac{4}{12} + \frac{3}{12} = ?$$

Nawr gallwn ni adio'r ddau gyda'i gilydd i gael $\frac{7}{12}$.

Cyfrifo ffracsiynau (y ffordd hawdd)

Ym mhob arholiad TGAU Gwyddoniaeth bydd disgwyl i chi allu defnyddio cyfrifiannell wyddonol. Mae dysgu sut i ddefnyddio cyfrifiannell i gyfrifo ffracsiynau yn waith syml.

Mae'r cyfarwyddiadau isod yn dweud wrthych chi sut i roi'r ffracsiwn $\frac{3}{4}$ i mewn ac yna adio $\frac{1}{2}$.

- chwiliwch am y botwm ffracsiwn; bydd y symbol yn ymddangos ar y sgrin pan fyddwch chi'n ei bwyso

- pwyswch fotwm rhif 3; mae'r 3 yn cael ei arddangos fel y rhifiadur

- pwyswch 'i lawr' ar y botwm llywio pan fyddwch chi'n barod i roi'r enwadur i mewn

- pwyswch fotwm rhif 4

- pwyswch 'i'r dde' ar y botwm llywio fel bod y ffracsiwn, $\frac{3}{4}$, ar y sgrin

- pwyswch +

- rhowch y ffracsiwn $\frac{1}{2}$ i mewn yn yr un ffordd â $\frac{3}{4}$, gan orffen drwy wasgu 'i'r dde' ar y botwm llywio

- pwyswch =

- dylai'r sgrin ddangos yr ateb: $\frac{5}{4}$ neu $1\frac{1}{4}$

- pwyswch S⇔D i weld yr ateb yn cael ei arddangos fel degolyn (1.25).

Ffracsiynau cymysg yw ffracsiynau lle mae rhan ohonyn nhw'n rhif cyfan, a rhan yn ffracsiwn. Er enghraifft, mae $2\frac{1}{2}$ yn ffracsiwn cymysg.

Mae'r cyfarwyddiadau isod yn dangos sut i roi'r ffracsiwn cymysg $2\frac{1}{2}$ i mewn, ac yna ei luosi â $3\frac{3}{4}$.

- dewch o hyd i'r symbol ffracsiwn cymysg a'i bwyso – mae hwn fel arfer uwchben y botwm ffracsiwn; mae angen i chi bwyso'r botwm Shift, yna'r botwm ffracsiwn

- nawr gallwch chi roi ffracsiwn cymysg i mewn

- pwyswch fotwm rhif 2, yna pwyswch 'i'r dde' ar y botwm llywio

- pwyswch fotwm rhif 1, yna pwyswch 'i lawr' ar y botwm llywio

- pwyswch fotwm rhif 2, yna pwyswch 'i'r dde' ar y botwm llywio

- dylai'r sgrin ddangos $2\frac{1}{2}$

- pwyswch ×

Cyngor

Os yw'r enwadur cyffredin rydych chi'n ei gael drwy luosi'r ddau enwadur gyda'i gilydd yn uchel iawn, ceisiwch ei symleiddio drwy ei leihau i rif llai. Er enghraifft, gallai fod yn haws deall y swm ffracsiwn $\frac{24}{56} + \frac{8}{56}$ fel $\frac{3}{7} + \frac{1}{7}$, gan fod y ddau ffracsiwn yn rhannu'r un lluosrif o 8. Os ydych chi'n rhannu'r ddau ffracsiwn gydag 8, byddwch chi'n cael swm llawer symlach. Gallwch chi wneud y symleiddio hwn ar ôl cwblhau'r swm hefyd, os yw'n well gennych.

- rhowch y ffracsiwn cymysg $3\frac{3}{4}$ i mewn yn yr un ffordd ag y gwnaethoch chi roi $2\frac{1}{2}$
- pwyswch =
- dylai'r sgrin ddangos $9\frac{3}{8}$ neu $\frac{75}{8}$
- pwyswch S⇔D i weld yr ateb yn cael ei arddangos fel degolyn (9.375).

Unwaith y byddwch chi'n gwybod sut i roi ffracsiynau i mewn yn eich cyfrifiannell, gallwch chi eu hadio, eu tynnu, eu lluosi a'u rhannu'n hawdd.

C Cwestiynau ymarfer

1 Cwblhewch y cyfrifiadau hyn gan ddefnyddio cyfrifiannell.

a $1\frac{1}{4}+3\frac{5}{8}$

c $7\frac{5}{12}-6\frac{1}{4}$

b $2\frac{2}{3}+4\frac{5}{6}$

ch $3\frac{2}{5}-4\frac{7}{10}$

2 Cymysgeddau o fetelau yw aloion. Yn aml mae aur yn cael ei gymysgu â chopr i'w wneud yn galetach ac yn fwy anodd ei dreulio.

Mae aur 9 carat yn cynnwys $\frac{3}{8}$ o aur pur a $\frac{5}{8}$ o gopr yn ôl màs.

Cyfrifwch beth yw màs darn o aur 9 carat os yw'n cynnwys 95 g o gopr.

Cyngor

Cofiwch fod defnyddio cyfrifiannell yn sgìl, a dydy sgiliau ddim yn cael eu dysgu dros nos. Mae angen ymarfer!

Cyngor

Rydych chi'n gwybod bod $\frac{5}{8}$ o'r aur yn gopr, felly defnyddiwch hyn yn gyntaf i ddod o hyd i màs $\frac{1}{8}$, ac yna defnyddiwch y swm hwn i ddod o hyd i màs $\frac{8}{8}$ (mewn geiriau eraill, y cyfan) o'r aur 9 carat.

Canrannau

Fel ffracsiynau, mae canrannau'n cynrychioli rhan o rif cyfan. Yn wahanol i ffracsiynau, rydyn ni'n eu mynegi nhw ar ffurf rhif ac yna'r symbol canran %, sy'n golygu 'wedi'i rannu â 100' neu 'allan o 100'.

Er enghraifft: $\frac{1}{4}=\frac{25}{100}=25\%$

I drosi ffracsiwn yn ganran, mae angen rhannu'r rhifiadur (rhif uchaf) â'r enwadur (rhif isaf) a lluosi â 100.

Gall fod yn anodd cymharu ffracsiynau pan mae ganddyn nhw enwaduron gwahanol. Er enghraifft, dydy hi ddim yn hawdd dweud a yw $\frac{3}{10}$ yn fwy neu'n llai na $\frac{4}{11}$ heb wneud rhai cyfrifiadau. Mae canrannau'n datrys y broblem honno gan fod canran yn ffracsiwn o 100.

Tabl 1.7 Rhai canrannau, degolion a ffracsiynau cyffredin

Ffracsiwn	$\frac{1}{20}$	$\frac{1}{10}$	$\frac{1}{4}$	$\frac{1}{2}$	$\frac{3}{4}$	1
Degolyn	0.05	0.10	0.25	0.50	0.75	1.00
Canran	$\frac{1}{20}=\frac{5}{100}$ $=5\%$	$\frac{1}{10}=\frac{10}{100}$ $=10\%$	$\frac{1}{4}=\frac{25}{100}$ $=25\%$	$\frac{1}{2}=\frac{50}{100}$ $=50\%$	$\frac{3}{4}=\frac{75}{100}$ $=75\%$	$\frac{1}{1}=\frac{100}{100}$ $=100\%$

I gyfrifo *newid canrannol* – gallai hwn fod yn gynnydd neu'n lleihad – defnyddiwch yr hafaliad canlynol.

$$\text{Canran y newid}=\frac{\text{newid mewn gwerth}}{\text{gwerth gwreiddiol}}\times 100$$

Mae cyfrifiadau cynnyrch canrannol ac economi atomau hefyd yn cynnwys canrannau. I gyfrifo'r rhain, bydd angen i chi gofio a defnyddio'r hafaliadau isod.

$$\text{Canran y cynnyrch} = \frac{\text{cynnyrch gwirioneddol}}{\text{cynnyrch damcaniaethol}} \times 100$$

$$\% \text{ economi atom} = \frac{\text{màs moleciwlaidd y cynnyrch a ddymunir}}{\text{cyfanswm masau moleciwlaidd pob adweithydd}}$$

A Enghreifftiau wedi'u datrys

1 Mae ymchwiliad yn cael ei gynnal i effaith newid crynodiad NaCl ar fàs sampl moronen mewn hydoddiant. Mae'r sampl moronen yn colli 3 g o'i gyfanswm màs o 10 g. Pa ganran o'i màs mae'r foronen yn ei golli?

Cam 1 Yn yr achos hwn, mae'r 'cyfan' yn 10 g ac mae'r 'rhan' yn 3 g, felly mae'r foronen yn colli $\frac{3}{10}$ o'i màs.

Cam 2 I droi'r ffracsiwn hwn yn ganran, mae angen rhannu'r rhifiadur (3) â'r enwadur (10) a lluosi â 100:

$$\frac{3}{10} \times 100 = 30\%$$

2 Mae sampl 2.4 g o fwyn haearn yn cynnwys 1.8 g o Fe_2O_3. Pa ganran o'r mwyn haearn sy'n Fe_2O_3?

Cam 1 Mynegwch y swm fel ffracsiwn: $\frac{1.8}{2.4}$

Cam 2 Lluoswch â 100: $\frac{1.8}{2.4} \times 100 = 75\%$

B Arweiniad ar y cwestiynau

1 Cyfrifwch ganran y nitrogen mewn $Ca(NO_3)_2$.

Cam 1 Yn yr enghraifft hon, yn gyntaf, mae angen i chi ddod o hyd i màs fformiwla cymharol (M_r) $Ca(NO_3)_2$

$$M_r = 40 + (14 \times 2) + (16 \times 6) = \text{.....................}$$

Cam 2 Mae dau atom nitrogen ac felly màs y nitrogen mewn $Ca(NO_3)_2$ yw $14 \times 2 = \text{.....................}$

Cam 3 Mynegwch y swm fel ffracsiwn

$$\frac{\text{màs nitrogen}}{M_r} = \text{.....................}$$

Cam 4 Lluoswch â 100 i'w fynegi fel canran.

2 Mewn diwrnod, mae 4000 kJ o egni golau o'r Haul yn syrthio ar blanhigyn. Mae'r planhigyn yn trawsnewid 52 kJ o'r egni hwn yn gynhyrchion ffotosynthetig.

Cyfrifwch pa mor effeithlon yw'r trosglwyddiad egni hwn, gan roi eich ateb fel canran.

I gyfrifo effeithlonrwydd canrannol y trosglwyddiad egni hwn, mae angen rhannu swm yr egni yn y cynhyrchion ffotosynthetig â chyfanswm yr egni sy'n syrthio ar y planhigyn, ac yna lluosi'r ateb â 100.

Cam 1 Effeithlonrwydd y trosglwyddiad egni = ... ÷ .... × 100

Cam 2 Effeithlonrwydd y trosglwyddiad egni = ...

> **Cyngor**
>
> Cofiwch y rheolau ar gyfer trawsnewid ffracsiynau, degolion a chanrannau.

C Cwestiynau ymarfer

3 Mae car yn derbyn 30 MJ o egni cemegol. O hwn, mae 21 MJ yn cael ei wastraffu, a'r gweddill yn cael ei drawsnewid yn egni cinetig defnyddiol.

Pa ganran o'r egni mewnbwn sydd:

a yn cael ei wastraffu

b yn cael ei drawsnewid yn egni defnyddiol?

4 Mae ymchwiliad yn cael ei gynnal i drosglwyddiad biomas drwy ecosystem gweundir. Mae'r canlyniadau'n cael eu defnyddio i luniadu'r gadwyn fwyd ganlynol.

Rhedyn 300 000 kJ → Grugiar 19 000 kJ → Llwynog 2100 kJ

Cyfrifwch effeithlonrwydd y trosglwyddiadau isod. Ym mhob achos, rhowch eich ateb fel canran a hefyd fel ffracsiwn ar ei ffurf symlaf.

a y rhedyn a'r grugiar (*grouse*)

b y grugiar a'r llwynog

5 Cyfrifwch ganran yn ôl màs

a Hydrogen mewn $Ca(OH)_2$

b Potasiwm mewn $K_2Cr_2O_7$

c Nitrogen mewn $(NH_4)_2SO_4$

Cymarebau

Mae cymhareb yn mynegi perthynas rhwng meintiau. Mae'n dangos faint o un peth sydd gennych chi o'i gymharu â faint o un neu fwy o bethau eraill. Rydyn ni'n defnyddio colon (:) i wahanu'r rhifau mewn cymarebau.

Er enghraifft, tybiwch fod dau blanhigyn o rywogaeth benodol yn cael eu croesi ac yn cynhyrchu wyth epil â phetalau coch am bob pedwar epil â phetalau porffor. Felly, cymhareb y planhigion â phetalau coch i'r planhigion â phetalau porffor yw 8 : 4.

Mewn enghraifft arall, efallai mai cymhareb troadau newidydd codi, $N_s : N_p$, yw 3 : 1. Mae hynny'n golygu bod tair gwaith cymaint o droadau ar y coil eilaidd N_s ag sydd ar y coil cynradd N_p.

Weithiau mae'n haws mynegi cymhareb fel rhif cyfan, yn hytrach na ffracsiwn. Yn yr enghraifft uchod mae'n bosibl dweud mai 'cymhareb troadau'r newidydd codi yw 3'.

Er mwyn i gymhareb fod yn ddilys, rhaid i'r mesurau sy'n cael eu cymharu fod *â'r un uned*. Felly, hyd yn oed os yw wedi'i fynegi fel rhif cyfan, ffracsiwn neu ddegolyn, does gan gymhareb ddim uned fel arfer. Mae cymarebau yn debyg i ffracsiynau; mae'n bosibl (a dylech chi) symleiddio'r ddau drwy ddod o hyd i ffactorau cyffredin.

Rydyn ni'n defnyddio cymarebau hefyd i ddangos cyfrannedd union. Edrychwch ar ddwy res gyntaf Tabl 1.8. Pan fyddwn ni'n dyblu (neu'n treblu, neu'n pedwaru) y màs, rydyn ni'n gwneud yr un peth i'r cyfaint – dyna beth mae cyfrannedd union yn ei olygu.

> **Cyngor**
>
> Mae ffactor yn rhif sy'n rhannu yn union i rif arall.

Tabl 1.8 Cymarebau $m : V$

Màs, m (g)	10	20	30	40
Cyfaint, V (cm³)	2	4	6	8
Cymhareb $m : V$	10 : 2 = 5 : 1	20 : 4 = 5 : 1	30 : 6 = 5 : 1	40 : 8 = 5 : 1

Mae'r rhes olaf yn y tabl hefyd yn dangos bod y gymhareb $m:V$ bob amser yr un fath (yn yr achos hwn $5:1$). Mae'r gymhareb gyson yn brawf ar gyfer cyfrannedd union. Ond mae cymarebau yn debyg i ffracsiynau. Yn yr achos hwn y gymhareb $m:V$ (neu, os yw'n well gennych chi, y ffracsiwn $\frac{m}{V}$) yw 5.

Oherwydd diffiniad dwysedd ρ rydych chi'n gwybod bod $\rho = \frac{m}{V}$. Felly, mae angen uned ar y gymhareb; yr uned ar gyfer dwysedd yw g/cm^3.

Rydyn ni'n defnyddio cymarebau mewn llawer o gyfrifiadau Cemeg, er enghraifft: i gyfrifo fformiwlâu empirig; i gyfrifo masau sy'n adweithio; ac i gydbwyso hafaliadau.

A) Enghreifftiau wedi'u datrys

1   Mewn croesiad genynnol, cymhareb ddisgwyliedig yr epil yw 3 blew hir : 1 blew byr. Os oes 20 o epil, faint o'r epil byddech chi'n disgwyl iddyn nhw fod â blew hir a faint fyddai â blew byr?

Cam 1 Adiwch y rhifau yn y gymhareb at ei gilydd: $3 + 1 = 4$

Cam 2 Rhannwch gyfanswm nifer yr epil â'r nifer sydd wedi'i ddarganfod yng Ngham 1.
  $20 \div 4 = 5$
Dyma faint mae pob '1' yn y gymhareb yn ei gynrychioli.

Cam 3 Lluoswch bob rhif yn y gymhareb â'r gwerth rydych chi wedi'i ddarganfod yng Ngham 2.

Felly, rydyn ni'n disgwyl:
  $3 \times 5 = 15$ epil blew hir
  $1 \times 5 = 5$ epil blew byr

2   Cyfanswm yr egni mewnbwn i fodur syml yw 3000 J. Yr egni allbwn defnyddiol yw 1.8 kJ.

Cyfrifwch effeithlonrwydd y modur.

Cam 1 Ysgrifennwch beth mae 'effeithlonrwydd' yn ei olygu:

$$\text{Effeithlonrwydd} = \frac{\text{egni allbwn defnyddiol}}{\text{cyfanswm egni mewnbwn}}$$

Cam 2 Amnewidiwch y rhifau: $\text{effeithlonrwydd} = \frac{1800 \text{ J}}{3000 \text{ J}}$

Sylwch ein bod ni wedi newid yr 1.8 kJ i 1800 J yn y cwestiwn hwn. Mae hyn oherwydd pan fyddwn ni'n cyfrifo cymhareb, rhaid i'r ddau rif fod â'r un uned.

Cam 3 Gwnewch y cyfrifiad: $\text{effeithlonrwydd} = 0.6$

B) Arweiniad ar y cwestiynau

1   Mae cyfansoddyn yn cynnwys 0.050 môl o ffosfforws a 0.125 môl o atomau ocsigen. Beth yw ei fformiwla foleciwlaidd?

Cam 1 Ysgrifennwch yr elfennau sy'n bresennol a nifer y molau o bob un o dan yr elfennau.

  P   :   O

  .... :   0.125

Cam 2 I ddod o hyd i'r gymhareb symlaf, mae angen rhannu â'r nifer lleiaf o folau.

$$\frac{0.050}{0.050} : \frac{0.125}{............}$$

Weithiau, fydd hyn ddim yn rhoi cymhareb rhifau cyfan i chi ac yn aml, bydd angen lluosi â 2 neu â rhif arall.

2 Mae croesiad genynnol yn cael ei gynnal i gyfrifo'r epil disgwyliedig wrth fridio dau bysgodyn gyda'i gilydd. Yn y rhywogaeth hon, mae pysgod â rhesi coch yn drechol dros bysgod â rhesi oren. Roedd un pysgodyn yn heterosygaidd â rhesi coch, a'r llall yn homosygaidd â rhesi oren.

Defnyddiwch ddiagram sgwâr Punnett i ddarganfod cymhareb ddisgwyliedig yr epil â rhesi oren i'r rhai â rhesi coch.

Cam 1 Defnyddiwch C ar gyfer yr alel trechol, ac c ar gyfer yr alel enciliol.

Genoteip y rhiant â rhesi coch yw Cc.

Genoteip y rhiant â rhesi oren yw cc.

Cam 2 Mae hyn yn rhoi'r croesiad genynnol canlynol:

Rhieni: Cc   cc

Gametau: C   c   c   c

	c	c
C		
c		

Cam 3 Cymhareb ddisgwyliedig yr epil = ...

C Cwestiynau ymarfer

3 Mae'r cerrynt sy'n llifo mewn gwrthydd yn cael ei fesur wrth i'r foltedd ar ei draws gael ei newid, ac mae'r canlyniadau'n cael eu cofnodi mewn tabl, fel yr un sydd i'w weld isod.

Drwy gyfrifo cymhareb addas, dangoswch fod y foltedd mewn cyfrannedd union â'r cerrynt.

Foltedd, V (V)	3.2	4.0	4.8	5.6	6.4	7.2
Cerrynt, I (A)	0.20	0.25	0.30	0.35	0.40	0.45
Cymhareb						

4 Ysgrifennwch fformiwla empirig y cyfansoddion canlynol

  a $C_{16}H_{20}N_8O_4$ c $C_6H_{12}O_6$

  b $Na_2S_2O_3$ ch P_4O_{10}

Cydbwyso hafaliadau

Mewn hafaliad cemegol cytbwys, mae'r sylweddau i gyd mewn cymhareb â'i gilydd ac mae hyn yn cael ei ddangos gan y rhifau o flaen pob fformiwla yn yr hafaliad symbol cytbwys. Er enghraifft, mae 2 fôl o fagnesiwm yn adweithio ag 1 môl o ocsigen gan gynhyrchu 2 fôl o fagnesiwm ocsid.

$$2Mg + O_2 \rightarrow 2MgO$$

Y gymhareb yw

$$2 \text{ fôl Mg} : 1 \text{ môl } O_2 : 2 \text{ fôl MgO}$$

Neu yn yr adwaith

$$2Al + 6HCl \rightarrow 2AlCl_3 + 3H_2$$

Y gymhareb rhwng alwminiwm a hydrogen yw

2 fôl Al : 3 môl H_2

Y gymhareb rhwng alwminiwm ac asid hydroclorig yw

2 fôl Al : 6 môl HCl

sy'n symleiddio i

1 môl Al : 3 môl HCl

Gallwn ni ddefnyddio cymarebau wrth gyfrifo nifer y molau sy'n adweithio â'i gilydd mewn adwaith.

(A) Enghraifft wedi'i datrys

1 **Yn yr adwaith $4Al + 3O_2 \rightarrow 2Al_2O_3$**

a **Sawl môl o alwminiwm sydd ei angen i gynhyrchu 0.76 môl o alwminiwm ocsid?**

Cam 1 Ysgrifennwch y gymhareb rhwng y ddau sylwedd gan ddefnyddio'r hafaliad a'i symleiddio.

Al : Al_2O_3

4 : 2

2 : 1

Cam 2 Cymhwyswch y gymhareb hon i'r 0.76 môl o Al_2O_3

Mae dwywaith cymaint o folau o alwminiwm, felly mae angen lluosi â 2

$0.76 \times 2 = 1.52$ mol

b **Sawl môl o alwminiwm ocsid sy'n cael ei gynhyrchu o 0.2 môl o alwminiwm?**

Cam 1 Ysgrifennwch y gymhareb rhwng y ddau sylwedd gan ddefnyddio'r hafaliad a'i symleiddio.

Al : Al_2O_3

4 : 2

2 : 1

Cam 2 Cymhwyswch y gymhareb hon i'r 0.2 môl o alwminiwm.

Mae hanner cymaint o folau o alwminiwm ocsid, felly mae angen rhannu â 2

$\frac{0.2}{2} = 0.1$ mol

(B) Arweiniad ar y cwestiwn

1 **Yn yr adwaith $N_2 + 3H_2 \rightarrow 2NH_3$ sawl môl o nitrogen sydd ei angen i adweithio'n llawn â 0.4 môl o hydrogen?**

Cam 1 Ysgrifennwch y gymhareb rhwng y ddau sylwedd gan ddefnyddio'r hafaliad a'i symleiddio.

N_2 : H_2

1 : 3

Cam 2 Cymhwyswch y gymhareb hon i'r 0.4 môl o hydrogen.

Mae tair gwaith cymaint o hydrogen â nitrogen felly mae angen rhannu nifer y molau o hydrogen (0.4) â 3.

Cwestiwn ymarfer

2 Yn yr adwaith $2Cu(NO_3)_2$ (s) $\rightarrow$ $2CuO$ (s) + $4NO_2$ (n) + O_2 (n)

    a Sawl môl o O_2 sy'n cael ei gynhyrchu o 4 môl o $Cu(NO_3)_2$?

    b Sawl môl o NO_2 sy'n cael ei gynhyrchu o 0.6 môl o $Cu(NO_3)_2$?

Amcangyfrif canlyniadau

Wrth wneud cyfrifiadau, mae'n gallu bod yn ddefnyddiol amcangyfrif yr ateb yn gyntaf. Mae amcangyfrifon yn gallu golygu y byddwch chi'n sylwi ar gamgymeriadau amlwg yn sydyn. Gall amcangyfrifon fod yn ddyfaliadau syml yn seiliedig ar eich profiadau, neu mae'n bosibl eu seilio nhw ar gyfrifiadau cyflym. Er enghraifft, pe bai rhywun yn dweud wrthych chi bod buanedd athletwr yn 100 m/s, mae amcangyfrif cyflym yn dangos bod yn rhaid eu bod nhw'n anghywir, gan fod record y byd am 100 m ychydig o dan 10 eiliad.

Gall amcangyfrifon hefyd eich helpu chi i weld os ydych chi wedi pwyso'r rhif anghywir ar eich cyfrifiannell, neu wedi rhannu yn lle lluosi, oherwydd bydd eich amcangyfrif yn dangos i chi bod eich ateb yn amlwg yn anghywir. Yna, gallwch chi wirio'r cyfrifiad a chywiro eich camgymeriad.

Mae amcangyfrif i fod yn gyflym. Mae hyn yn golygu bod angen i chi wneud y cyfrifiadau mor hawdd â phosibl. Y ffordd orau o wneud hyn yw talgrynnu pob gwerth sydd wedi'i roi i'r deg, cant neu rif cyfan cyfleus arall agosaf. Chewch chi ddim y rhif 'cywir' fel ateb, ond cewch chi amcangyfrif bras ohono.

Y cam cyntaf wrth amcangyfrif, yw trawsnewid y rhifau i 1 ffigur ystyrlon (ff.y.). Felly, er enghraifft, yn hytrach na lluosi â 112, bydden ni'n lluosi â 100. Yn hytrach na rhannu â π (sef tua 3.14), bydden ni'n rhannu â 3. Yn hytrach na rhannu ag 19.3, bydden ni'n rhannu â 20, ac yn y blaen.

A **Enghraifft wedi'i datrys**

Mae darn o goedwig law yr Amazon wedi dioddef datgoedwigo dwys. Mae hyn wedi effeithio ar ardal 33 km o hyd ac 1.89 km o led. Amcangyfrifwch gyfanswm yr arwynebedd.

Cam 1 I amcangyfrif yr arwynebedd yn gyflym, mae angen talgrynnu'r ddau werth sy'n cael eu rhoi i wneud y cyfrifiad yn fwy syml.

    Talgrynnu 33 km i lawr i 30 km.

    Talgrynnu 1.89 km i fyny i 2 km.

Cam 2 Gwnewch y cyfrifiad gan ddefnyddio'r gwertheodd wedi'u talgrynnu.

Mae hyn yn rhoi amcangyfrif arwynebedd o 30 km × 2 km = 60 km²

Wrth ddefnyddio cyfrifiannell i ddod o hyd i'r arwynebedd gan ddefnyddio'r gwertheodd yn y cwestiwn, yr ateb yw: 33 km × 1.89 km = 62.37 km²

Yn amlwg, mae yna wahaniaeth rhwng yr amcangyfrif a'r gwerth gwirioneddol: nid 60 km² yw'r ateb cywir, ond mae ein hamcangyfrif yn agos.

★ **Does dim angen hwn yn benodol ar gyfer TGAU Gwyddoniaeth (Dwyradd) CBAC ond gall fod yn ddefnyddiol er hynny.**

Cyngor

Mae amcangyfrif yn sgìl defnyddiol sy'n gallu eich helpu i wirio a yw cyfrifiad yn gywir, ond mewn arholiad mae'n bwysig defnyddio eich cyfrifiannell i ddod o hyd i'r gwerth yn fanwl gywir ac ysgrifennu hwn fel yr ateb.

Cyngor

Os ydych chi'n ansicr ynglŷn â sut i dalgrynnu i 1 ffigur ystyrlon, edrychwch ar dudalennau 23–25.

Cyngor

Mae amcangyfrifon hefyd yn gallu eich helpu chi i sylwi ar gamgymeriadau amlwg yn eich atebion. Er enghraifft, yn y cwestiwn hwn, pe baech chi wedi pwyso ÷ yn lle × ar y gyfrifiannell, byddech chi wedi cael 17.46 km², sy'n edrych yn anghywir ar yr olwg gyntaf. Yna, gallech chi fynd yn ôl a chywiro'r camgymeriad.

B Arweiniad ar y cwestiwn

1 Mewn arbrawf cromatograffaeth, mae myfyriwr yn darganfod bod cyfansoddyn yn symud pellter o 8.2 cm a bod yr hydoddydd yn symud pellter o 19.6 cm. Amcangyfrifwch y gwerth R_f a'i ddefnyddio i benderfynu ai P, sydd â gwerth R_f 0.4, neu Q, sydd â gwerth R_f 0.2, yw'r cyfansoddyn.

Cam 1 Ysgrifennwch yr hafaliad sy'n cael ei ddefnyddio i gyfrifo R_f

$$R_f = \frac{\text{pellter mae'r cyfansoddyn wedi symud}}{\text{pellter mae'r hydoddydd wedi symud}}$$

Cam 2 Talgrynnwch bob pellter i un ffigur ystyrlon

pellter y cyfansoddyn = 8   pellter yr hydoddydd = ...

Cam 3 Amcangyfrifwch y gwerth R_f.

....

C Cwestiynau ymarfer

2 Mae golau'n teithio ar 3.0×10^8 m/s.

Amcangyfrifwch pa mor hir byddai golau'n ei gymryd i deithio 400 000 km i'r Lleuad a 400 000 km yn ôl eto. Rhowch eich ateb i'r eiliad agosaf.

3 Yn ystod y dydd, mae crynodiad glwcos yng ngwaed unigolyn yn gostwng o 6.3 mmol/L i 3.9 mmol/L. I amcangyfrif y newid canrannol yng nghrynodiad y glwcos yn y gwaed, mae ymchwilydd yn gwneud y cyfrifiad canlynol:

$$\frac{3}{6} \times 100\% = 50\%$$

Ai dyma'r amcangyfrif gorau gallai'r ymchwilydd fod wedi'i wneud? Esboniwch eich ateb.

Defnyddio botymau sin a sin⁻¹

Mae'n rhaid i rai myfyrwyr sy'n astudio TGAU Gwyddoniaeth allu defnyddio'r botymau sin a $\sin^{-1}$ ar y gyfrifiannell i ddatrys problemau plygiant. Mae'r enghraifft isod yn dangos sut.

> ★ **Does dim angen hwn yn benodol ar gyfer TGAU Gwyddoniaeth (Dwyradd) CBAC ond gall fod yn ddefnyddiol er hynny.**

A Enghraifft wedi'i datrys

Mae'r diagram yn dangos pelydryn golau yn mynd drwy brism gwydr petryalog.

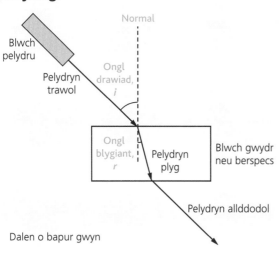

Termau allweddol

Ongl drawiad, *i*: Yr ongl rhwng y pelydryn trawol a'r normal i ffin defnydd tryloyw.

Ongl blygiant, *r*: Yr ongl rhwng y pelydryn plyg a'r normal i ffin defnydd tryloyw.

Normal: Llinell wedi'i thynnu ar ongl sgwâr i arwyneb.

Term allweddol
Indecs plygiant: Y gymhareb sin i : sin r.

a Os yw'r ongl drawiad i mewn aer yn 40° a'r ongl blygiant r mewn gwydr yn 25°, cyfrifwch indecs plygiant y gwydr, n, gan roi eich ateb i 2 ll.d.

Cam 1 Y berthynas fathemategol rhwng i ac r yw $n = \dfrac{\sin i}{\sin r}$

Cam 2 Mae amnewid y rhifau ar gyfer i ac r yn rhoi $n = \dfrac{\sin 40}{\sin 25}$

Cam 3 Dyma sut i gyfrifo n, gan ddefnyddio cyfrifiannell:

Gweithred	Sgrin yn dangos
pwyswch y botwm sin	sin(
rhowch 40 i mewn a chau'r cromfach	sin(40)
pwyswch y botwm ÷	sin(40) ÷
rhowch sin(25) i mewn yn union fel y gwnaethoch chi roi sin(40) i mewn	sin(40) ÷ sin(25)
pwyswch =	1.52096

Felly, yr indecs plygiant yw 1.52 (2 ll.d.).

b **Gan ddefnyddio eich ateb i ran (a), darganfyddwch werth i pan mae'r ongl blygiant yn 40°, gan roi eich ateb i 2 ll.d.**

Cam 1 I ddod o hyd i ongl fel gwerth i, mae angen i ni ddefnyddio'r botwm $\sin^{-1}$.

Cam 2 Eto, fe wnawn ni ddefnyddio'r hafaliad $n = \dfrac{\sin i}{\sin r}$

Cam 3 Os ydyn ni'n lluosi dwy ochr yr hafaliad â sin r, rydyn ni'n cael $\sin i = n \times \sin r$.

Cam 4 Y cam cyntaf o ddarganfod i yw cyfrifo sin i.

Cam 5 Felly, mae'n rhaid i ni gyfrifo $n \times \sin r$:

Gweithred	Sgrin yn dangos
rhowch 1.52 × sin i mewn	1.52×sin(
rhowch 40) i mewn	1.52×sin(40)
pwyswch =	0.977037
Felly, sin$i$ = 0.977037 a gallwn ni weithio'n ôl i ddarganfod i:	
Pwyswch SHIFT ac yna sin	$\sin^{-1}($
Mae'r gyfrifiannell yn chwilio am werth sin yr ongl, fel y gall gyfrifo'r ongl.	
* pwyswch ANS	$\sin^{-1}($ANS
caewch y cromfach a phwyswch =	77.6977

Felly, yr ongl drawiad yw 77.70° (2 ll.d.).

Cyngor

Os nad oes gan eich cyfrifiannell fotwm ANS, gallech chi roi'r rhif 0.977037 i mewn yn y cam sydd wedi'i farcio â seren. Yna caewch y cromfach a phwyswch =.

Term allweddol

Ongl gritigol: Yr ongl drawiad mewn cyfrwng optegol ddwys pan fydd yr ongl blygiant mewn aer yn 90°.

B Arweiniad ar y cwestiwn

1 Mae'r diagram yn dangos plygiant golau pan mae'r ongl drawiad mewn gwydr yn hafal i'r ongl gritigol, **c**.

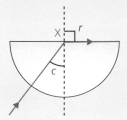

Os yw indecs plygiant y gwydr yn 1.52, cyfrifwch werth c, gan roi eich ateb i 1 ll.d.

Cam 1 $n = \dfrac{1}{\sin c} \Rightarrow c = \sin^{-1}\left(\dfrac{\text{........}}{\text{........}}\right)$

Cam 2 Felly, c = ...° = ...° (i 1 ll.d.).

C Cwestiynau ymarfer

2 Yr ongl gritigol yw'r ongl drawiad mewn gwydr sy'n rhoi ongl blygiant mewn aer o 90°.

Dangoswch mai indecs plygiant gwydr yw 1.56 (2 ll.d.) os yw'r ongl gritigol yn 40°.

3 Gan ddefnyddio'r wybodaeth sy'n cael ei rhoi yn y diagram, cyfrifwch indecs plygiant cyfrwng B mewn perthynas â chyfrwng A.

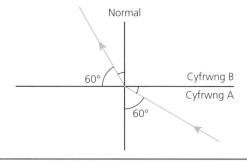

Cyngor
• • • • • • • • • • • • • •
I gael cyngor ar aildrefnu testun hafaliadau, gweler tudalen 52.

≫ Trin data

Ffigurau ystyrlon

Mae ffigurau ystyrlon yn gallu bod yn bwnc cymhleth, ond mae yna rai rheolau cyffredinol ar gyfer eu defnyddio nhw. Mae yna eithriadau i'r rheolau isod, ond mae'r rhain yn annhebygol o ymddangos mewn arholiad TGAU. Yn gyffredinol, mae *pob* digid yn ffigur ystyrlon heblaw yn yr enghreifftiau isod:

● Seroau arweiniol, er enghraifft seroau cyn digid sydd ddim yn sero. Er enghraifft, mae dau sero arweiniol yn 0.07, a dydy'r rhain ddim yn ffigurau ystyrlon. Dim ond un ffigur ystyrlon sydd yn 0.07 (sef 7). Rydyn ni'n ysgrifennu'r seroau i wneud y gwerth lle yn gywir.

Cyngor
• • • • • • • • • • • • • •
Mae'r term 'ffigurau ystyrlon' yn aml yn cael ei dalfyrru i 'ff.y.' neu 'ffig yst', ond mae'r ddau yn golygu'r un peth.

- Seroau ar ôl digid sydd ddim yn sero os yw'r rhain oherwydd talgrynnu neu'n cael eu defnyddio i ddangos gwerth lle. Er enghraifft, mae gwerth sydd wedi'i dalgrynnu i'r cant agosaf (er enghraifft 600 g) yn cynnwys dau sero dilynol sydd ddim yn arwyddocaol, felly dim ond un ffigur ystyrlon sydd ynddo (sef 6). Byddai gwerth o 600 g yn union, fodd bynnag, yn cynnwys tri ffigur ystyrlon, a byddai'r seroau yn yr achos hwn yn ystyrlon.

- Digidau ffug, er enghraifft digidau sy'n gwneud i werth sydd wedi'i gyfrifo edrych yn fwy trachywir na'r data gwreiddiol a gafodd eu defnyddio yn y cyfrifiad. Er enghraifft, tybiwch fod un ochr i sgwâr yn cael ei mesur â phren mesur yn 13.1 cm o hyd. Mae defnyddio'r mesuriad hwn i gyfrifo arwynebedd y sgwâr yn rhoi gwerth o 171.61 cm² (13.1 × 13.1). Dim ond i dri ffigur ystyrlon roedd y pren mesur yn mesur, ond mae'r ateb sydd wedi'i roi yn cynnwys pum ffigur ystyrlon. Mae hyn yn golygu bod y ddau ddigid olaf (6 ac 1) yn ffug ac na ddylen nhw gael eu cynnwys yn yr ateb terfynol. Felly, dylai'r canlyniad gael ei dalgrynnu i 172 cm² (tri ffigur ystyrlon, fel yn y mesuriad gwreiddiol).

Wrth ddefnyddio dau neu fwy o ddarnau o gyfarpar mesur, dylai terfynau'r mesuriad lleiaf manwl gywir gael eu defnyddio wrth nodi'r canlyniadau sy'n cael eu cyfrifo. Mae hyn yn golygu y dylech chi ddefnyddio'r un nifer o ffigurau ystyrlon â'r darn o gyfarpar *lleiaf* manwl gywir. Fel arfer, bydd hyn yn golygu defnyddio yr un nifer o leoedd degol â'r darn o gyfarpar lleiaf manwl gywir.

Mae rhoi'r nifer cywir o ffigurau ystyrlon mewn cyfrifiadau yn bwysig oherwydd ei fod yn dangos pa mor drachywir (*precise*) yw'r ateb.

Tybiwch fod clorian yn darllen i'r 100 g agosaf:

- Pe bai'r gwir fàs ar y glorian yn fwy na 2450 g ond yn llai na 2500 g, byddai'r glorian yn talgrynnu i fyny i'r 100 g agosaf ac yn rhoi darlleniad o 2500 g.

- Pe bai'r gwir fàs yn fwy na 2500 g ond yn llai na 2550 g, byddai'r glorian yn talgrynnu i lawr i'r 100 g agosaf a hefyd yn rhoi darlleniad o 2500 g.

- Ar gyfer pob màs rhwng 1000 g a 9900 g, byddai'r glorian hon yn rhoi ffigur i 2 ff.y.

- Ar gyfer y glorian hon, bydd y ddau ddigid olaf bob amser yn sero.

Tybiwch ein bod ni'n edrych ar glorian newydd sy'n gallu darllen i'r 10 g agosaf ac yn mesur yr un màs, a'n bod ni'n cael darlleniad o 2470 g.

- Bydden ni'n gwybod i sicrwydd ei bod yn bosibl amcangyfrif y màs (M) fel 2465 g ⩽ M < 2475 g.

- Ar gyfer pob màs rhwng 1000 g a 9990 g, byddai'r glorian hon yn rhoi ffigur i 3 ff.y.

- Ar gyfer y glorian hon, dim ond y digid terfynol fyddai'n sero bob tro.

Tybiwch fod yr ail glorian hon wedi rhoi darlleniad o 2500 g, fel y glorian gyntaf. Allwn ni ddweud bod y ddwy glorian wedi rhoi'r un wybodaeth? Yr ateb yw 'na allwn'.

- Dim ond dweud wrthym ni bod 2450 g ⩽ M < 2550 g y gall y glorian gyntaf ei wneud, er bod y darlleniad yn 2500 g (2 ff.y.).

- Mae'r ail glorian yn dweud wrthym ni bod 2495 g ⩽ M < 2505 g, er bod y darlleniad hefyd yn 2500 g (3 ff.y.).

Mae'n amlwg bod nifer y ffigurau ystyrlon yn dweud rhywbeth wrthym ni am

---

Termau allweddol

Sero arweiniol: Sero cyn digid sydd ddim yn sero, er enghraifft mae gan 0.6 un sero arweiniol.

Gwerth lle: Gwerth digid mewn rhif, er enghraifft yn 926, mae gan y digidau y gwerthoedd 900, 20 a 6 i roi'r rhif 926.

Seroau dilynol: Seroau ar ddiwedd rhif.

Digidau ffug: Digidau sy'n gwneud i werth sydd wedi'i gyfrifo edrych yn fwy trachywir na'r data a gafodd eu defnyddio yn y cyfrifiad gwreiddiol.

Cyngor

Efallai bydd rhai atebion yn rhai cylchol. Er enghraifft, mae sgrin y gyfrifiannell yn dangos 9.652652652... Os yw hyn yn digwydd, defnyddiwch ffurf gylchol y rhif wrth ysgrifennu'r rhif i'r nifer hwnnw o ffigurau ystyrlon. Felly, 9.652652652... yw 10 (i 1 ff.y.), 9.7 (i 2 ff.y.), 9.65 (i 3 ff.y.), 9.653 (i 4 ff.y.) ac yn y blaen. Efallai y bydd yn ddefnyddiol i chi edrych eto ar yr adran ar leoedd degol ar dudalen 6, gan eu bod yn debyg iawn i ffigurau ystyrlon.

Cyngor

Wrth ateb cwestiynau mathemategol, edrychwch ar y data (rhifau) yn y cwestiwn sy'n cael eu rhoi i'r nifer lleiaf o ffigurau ystyrlon. Dylai eich ateb terfynol fod â'r un nifer o ffigurau ystyrlon, oni bai bod y cwestiwn yn dweud fel arall.

ba mor drachywir yw'r offeryn sy'n cael ei ddefnyddio. Mae mwy o fanylion am drachywiredd, manwl gywirdeb a chydraniad ar dudalennau 112–113.

A Enghreifftiau wedi'u datrys

1 **Nodwch sawl ffigur ystyrlon sydd yn y rhif 0.0304.**

Cam 1 Nodwch y digid cyntaf o'r chwith sydd ddim yn sero. 3 yw hwn.

Cam 2 Mae'r ddau sero i'r chwith i'r 3 yn seroau arweiniol, felly dydy'r rhain ddim yn ystyrlon.

Cam 3 Mae'r tri digid arall (3, 0 a 4) yn ystyrlon.

Cam 4 Felly, mae gan y rhif hwn dri ffigur ystyrlon.

2 **Mae màs ymennydd oedolyn dynol yn cael ei gofnodi fel 1368 g. Ysgrifennwch y màs hwn i ddau ffigur ystyrlon.**

Cam 1 Y digid ystyrlon cyntaf yw 1, a'r digid sy'n union i'r dde ohono, 3, yw'r ail ddigid ystyrlon. Y rhain yw'r ddau ddigid ystyrlon y mae angen i ni eu defnyddio i gyfrifo ein hateb.

Cam 2 I gyfrifo'r ateb, mae angen i ni benderfynu a allwn ni ddefnyddio 3 fel yr ail ffigur ystyrlon (er enghraifft, ateb o 1300) neu a fydd angen ei dalgrynnu i fyny i 4 (ateb o 1400). Er mwyn cael gwybod a ddylen ni dalgrynnu i fyny neu i lawr, mae angen edrych ar y digid sy'n union i'r dde o'r 3.

Cam 3 Yn yr achos hwn, 6 yw'r digid, felly mae angen i ni dalgrynnu 1368 i fyny i 1400.

Cam 4 Felly, y màs yw 1400 g i ddau ffigur ystyrlon. Ffordd arall o ysgrifennu hyn yw 1.4×10^3 g ar ffurf safonol (mae mwy o fanylion am ffurf safonol ar dudalennau 8-11).

B Arweiniad ar y cwestiwn

1 **Mae cerrynt o 1.4 A yn llifo drwy wrthydd 6.8 Ω.**

Cyfrifwch y foltedd ar draws y gwrthydd, gan roi eich ateb i nifer priodol o ffigurau ystyrlon.

Cam 1 Ysgrifennwch yr hafaliad: $V = I \times R$

Cam 2 Amnewidiwch ar gyfer I ac R: $V = $ ....

Cam 3 Gwnewch y rhifyddeg: $V = $ .... foltiau

Cam 4 Nifer y ff.y. yn y data dan sylw yw dau.

Cam 5 Rhowch ateb i nifer priodol o ff.y.: $V = $ .... foltiau.

C Cwestiynau ymarfer

2 Yn ystod ymchwiliad i gyfradd adwaith wedi'i gatalyddu gan ensym, mae clorian yn cael ei defnyddio i fesur 71.6 g o gynnyrch sydd wedi cael ei gynhyrchu mewn 10.5 awr. Mae'r màs hwn yn cael ei ddefnyddio i gyfrifo cyfradd adwaith o 6.819 g/awr. Ysgrifennwch yr ateb hwn i'r nifer cywir o ffigurau ystyrlon.

3 Faint o egni gwres sydd ei angen i godi tymheredd 2.55 kg o ddŵr 12.2 °C os yw cynhwysedd gwres sbesiffig dŵr yn 4200 J/kg°C? Rhowch eich ateb i nifer priodol o ffigurau ystyrlon.

4 Mewn arbrawf, y cynnyrch damcaniaethol wrth baratoi grisialau copr(II) sylffad yw 2.85 g.

$$CuO + H_2SO_4 \rightarrow CuSO_4 + H_2O$$

Dim ond 2.53 g o gopr(II) sylffad a gafwyd. Cyfrifwch gynnyrch canrannol y copr(II) sylffad yn yr arbrawf hwn a rhowch eich ateb i ddau ffigur ystyrlon.

Darganfod cymedrau rhifyddol

'Cyfartaledd' yw'r cymedr rhifyddol (sy'n aml yn cael ei nodi â x̄ mewn tablau neu hafaliadau), ac rydyn ni'n ei gyfrifo drwy adio pob gwerth unigol mewn set ddata at ei gilydd a rhannu â chyfanswm nifer y gwerthoedd sy'n cael eu defnyddio.

Y cymedr yw'r cyfartaledd mwyaf cyffredin ar lefel TGAU, a'r un byddwch chi'n ei ddefnyddio fel arfer mewn ymchwiliadau ymarferol. Er enghraifft, gallech chi ei ddefnyddio wrth ymchwilio i effaith arddwysedd golau ar nifer y swigod mae dyfrllys yn eu cynhyrchu. Gallwn ni ailadrodd pob arddwysedd golau dair gwaith a dod o hyd i gymedr nifer y swigod. Drwy gymryd y cymedr, rydyn ni'n gobeithio bod y rhifau sy'n rhy fawr yn canslo'r rhifau sy'n rhy fach.

Mae rhai anfanteision i ddefnyddio'r cymedr i roi cyfartaledd data gan fod canlyniadau eithafol (neu allanolion) yn gallu ei sgiwio. Mae Tabl 1.9 yn dangos enghraifft o hyn.

Tabl 1.9 Anfanteision y cymedr

Tymheredd (°C)	20	20	20
Cyfradd adwaith proteas (1 / amser mae'n ei gymryd)	0.1	0.2	0.9

Yn y set ddata hon, mae 0.9 yn wahanol iawn i'r gwerthoedd eraill felly mae'n edrych yn debygol iawn bod y gwerth hwn yn allanolyn. Mae hyn yn golygu y gallwn ni ei eithrio wrth gyfrifo'r cymedr:

$$\frac{(0.1 + 0.2)}{2} = 0.15 \text{ (2 yw nifer y gwerthoedd data sy'n cael eu defnyddio i gyfrifo'r cymedr)}$$

Pe bai 0.9 wedi cael ei gynnwys, byddai wedi rhoi gwerth cymedrig o:

$$\frac{(0.1 + 0.2 + 0.9)}{3} = 0.4$$

Mae'r ail werth hwn yn llawer mwy na'r cymedr sy'n cael ei gyfrifo heb ddefnyddio'r allanolyn, felly nid yw'n cynrychioli'r data cystal.

Rydyn ni'n dod o hyd i'r cymedr rhifyddol drwy adio pob gwerth a rhannu â chyfanswm nifer y gwerthoedd. Gallwn ni gyfeirio ato fel y cyfartaledd neu'n syml, y cymedr.

Term allweddol

Cymedr rhifyddol: Cyfanswm set o werthoedd wedi'i rannu â nifer y gwerthoedd yn y set – mae'n cael ei alw'n gyfartaledd neu'n gymedr weithiau.

Term allweddol

Allanolyn: Pwynt data sy'n llawer mwy neu'n llawer llai na'r pwynt data arall agosaf.

Cyngor

Os oes allanolion yn bresennol mewn set ddata, mae'n gallu bod yn fwy priodol defnyddio math arall o gyfartaledd (fel y canolrif neu'r modd; gweler tudalen 28) neu gallwch chi ddiystyru'r allanolion cyn cyfrifo'r cymedr.

(A) Enghraifft wedi'i datrys

Mae canlyniadau'r titradiad rhwng asid hydroclorig a 25.0 cm³ o sodiwm hydrocsid wedi'u cofnodi yn y tabl isod. Canlyniadau cydgordiol yw rhai sydd o fewn ± 0.10 cm³ i'w gilydd.

Defnyddiwch y canlyniadau cydgordiol i gyfrifo cyfaint cymedrig yr asid hydroclorig sydd ei angen i niwtralu'r 25.0 cm³ o sodiwm hydrocsid.

	Titradiad 1	Titradiad 2	Titradiad 3	Titradiad 4
Darlleniad terfynol y fwred/cm³	26.10	25.20	25.45	25.15
Darlleniad cychwynnol y fwred/cm³	0.00	0.10	0.00	0.00
Cyfaint/cm³	26.10	25.10	25.45	25.15

Cam 1 Penderfynwch pa rai yw'r canlyniadau cydgordiol.

Dydy canlyniadau titradiadau 1 a 3 ddim yn gydgordiol, a dydyn ni ddim yn ei ddefnyddio i gyfrifo'r titr cymedrig.

Cam 2 Titr cymedrig $= \dfrac{25.10 + 25.15}{2} = 25.13 \text{ cm}^3$

(B) Arweiniad ar y cwestiwn

1 **Mae pum myfyriwr yn mesur gwrthiant darn o wifren yn annibynnol ar ei gilydd. Maen nhw'n cael y canlyniadau hyn:**

   $2.1\,\Omega$, $2.2\,\Omega$, $0.5\,\Omega$, $1.9\,\Omega$, $1.8\,\Omega$

   a **Nodwch yr allanolyn.**

      Cam 1 Yr allanolyn yw: ....

   b **Cyfrifwch gymedr y pedwar gwrthiant arall.**

      Cam 1 Swm y canlyniadau eraill yw 2.1 + ... + ... + ... = ...

      Cam 2 Y gwrthiant cymedrig yw .... ÷ 4 = ... Ω

(C) Cwestiynau ymarfer

2 Mae'r tabl isod yn dangos canlyniadau ymchwiliad i arddwysedd golau mewn tri safle gwahanol. Cwblhewch y tabl i ddangos yr arddwysedd golau cymedrig yn safle B.

Safle	Arddwysedd golau (lwmen)			
	1	2	3	Cymedr
A	1900	1800	1950	1883
B	1500	1600	1700	
C	1200	1350	1250	1267

3 Mae'r tabl yn dangos lefel y nitradau sy'n bresennol mewn dŵr o ddwy afon wahanol, wedi'i gymryd o bedwar pwynt gwahanol ar hyd yr afon. Rydyn ni'n ystyried bod lefelau nitrad is na 10 mg/l yn ddiogel i'w hyfed.

Afon	Lefel nitradau (mg/l)				
	Pwynt 1	Pwynt 2	Pwynt 3	Pwynt 4	Pwynt 5
A	14	13	11	9	8
B	8	9	10	11	9

Cyfrifwch lefel gymedrig y nitrad ym mhob afon. Pa afon sydd fwyaf diogel i yfed ohoni?

4 Y gwerth sy'n cael ei dderbyn yn gyffredinol ar gyfer cynhwysedd gwres sbesiffig dŵr yw 4.2 J/g°C.

Mae grŵp o 10 o fyfyrwyr yn mesur cynhwysedd gwres sbesiffig dŵr, a'u canlyniad cymedrig yw'r gwerth sy'n cael ei dderbyn yn gyffredinol.

Dyma ganlyniadau naw o'r myfyrwyr, mewn J/g°C:

4.1, 4.2, 4.2, 4.3, 4.3, 4.1, 4.2, 4.0, 4.1

Cyfrifwch y gwerth gafodd y degfed myfyriwr ar gyfer y cynhwysedd gwres sbesiffig.

Cyfrifo cymedrau pwysol

Cymedr pwysol yw lle mae rhai gwerthoedd yn cyfrannu mwy at y cymedr nag eraill.

Mae màs atomig cymharol (A_r) yn gymedr pwysol o fasau isotopig. Gallwn ni gyfrifo màs atomig cymharol elfen o fasau isotopig cymharol yr isotopau (sy'n hafal i'r rhifau màs) a'u cyfrannau cymharol (cyflenwad).

$$\text{Màs atomig cymharol} = \frac{\text{cyfanswm (màs} \times \text{cyflenwad) ar gyfer pob isotop}}{\text{cyfanswm y cyflenwad}}$$

A Enghraifft wedi'i datrys

Cyfrifwch fàs atomig cymharol rwbidiwm i ddau le degol.

	Màs isotopig cymharol	Cyflenwad /%
^{85}Rb	85	72.15
^{87}Rb	87	27.85

Cam 1 Darganfyddwch gyfanswm y cyflenwad.

$$72.15 + 27.85 = 100$$

Cam 2 Cyfrifwch y màs atomig cymharol.

$$\text{Màs atomig cymharol} = \frac{(85 \times 72.15) + (87 \times 27.85)}{100} = 85.56$$

B Arweiniad ar y cwestiwn

1 **Mae'r elfen magnesiwm yn cynnwys 79% ^{24}Mg, 10% ^{25}Mg ac 11% ^{26}Mg. Cyfrifwch fàs atomig cymharol magnesiwm i un lle degol.**

   Cam 1 Yn gyntaf, darganfyddwch gyfanswm y cyflenwad

   $$79 + 10 + 11 = \text{.....................} \, .$$

   Cam 2 Yna, cyfrifwch y màs atomig cymharol drwy luosi pob gwerth màs isotopig cymharol gyda'i gyflenwad a rhannu'r cyfanswm â chyfanswm y cyflenwad.

   $$\text{Màs atomig cymharol} = \frac{(79 \times 24) + (10 \times \text{........}) + (\text{........} \times \text{........})}{100} = \text{................}$$

C Cwestiynau ymarfer

2 Mae'r tabl isod yn dangos cyflenwad cymharol dau brif isotop copr. Cyfrifwch fàs atomig cymharol copr i un lle degol.

Isotop	^{63}Cu	^{65}Cu
Cyflenwad canrannol/%	69	31

3 Mae isotopau sylffwr a'u cyflenwad i'w gweld yn y tabl. Cyfrifwch fàs atomig cymharol sylffwr i ddau le degol.

Isotop	Cyflenwad canrannol/%
^{32}S	95.02
^{33}S	0.76
^{34}S	4.22

Y mathau eraill o gyfartaledd, sy'n cael eu defnyddio yn llai aml ym mhwnc TGAU Gwyddoniaeth, yw modd a chanolrif. Ystyr modd yw 'mwyaf cyffredin'. Ystyr canolrif yw 'yn y canol', pan maen nhw wedi'u gosod yn eu trefn o'r lleiaf i'r mwyaf.

Llunio tablau amlder, siartiau bar a histogramau

Mae yna lawer o wahanol ffyrdd o gynrychioli data. Mae'r adran hon yn rhoi sylw i ddefnyddio tablau amlder, siartiau bar a histogramau.

Tablau amlder

Yn aml, mae'n rhaid i wyddonwyr gasglu data cyn gallu eu prosesu nhw. Un ffordd o brosesu'r data hyn yw mewn tabl amlder. Mae tablau amlder yn dangos yr amlder (pa mor aml mae rhywbeth yn digwydd) o fewn set ddata. Mae tablau amlder yn arbennig o ddefnyddiol i roi golwg gyffredinol ar ddata, neu i gyfrifo'r modd. Mae dau fath o dabl amlder – heb ei grwpio ac wedi'i grwpio.

Pan fyddwch chi am fesur amlder, ond heb angen trefn ychwanegol, byddwch chi'n defnyddio tabl amlder heb ei grwpio. Tybiwch, er enghraifft, fod hyd 100 o sgriwiau tebyg yn cael eu mesur i'r mm agosaf a bod eu canlyniadau'n cael eu cofnodi mewn tabl. Mae hwn yn dabl amlder heb ei grwpio.

Weithiau, mae cymaint o ddata fel bod angen eu grwpio yn ddosbarthiadau. Er enghraifft, efallai bydd gan ffisegydd ddiddordeb yn y nifer o weithiau y mae'r cydrannau electronig mewn rhai darnau o gyfarpar yn methu. Ond gallai fod yn ddigon i wybod a oedd nifer y methiannau yn llai na 5, rhwng 5 a 10, rhwng 10 a 15 ac yn y blaen. Byddai hyn angen tabl amlder wedi'i grwpio.

Mae'r ddau fath o dabl yn cael eu defnyddio i ddod o hyd i wybodaeth ystadegol, fel y cymedr, y modd a'r canolrif (gweler tudalennau 30-32).

Llunio tablau amlder

Wrth lunio tablau amlder, mae angen i chi lunio tabl â'r data allweddol yn y golofn ar y chwith, a cholofn cyfrif wrth ei ymyl.

Yn yr enghraifft ganlynol, bob tro mae diamedr pelferyn (*ball bearing*) yn cael ei fesur, mae marc cyfrif yn cael ei osod yn y rhan briodol o'r tabl. Mae'r pedwar marc cyfrif cyntaf yn fertigol, ond mae'r pumed marc cyfrif yn groeslin ar draws y pedwar blaenorol, fel bod y marciau cyfrif yn cael eu bwndelu yn grwpiau o 5. Mae hyn yn ei gwneud hi'n haws cyfri'n gyflym. Gallwch chi roi cyfanswm yr amlder yn y golofn ar y dde. Mae Tabl 1.10 yn enghraifft o dabl amlder heb ei grwpio.

Tabl 1.10 Enghraifft o dabl amlder heb ei grwpio

Diamedr, D (mm)	Marc cyfrif	Amlder
21	ⅢⅡ ⅢⅡ Ⅰ	11
22	ⅢⅡ ⅠⅠ	7
23	ⅠⅠⅠⅠ	4
24	ⅢⅡ ⅠⅠⅠ	8
	Cyfanswm	**30**

Yn Nhabl 1.11, mae pedwar dosbarth ar gyfer masau'r pelferynnau. Tabl amlder wedi'i grwpio yw hwn.

Tabl 1.11 Enghraifft o dabl amlder wedi'i grwpio

Màs, m (g)	Marc cyfrif	Amlder
$10 \leq D < 15$	ЖЖ ЖЖ ЖЖ I	16
$15 \leq D < 20$	ЖЖ ЖЖ ЖЖ ЖЖ II	22
$20 \leq D < 25$	ЖЖ ЖЖ IIII	14
$25 \leq D < 30$	ЖЖ III	8
	Cyfanswm	**60**

A Enghraifft wedi'i datrys

Mae myfyriwr Ffiseg yn mesur amrediad pellter llorweddol R, mewn cm, 40 marblen sy'n cael eu rholio'n llorweddol dros ymyl mainc. Dyma'r canlyniadau:

Gan ddefnyddio grwpiau o 0–5 cm, 5–10 cm, ac ati, lluniwch dabl amlder wedi'i grwpio gan ddefnyddio siart cyfrif

3	4	16	17	15	5	9	10	19	15
1	7	16	17	12	6	7	11	17	10
19	1	14	10	7	4	1	11	13	16
7	8	1	11	17	17	9	2	10	2

Amrediad, R (cm)	Marc cyfrif	Amlder
$0 \leq R < 5$	ЖЖ IIII	9
$5 \leq R < 10$	ЖЖ IIII	9
$10 \leq R < 15$	ЖЖ ЖЖ	10
$15 \leq R < 20$	ЖЖ ЖЖ II	12
	Cyfanswm	**40**

C Cwestiwn ymarfer

1 Mae myfyriwr Ffiseg eisiau defnyddio dis i efelychu dadfeiliad ymbelydrol. Er mwyn i'r arbrawf fod yn ddilys, rhaid i'r dis beidio â bod â thuedd. Mae hyn yn golygu bod rhaid i bob un o'r chwe rhif fod yr un mor debygol o ymddangos wrth daflu'r dis.

Mae'r myfyriwr yn taflu un dis 60 gwaith ac yn cael y canlyniadau sydd i'w gweld isod. Mae'r myfyriwr yn cael gwybod bod y dis yn debygol o fod yn anaddas ar gyfer yr arbrawf os yw unrhyw rif yn ymddangos lai nag wyth gwaith, neu fwy na 12 gwaith.

3	5	1	6	1	1	5	5	5	6	1	5
2	2	6	2	4	4	6	4	3	3	6	5
3	2	4	6	1	3	4	3	6	2	6	4
1	2	4	4	1	4	3	3	4	2	1	6
1	3	2	4	2	3	6	5	4	3	5	3

a Lluniwch dabl amlder heb ei grwpio i gynrychioli'r data.
b Defnyddiwch eich tabl i benderfynu a yw'r dis yn dangos tuedd ai peidio.

Defnyddio tablau amlder heb eu grwpio i ddod o hyd i'r cymedr, y modd a'r canolrif

Gallwch chi ddefnyddio tablau amlder heb eu grwpio, hefyd, i ddod o hyd i'r cymedr, y modd a'r canolrif yn gyflym. Er enghraifft, tybiwch ein bod ni'n mesur hyd 100 o gydrannau tebyg ar gyfer peiriannau i'r mm agosaf, ac yn cofnodi'u canlyniadau mewn tabl. Mae hwn yn dabl amlder heb ei grwpio.

Hyd (mm)	98	99	100	101	102	**Cyfanswm**
Amlder (nifer yr eitemau)	4	15	66	12	3	100

O'r tabl hwn gallwn ni gyfrifo'r cymedr, y modd a'r canolrif fel hyn.

Cymedr

Gallen ni nodi'r swm fel 98 + 98 + 98 + 98 + 99 + 99 + 99 + (ac yn y blaen).

Ond mae ffordd llawer cyflymach. Lluoswch yr amlder gyda'r hyd, ac adiwch y cyfansymiau gyda'i gilydd.

$$\text{hyd cymedrig} = \frac{(4 \times 98) + (15 \times 99) + (66 \times 100) + (12 \times 101) + (3 \times 102)}{100} = 99.95\,\text{mm}$$

Modd

Y rhif 66 yw'r amlder uchaf yn y tabl. Mae hyn yn dangos bod 66 hyd o 100 mm. Felly, y modd yw 100 mm.

Canolrif

Cyfrifwch pa rif sydd yn y canol os yw'r eitemau'n cael eu gosod yn eu trefn. Yn yr achos hwn, mae 100 o eitemau ac maen nhw yn nhrefn eu hyd yn barod. Gan fod nifer yr eitemau yn eilrif, mae dau werth yn y canol. Y 50fed gwerth a'r 51ain gwerth yw'r rhain. Mae'r ddau hyd isaf yn rhoi'r cyfrif am yr 19 eitem gyntaf. Mae'r cofnod nesaf yn y tabl yn dangos 66 o eitemau, a phob un â hyd o 100. Felly, mae'r 50fed eitem a'r 51ain eitem i'w cael yma. Felly, mae'r hyd canolrif yn 100 mm.

Defnyddio tablau amlder wedi'u grwpio i ddod o hyd i'r cymedr, y modd a'r canolrif

Mae tablau amlder wedi'u grwpio yn gallu cael eu defnyddio mewn ffordd debyg. Er enghraifft, tybiwch fod ffisegydd yn mesur màs 40 o belferynnau gwahanol (i'r gram agosaf) ac yn cyflwyno ei chanlyniadau fel tabl amlder wedi'i grwpio.

Dosbarth (g)	30–34	35–39	40–44	45–49	50–54	**Cyfanswm**
Amlder	4	10	15	6	5	**40**

Cymedr

Er mwyn cyfrifo amcangyfrif o'r cymedr o'r data hyn, rydyn ni'n dychmygu mai màs pob eitem yn y dosbarth, ar gyfartaledd, yw gwerth canolbwynt y dosbarth hwn (sy'n cael ei alw weithiau yn *farc dosbarth*). Felly gallwn ni ychwanegu rhes arall at y tabl.

Dosbarth (g)	30–34	35–39	40–44	45–49	50–54	**Cyfanswm**
Amlder	4	10	15	6	5	**40**
Marc dosbarth (g)	32	37	42	47	52	

Gallwn ni ddefnyddio'r marc dosbarth (màs y canolbwynt) i amcangyfrif y cymedr, fel y gwnaethon ni â'r data heb eu grwpio.

$$\text{amcangyfrif o'r màs cymedrig} = \frac{(4 \times 32) + (10 \times 37) + (15 \times 42) + (6 \times 47) + (5 \times 52)}{40}$$

$$= 41.75\,\text{g}$$

Noder: Dim ond *amcangyfrif* yw hwn o'r cymedr, oherwydd roedden ni'n tybio bod pob eitem yn unrhyw un o'r dosbarthiadau â'r un gwerth. Er enghraifft, rydyn ni wedi tybio bod gan bob un o'r pedair eitem yn y dosbarth 30–34 werth o 32.

Modd

Yr amlder uchaf yn y tabl yw 15, felly y dosbarth modd yw 40–44. Dydy hi ddim yn bosibl darganfod hyd y modd yn y dosbarth hwnnw drwy ddefnyddio dulliau sydd ar gael i fyfyrwyr TGAU.

Canolrif

Gan fod 40 o eitemau, mae angen dod o hyd i'r 20fed eitem a'r 21ain eitem i ddod o hyd i'r canolrif. Mae 14 o eitemau sydd â màs rhwng 30 a 39 gram. Mae'r cofnod nesaf yn y tabl yn dangos 15 eitem sydd â masau rhwng 40 a 44 gram. Felly, mae'r 20fed eitem a'r 21ain eitem yn y dosbarth 40–44. Y dosbarth canolrif, felly, yw 40–44 gram.

Siartiau bar

Graffiau syml yw siartiau bar sy'n cael eu defnyddio i ddangos data syml. Gallwn ni eu defnyddio nhw i ddangos amlder data categorïaidd (data sy'n gallu cael eu rhoi mewn categorïau). Fel arfer, rydyn ni'n plotio'r categorïau ar yr echelin *x*, ac mae amlder ar yr echelin *y*. Yn wahanol i histogram, dydy'r barrau ar siart bar ddim yn cyffwrdd â'i gilydd, i ddangos bod y barrau'n cynrychioli categorïau sydd ar wahân.

Er enghraifft, mae myfyriwr Ffiseg yn gwneud arolwg o'r prif fath o wresogi sy'n cael ei ddefnyddio mewn 100 o gartrefi gwahanol, ac mae'n cofnodi'r canlyniadau yn y tabl isod.

Math o wres canolog	Glo	Olew	Nwy	Gwynt	Geothermol	Cyfanswm
Nifer y cartrefi	4	15	66	12	3	100

Gallwn ni ddefnyddio'r data hyn i luniadu siart bar.

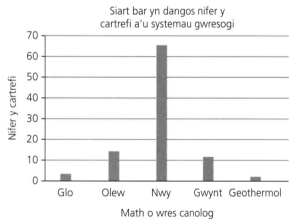

▲ Ffigur 1.5

Mae pob bar yn dangos nifer y cartrefi sy'n defnyddio math penodol o wres. Yr hiraf yw'r bar, y mwyaf yw nifer y cartrefi. Sylwch hefyd:

● mae'r echelinau wedi'u labelu'n union fel yn y tabl
● dydy'r barrau ddim yn cael eu huno gyda'i gilydd
● mae gan bob bar label ar y gwaelod.

Mae siartiau bar yn gallu cael eu defnyddio ar gyfer data di-dor hefyd.

Cyngor

Math o ddata amharhaus yw data categorïaidd.

Termau allweddol

Siartiau bar: Siartiau sy'n dangos data arwahanol lle mae uchder y barrau digyswllt yn cynrychioli'r amlder.

Data arwahanol: Data sy'n gallu bod â gwerthoedd penodol yn unig, fel nifer y marblis mewn jar.

Data categorïaidd: Data sy'n gallu bod ag un o nifer cyfyngedig o werthoedd (neu gategorïau). Math o ddata amharhaus yw data categorïaidd.

Data amharhaus: Data sy'n gallu bod ag amrediad cyfyngedig o wahanol werthoedd, er enghraifft lliw llygaid.

Data di-dor: Data sy'n gallu bod ag unrhyw werth ar raddfa barhaus, er enghraifft hyd mewn metrau.

Cyngor

Mae'r data hyn yn gategorïaidd, oherwydd bod pob math o wresogi yn gategori ar wahân a does dim gorgyffwrdd rhwng y gwahanol gategorïau. Y ffordd orau o gyflwyno'r math hwn o ddata yw mewn siart bar.

Cyngor

Cofiwch, dydy'r barrau mewn siart bar byth yn cyffwrdd â'i gilydd. Mae hyn yn wahanol i histogram.

(A) Enghraifft wedi'i datrys

Mae'r tabl hwn yn dangos sylweddau cartref gwahanol. Lluniadwch siart bar o'r data hyn.

Sylwedd cartref	pH
siampŵ	6
cegolch	10
soda pobi	9
sudd lemon	3
finegr	3
dŵr	7

Cam 1 Penderfynwch pa wybodaeth ddylai fynd ar bob echelin a dewiswch raddfa addas.

Dylai'r echelin *x* lorweddol ddangos y mathau o sylweddau cartref gwahanol. Dylai'r echelin *y* ddangos y pH.

Cam 2 Ar gyfer y sylwedd cyntaf – siampŵ – lluniadwch far sy'n estyn o'r echelin *x* i fyny at y gwerth cywir ar yr echelin *y*. Yna, gadewch fwlch unffurf a lluniadwch y bar nesaf, â'r un lled, ar gyfer cegolch.

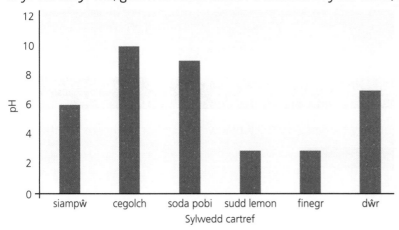

(B) Arweiniad ar y cwestiwn

1   Bob blwyddyn ers 2014, mae'r adran Ffiseg mewn coleg chweched dosbarth wedi cofnodi niferoedd y myfyrwyr gwrywaidd a benywaidd sy'n astudio TGAU Ffiseg. Mae'r canlyniadau o 2018 i 2014 i'w gweld yn y siart bar.

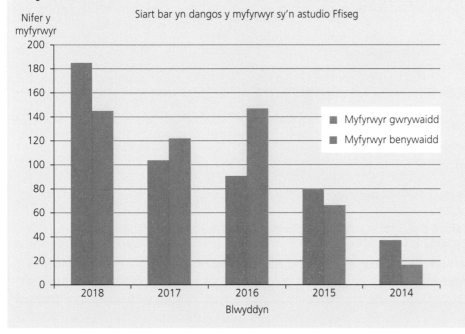

Cyngor

Mae'r cwestiwn hwn yn dangos sut gallwch chi hefyd osod dau far ochr yn ochr.

Defnyddiwch y siart i ddod o hyd i:

a y flwyddyn pan oedd nifer y myfyrwyr benywaidd ar ei fwyaf

Cam 1 Mae gan y myfyrwyr benywaidd far lliw ....

Cam 2 Mae'r bar hwn ar ei fwyaf yn ....

b y flwyddyn pan oedd y gwahaniaeth mwyaf rhwng nifer y myfyrwyr gwrywaidd a myfyrwyr benywaidd

Cam 1 Y flwyddyn lle mae'r gwahaniaeth mwyaf rhwng gwrywod a benywod yw'r flwyddyn lle mae'r gwahaniaeth mwyaf rhwng .... y barrau.

Cam 2 Y flwyddyn hon yw ....

c cyfanswm nifer y myfyrwyr sy'n astudio TGAU Ffiseg yn 2015.

Cam 1 Nifer y myfyrwyr gwrywaidd yn 2015 = ...

Cam 2 Nifer y myfyrwyr benywaidd yn 2015 = ...

Cam 3 Cyfanswm nifer y myfyrwyr yn 2015 = ... + ...
= ....

> **Cyngor**
> • • • • • • • • • • • • • •
> Mae graddfeydd yn gallu dechrau ar sero, ond does dim rhaid iddyn nhw.

C Cwestiynau ymarfer

2 Mae'r tabl isod yn dangos canlyniadau arolwg blodau gwyllt. Lluniadwch siart bar i ddangos y data hyn.

Rhywogaeth o flodau gwyllt	Amlder
Gorthyfail	16
Llygad y dydd	52
Glas yr ŷd	4
Briallen Fair	23

3 Isod, mae siart bar anghyflawn o arolwg gafodd ei wneud i ddod o hyd i faint o amser cyfartalog roedd myfyrwyr yn ei dreulio yn astudio Bioleg, Cemeg, Mathemateg a Ffiseg bob wythnos mewn ysgol.

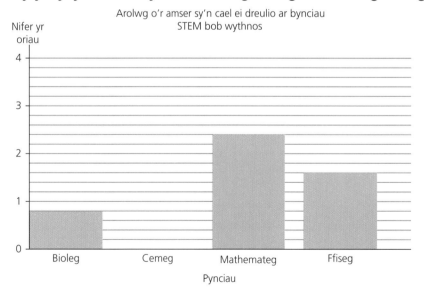

Arolwg o'r amser sy'n cael ei dreulio ar bynciau STEM bob wythnos

a Nifer yr oriau mae myfyrwyr Cemeg yn eu treulio bob wythnos yw 3.3 awr. Ychwanegwch y bar ar gyfer Cemeg at y siart.

b Faint yn fwy o amser mae myfyrwyr Ffiseg yn ei dreulio na myfyrwyr Bioleg?

c Beth yw cyfanswm yr amser mae myfyriwr cyfartalog yn ei dreulio yn astudio'r pedwar pwnc hyn?

Histogramau

Mae histogramau yn debyg i siartiau bar, ond dim ond ar gyfer data di-dor, fel hyd neu fàs cydrannau maen nhw'n cael eu defnyddio. Mae hyn yn golygu bod *rhaid* i'r barrau gyffwrdd â'i gilydd mewn histogram.

 A Enghraifft wedi'i datrys

Mae ffisegydd yn mesur y tonfeddi lle mae poteli lemonêd gwag yn cyseinio, i'r 10 cm agosaf. Mae hi'n cofnodi'r canlyniadau mewn tabl, fel sydd i'w weld.

Dangoswch y data hyn mewn histogram.

Tonfedd λ (cm)	150	160	170	180	190	200	210	220	230
Nifer y poteli	2	3	4	5	6	7	8	6	5

Cam 1 Gan fod y tonfeddi'n cael eu mesur i'r 10 cm agosaf, mae'r donfedd 150 cm yn cynnwys 145 cm $\leqslant \lambda <$ 155 cm, mae'r donfedd 160 cm yn cynnwys 155 cm $\leqslant \lambda <$ 165 cm, ac yn y blaen.

Cam 2 Y terfannau hyn yw ffiniau isaf ac uchaf y tonfeddi. Maen nhw'n gadael i ni lunio'r tabl amlder hwn wedi'i grwpio.

Tonfedd λ (cm)	Terfannau dosbarth	Nifer y poteli
150	145 cm $\leqslant \lambda <$ 155 cm	2
160	155 cm $\leqslant \lambda <$ 165 cm	3
170	165 cm $\leqslant \lambda <$ 175 cm	4
180	175 cm $\leqslant \lambda <$ 185 cm	5
190	185 cm $\leqslant \lambda <$ 195 cm	6
200	195 cm $\leqslant \lambda <$ 205 cm	7
210	205 cm $\leqslant \lambda <$ 215 cm	8
220	215 cm $\leqslant \lambda <$ 225 cm	6
230	225 cm $\leqslant \lambda <$ 235 cm	5

Cam 3 Yn yr achos hwn, mae lled pob bar wastad yn 10 cm, fel sydd i'w weld o'r terfannau dosbarth.

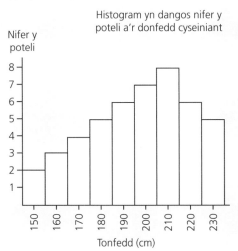

Cam 4 Mae'r donfedd sy'n cyfateb i 150 cm yn far sy'n ymestyn o 145 cm i 155 cm, sef y terfannau dosbarth. Mae'r bar nesaf ato yn ymestyn o 155 cm i 165 cm, ac yn y blaen. Fel hyn, mae'r barrau'n cyffwrdd – oherwydd bod y data'n ddi-dor.

Term allweddol

Histogramau: Siartiau sy'n dangos data di-dor lle mae arwynebedd y bar yn cynrychioli'r amlder.

Cyngor

Mae lled pob histogram yn y llyfr hwn yn hafal, oherwydd bod histogramau sydd â barrau â lled anhafal, y tu hwnt i lefel TGAU Gwyddoniaeth.

35

B Arweiniad ar y cwestiwn

1 Cofnodwyd swm yr eira a syrthiodd dros gyfnod o 20 diwrnod mewn canolfan wyliau gaeaf. Mae'r canlyniadau i'w gweld yn y tabl hwn.

Cwymp eira E (mm) (dosbarth)	Canolbwynt dosbarth y cwymp eira (mm)	Nifer y diwrnodau
$10 \leq E < 20$	15	3
$20 \leq E < 30$		6
$30 \leq E < 40$		
$40 \leq E < 50$		3
$50 \leq E < 60$		2

Dangoswch y data hyn ar histogram.

Cam 1 Mae'n rhaid i nifer y diwrnodau adio gyda'i gilydd i roi cyfanswm o 20.

Felly, nifer y diwrnodau pan oedd y cwymp eira rhwng 30 a 40 mm oedd ....

Cam 2 Mae canolbwynt y dosbarth union hanner ffordd rhwng y cwymp eira mwyaf a'r cwymp eira lleiaf.

Felly'r rhifau sydd ar goll o golofn ganol y tabl yw ...., ..., ... , a ....

Cam 3 Lluniadwch set o echelinau. Mae'r echelin fertigol wedi'i labelu â *Nifer y diwrnodau*. Mae'r echelin lorweddol wedi'i labelu â .... a bydd ei hamrediad rhwng 0 a ....

Cam 4 Mae'r bar cyntaf wedi'i ganoli ar 15 mm, ... diwrnod o uchder a .... mm o led. Lluniadwch y bar hwn.

Cam 5 Lluniadwch weddill y barrau. Mae'r bar terfynol yn ddau ddiwrnod o uchder, wedi ei ganoli ar .... mm ac yn .... mm o led.

Cam 6 Ychwanegwch deitl i'r histogram.

C Cwestiwn ymarfer

2 Mae'r tabl isod yn dangos canlyniadau ymchwiliad i gyfraddau curiad y galon wrth orffwys. Lluniadwch histogram o'r data hyn.

Cyfradd curiad y galon wrth orffwys (*bpm*)	Amlder
60–69	14
70–79	59
80–89	132
90–99	97

Siartiau cylch

Mae siartiau cylch yn dangos cyfrannau o set ddata gyfan fel onglau sector neu arwynebeddau sector. Cyfanswm yr ongl o amgylch canol y cylch yw 360° ac mae arwynebedd y sector mewn cyfrannedd â'r ongl yn y canol.

Tybiwch fod myfyriwr Ffiseg wedi ymchwilio i'r ffordd y daeth 60 o fyfyrwyr gwahanol i'r ysgol. Roedd eisiau dangos y data a gafodd eu casglu mewn siart cylch. Gallwn ni ddefnyddio'r wybodaeth hon i gyfrifo'r canlynol:

60 o fyfyrwyr = 360°

Felly, 1 myfyriwr = 360 ÷ 60 = 6°

Mae hyn yn golygu, ar gyfer pob sector, byddai'r ongl ar ganol y siart cylch yn cael ei chyfrifo drwy ddefnyddio:

ongl = nifer y myfyrwyr × 6°

A Enghraifft wedi'i datrys

Mae'r siart cylch hwn yn cynrychioli ffynonellau egni gwlad Ewropeaidd.

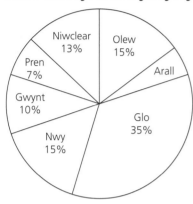

a **Pa ganran o'r adnodd egni sy'n cael ei gynrychioli gan 'Arall'?**

Cam 1 Cyfanswm y canrannau sy'n cael eu rhoi = 35% + 15% + 10% + 7% + 13% + 15% = 95%

Cam 2 Felly, mae 'Arall' yn cynrychioli 100% − 95% = 5%

b **Beth yw ongl sector y sector Gwynt?**

Cam 1 Mae'r sector Gwynt yn cynrychioli 10% o'r cylch.

Cam 2 Felly, mae ei ongl sector yn 10% o 360° = $\frac{10}{100} \times 360 = 36°$

c **Mae'r sector sydd â'r label Nwy yn cynrychioli egni 8.1×10^{17} J.**

Cyfrifwch gyfanswm y ffynonellau egni sy'n cael eu defnyddio gan y wlad hon.

Cam 1 Mae Nwy yn cynrychioli 15% = 8.1×10^{17} J

Cam 2 1% = $\frac{8.1 \times 10^{17}}{15} = 5.4 \times 10^{16}$

Cam 3 100% = $100 \times (5.4 \times 10^{16}) = 5.4 \times 10^{18}$ J

B Arweiniad ar y cwestiwn

1 **Mae canlyniadau arolwg i'r dull mae disgyblion yn ei ddefnyddio i ddod i'r ysgol yn dangos y canlynol:**

Dull	Cerdded	Beicio	Car	Bws	Trên
Nifer y disgyblion	15	5	35	20	15

Dangoswch y canlyniadau mewn siart cylch.

Cam 1 Cyfanswm nifer y myfyrwyr a gafodd eu holi oedd: ....

Cam 2 Mae pob myfyriwr yn y siart cylch yn cael ei gynrychioli gan ongl .... gradd.

Cam 3 Felly, dyma'r onglau ar gyfer pob dull o drafnidiaeth:

Cerdded = 60°; Beicio = ... °; Car = ... °; Bws = ... °; Trên = ... °.

Cam 4 Defnyddiwch gwmpawd i luniadu cylch mawr.

Cam 5 Defnyddiwch bren mesur i luniadu llinell o ganol y cylch hyd at ei gylchedd.

Cam 6 Lluniadwch y sectorau yn y cylch gan ddefnyddio'r onglau sy'n cael eu rhoi yng Ngham 3, yna labelwch y sectorau.

C Cwestiwn ymarfer

2 Isod mae canlyniadau arolwg o 180 o bobl ynglŷn â'r prif adnodd egni sy'n cael ei ddefnyddio i wresogi eu cartrefi.

Ffynhonnell egni	Nwy	Olew	Glo	Trydan	Pren	Arall
Nifer y bobl	90	45	25	10		2
Ongl sector (graddau)			50			

   a Cyfrifwch nifer y bobl sy'n defnyddio pren fel prif adnodd egni.

   b Cyfrifwch ongl sector pob adnodd, pe baen nhw'n cael eu dangos fel siart cylch. Mae un wedi'i wneud i chi yn barod.

   c Dangoswch y data ar siart cylch.

Deall egwyddorion samplu

Mae samplu yn destun ymarferol eang iawn. Yn yr adran hon, byddwn ni'n edrych ar y fathemateg sy'n gysylltiedig â rhai o'r technegau samplu ecolegol sy'n gallu ymddangos o fewn TGAU Gwyddoniaeth.

Cwadradau

Offer i fesur toreithrwydd organebau ansymudol, fel planhigion, yw cwadradau. Gallwn ni ddefnyddio cwadradau i amcangyfrif:

- amlder rhywogaeth: nifer yr unigolion o rywogaeth benodol sydd yn yr ardal samplu
- dwysedd rhywogaeth: nifer yr unigolion o rywogaeth benodol i bob uned arwynebedd
- gorchudd canrannol: y canran o arwynebedd y cwadrad sydd wedi'i lenwi gan unigolion o rywogaeth benodol. Mae'r mesur hwn yn ddefnyddiol ar gyfer rhywogaethau lle byddai'n anodd cyfrif pob planhigyn unigol, e.e. glaswellt.

> **Term allweddol**
>
> Ecolegol: Y berthynas rhwng organebau byw a'i gilydd ac a'u hamgylchoedd ffisegol.

Marcio ac ail-ddal

Mae'r dechneg samplu hon yn caniatáu i ni amcangyfrif nifer yr organebau symudol (er enghraifft pryfed lludw) mewn ardal benodol.

Yn gyntaf, caiff nifer o organebau o rywogaeth benodol eu dal o ardal benodol a'u marcio. Yna, caiff yr organebau hyn eu rhyddhau. Ar ôl cyfnod penodol, caiff yr un ardal ei samplu eto, ac fe gaiff nifer yr unigolion sydd wedi'u marcio ymysg yr ail sampl hwn eu cyfrif. Yna, gallwn ni amcangyfrif cyfanswm maint y boblogaeth drwy ddefnyddio'r hafaliad:

$$\text{Maint y boblogaeth} = \frac{(\text{cyfanswm y nifer yn y sampl cyntaf} \times \text{cyfanswm y nifer yn yr ail sampl})}{\text{y nifer sydd wedi'u marcio yn yr ail sampl}}$$

A Enghreifftiau wedi'u datrys

1 **Wrth wneud gwaith samplu, mae cwadradau 0.25 m² yn cael eu gosod ar hap mewn grid 10 m wrth 10 m. Mae pob cwadrad wedi'i rannu'n 25 sgwâr o'r un maint. Yng nghwadrad 1, mae glaswellt yn llenwi 20 o'r sgwariau yn y cwadrad. Beth yw gorchudd canrannol y glaswellt yn y cwadrad hwn?**

I ddod o hyd i'r gorchudd canrannol:

Cam 1 Rhannwch arwynebedd y cwadrad sydd wedi'i orchuddio â'r organeb â chyfanswm arwynebedd y cwadrad:

   $20 \div 25 = 0.80$

Cam 2 Lluoswch yr ateb hwn â 100:

   $0.80 \times 100 = 80\%$

Felly, mae gorchudd canrannol y glaswellt yn y cwadrad hwn yn 80%.

B Arweiniad ar y cwestiynau

1 Yn ystod arolwg o boblogaeth crancod, caiff 92 o grancod eu dal, eu tagio ac yna eu rhyddhau. Nifer o fisoedd yn ddiweddarach, mae 78 o grancod yn cael eu dal ac o'r rhain, mae 15 wedi'u tagio. Defnyddiwch yr hafaliad isod i gyfrifo maint poblogaeth y crancod.

Maint y boblogaeth = (cyfanswm y nifer yn y sampl cyntaf × cyfanswm y nifer yn yr ail sampl) ÷ y nifer sydd wedi'u marcio yn yr ail sampl

Cam 1 Nifer yn y sampl cyntaf = 92

Nifer yn yr ail sampl = 78

Nifer wedi'u marcio yn yr ail sampl = 15

Cam 2 Maint y boblogaeth =

(.................. × ....) ÷ y nifer sydd wedi'u marcio yn yr ail sampl

Cam 3 Maint y boblogaeth = ...

2 Mae arolwg o'r planhigyn *Digitalis* yn cael ei gynnal mewn cae. Mae canlyniadau 10 cwadrad i'w gweld isod. Mae arwynebedd pob cwadrad yn 0.25 m².

Cwadrad	1	2	3	4	5	6	7	8	9	10
Nifer y *Digitalis*	2	1	3	0	0	2	1	3	0	4

Beth oedd amlder rhywogaeth *Digitalis*?

Cam 1 Cyfrwch sawl cwadrad oedd yn cynnwys *Digitalis*. Y nifer yw: ....

Cam 2 Rhannwch nifer y cwadradau sy'n cynnwys *Digitalis* â chyfanswm nifer y cwadradau, a lluosi â 100 i gael canran:

Maint y boblogaeth = (.................. ÷ ....) × 100 = ...%

> **Cyngor**
> Bydd cwestiwn arholiad sy'n gofyn i chi wneud cyfrifiadau am ddal ac ail-ddal yn rhoi'r hafaliad i chi.

C Cwestiynau ymarfer

3 Mewn ymchwiliad i boblogaeth malwod mewn ardal, mae 105 yn cael eu dal a'u marcio. Bythefnos yn ddiweddarach, mae'r gweithgaredd samplu'n cael ei ailadrodd. O 120 o falwod a gafodd eu dal, roedd 45 wedi'u marcio. Amcangyfrifwch gyfanswm maint y boblogaeth malwod.

4 Yn ystod ymchwiliad i boblogaeth rhywogaeth glaswellt, mae cwadrad â 25 sgwâr o'r un maint yn cael ei ddefnyddio i amcangyfrif y gorchudd canrannol. Yn un o'r cwadradau, roedd 15 o'r sgwariau wedi'u gorchuddio â'r gwair. Amcangyfrifwch orchudd canrannol y glaswellt yn y cwadrad hwn.

Tebygolrwydd syml

Fel arfer, byddwn ni'n mynegi tebygolrwyddau fel degolion neu ffracsiynau, ac weithiau fel canrannau. Wrth astudio TGAU Bioleg, byddwch chi'n gweld tebygolrwydd yng nghyd-destun croesiadau genynnol, ac wrth astudio Ffiseg, mae'n debyg o ymddangos yng nghyd-destun dadfeiliad ymbelydrol. Os yw rhywbeth yn sicr o ddigwydd, mae ganddo debygolrwydd o 1 (neu 100%). Os yw rhywbeth yn sicr o beidio â digwydd, mae ganddo debygolrwydd o 0. Mae'n rhaid i bob tebygolrwydd fod rywle rhwng 0 ac 1.

Cyfanswm tebygolrwydd *pob* canlyniad posibl mewn arbrawf yw 1. Felly, os yw'r tebygolrwydd y bydd rhywbeth yn digwydd yn 0.25, y tebygolrwydd na fydd y peth hwnnw'n digwydd yw 0.75 (oherwydd 0.25 + 0.75 = 1).

Mae'r tebygolrwydd bod digwyddiad, E, yn digwydd yn cael ei ddiffinio yn y gymhareb hon:

$$\text{tebygolrwydd y bydd E yn digwydd} = \frac{\text{cyfanswm nifer y canlyniadau ffafriol}}{\text{cyfanswm nifer y canlyniadau posibl}}$$

Tybiwch mai 0.2 yw'r tebygolrwydd y bydd unrhyw niwclews unigol yn dadfeilio mewn munud benodol, a bod gennym ni boblogaeth o 1000 niwclews heb ddadfeilio i ddechrau.

Ar ôl un funud, byddai disgwyl i 200 ddadfeilio, gan adael 800 heb ddadfeilio.

Ar ôl munud arall, bydden ni'n disgwyl i 160 arall ddadfeilio, gan adael 640 niwclews heb ddadfeilio.

Byddai'r broses hon yn parhau fel hyn:

Amser a aeth heibio (munudau)	0	1	2	3	4	5	6	7
Nifer disgwyliedig o niwclysau heb ddadfeilio	1000	800	640	512	410	328	262	210

Mae golwg sydyn ar y tabl yn dangos mai ychydig dros 3 munud yw'r amser mae'n ei gymryd i nifer y niwclysau sydd heb ddadfeilio ostwng i hanner ei nifer gwreiddiol. Mae gwyddonwyr yn galw hyn yn hanner oes y dadfeiliad.

(A) Enghreifftiau wedi'u datrys

1 **Mae rhywogaeth o neidr yn gallu bod â marciau coch neu felyn arni. Mewn un boblogaeth benodol o'r nadroedd, mae'r tebygolrwydd bod marciau coch ar neidr yn 0.65. Beth yw'r tebygolrwydd bod marciau melyn ar neidr yn y boblogaeth hon?**

Rydyn ni'n gwybod y ffeithiau hyn:

— coch neu felyn yw unig liwiau posibl y marciau
— mae'n rhaid i debygolrwyddau pob canlyniad posibl adio i 1
— tebygolrwydd marciau coch + tebygolrwydd marciau melyn = 1
— mae aildrefnu'r hafaliad yn rhoi:
   tebygolrwyd marciau melyn = 1 – tebygolrwydd marciau coch
                    = 1 – 0.65 = 0.35
— felly y tebygolrwydd bod marciau melyn ar neidr yn y boblogaeth hon yw 0.35.

2 **Mewn bodau dynol, y cromosomau rhyw (X ac Y) sy'n pennu rhyw biolegol. Mae gan wrywod XY ac mae gan fenywod XX. Defnyddiwch groesiad genynnol i ddangos y tebygolrwydd bod cwpl yn cael baban sy'n ferch. Rhowch eich ateb fel canran.**

Cam 1 Ysgrifennwch beth yw genoteipiau'r rhieni.

Rhieni: XX   XY

Cam 2 Ysgrifennwch beth yw'r gametau y mae'r rhieni'n eu cynhyrchu.

Gametau: X   X   X   Y

Cam 3 Defnyddiwch beth yw'r gametau i luniadu sgwâr Punnett i ddarganfod genoteip yr epil.

Cyngor

Mae ymadroddion fel 'y tebygolrwydd bod E yn digwydd' yn eiriog iawn. Mae ffisegwyr yn tueddu i fyrhau hyn i P(E).

Cyngor

Mae tebygolrwydd yn ymwneud â siawns, felly mae'n bosibilrwydd bob amser na fydd y canlyniadau gwirioneddol yr un fath â'r canlyniadau disgwyliedig. Dyma'r rheswm pam, er mai'r canlyniad mwyaf tebygol wrth gael dau o blant yw un bachgen ac un ferch, y mae llawer o rieni mewn gwirionedd yn cael dwy ferch neu ddau fachgen.

	X	Y
X	XX	XY
X	XX	XY

Cymhareb ddisgwyliedig yr epil = 2 fenyw (XX) : 2 wryw (XY) = 1 fenyw : 1 gwryw

Cam 5 I gyfrifo'r tebygolrwydd o gael merch o'r gymhareb hon, mae angen rhannu nifer y benywod â chyfanswm y rhifau yn y gymhareb. Gan fod y cwestiwn wedi gofyn am yr ateb fel canran, mae'n rhaid i chi luosi eich ateb â 100

$$\frac{1}{2} \times 100 = 50\%$$

Mae yna siawns 50% bod y cwpl yn cael merch.

B Arweiniad ar y cwestiwn

1   Mae'r graff hwn yn dangos cromlin ddadfeiliad ar gyfer radioisotop.

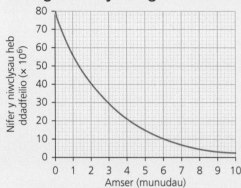

a   **Darganfyddwch hanner oes yr isotop, gan ddechrau gyda'r nifer gwreiddiol o niwclysau heb ddadfeilio.**

Cam 1 Mewn un hanner oes, mae nifer y niwclysau heb ddadfeilio yn gostwng .... %

Cam 2 Felly, mewn un hanner oes bydd yr 80 miliwn o niwclysau sydd heb ddadfeilio yn gostwng i .... miliwn.

Cam 3 O'r graff, mae hyn yn cymryd .... munud.

b   **Defnyddiwch eich ateb i ran (a) i nodi'r tebygolrwydd bod niwclews penodol yn y sampl yn debygol o ddadfeilio o fewn cyfnod o 6 munud.**

Cam 1 Mewn 6 munud, mae nifer y niwclysau sydd heb ddadfeilio wedi gostwng i .... miliwn.

Cam 2 Felly, y ffracsiwn sydd wedi dadfeilio yw ....

Cam 3 Felly, y tebygolrwydd o ddadfeiliad o fewn 6 munud yw ....

Cyngor

Er ei bod yn bosibl i ni wybod y tebygolrwydd y bydd niwclews arbennig yn dadfeilio mewn cyfnod penodol o amser, allwn ni ddim dweud yn bendant a fydd y niwclews yn dadfeilio ai peidio. Mae'r broses yn un ddigymell, ar hap. Mae hyn yn golygu bod y graffiau arbrofol ar gyfer dadfeilio yn debygol o fod yn fwy blêr a bras na'r rhai sydd i'w gweld mewn gwerslyfrau neu bapurau arholiad.

C Cwestiynau ymarfer

2   Tybiwch fod sampl yn cynnwys 3000 o niwclysau heb ddadfeilio a'r tebygolrwydd y bydd niwclews penodol yn dadfeilio mewn munud benodol yw 0.3.

a   Copïwch a chwblhewch y tabl isod, i ddangos y nifer disgwyliedig o niwclysau heb ddadfeilio bob munud, hyd at 7 munud. Mae dau gofnod wedi'u cwblhau ar eich cyfer.

Amser a aeth heibio (munudau)	0	1	2	3	4	5	6	7
Nifer disgwyliedig y niwclysau heb ddadfeilio	3000					504		

b Plotiwch graff *Nifer disgwyliedig y niwclysau heb ddadfeilio* (echelin *y*) yn erbyn *Amser a aeth heibio mewn munudau* (echelin *x*).

c Defnyddiwch eich graff i ddangos mai hanner oes y dadfeiliad hwn yw tua 1.9 munud.

3 Mewn rhywogaeth planhigyn, ffrwythau gwyrdd yw'r ffenoteip trechol a ffrwythau melyn yw'r ffenoteip enciliol. Mae diagram genynnol yn cael ei ddefnyddio i amcangyfrif canlyniadau croesi dau blanhigyn heterosygaidd.

Defnyddiwch ddiagram sgwâr Punnett i ddarganfod y tebygolrwydd y bydd gan yr epil ffrwythau melyn.

Defnyddiwch y symbolau canlynol: G = alel trechol; g = alel enciliol

Deall cymedr, modd a chanolrif

Dyma'r tri math o gyfartaledd byddwch chi'n eu gweld yn eich cwestiynau arholiad TGAU:

● cymedr: hwn yw'r cyfartaledd, ac mae'n cael sylw yn yr adran 'cymedrau' ar dudalennau 26–28

● canolrif: dyma'r gwerth canol yn y set ddata. I ddod o hyd i'r canolrif, mae angen gosod y pwyntiau data i gyd yn eu trefn a dewis y gwerth sydd yng nghanol y dilyniant. Os yw nifer y pwyntiau data yn eilrif, mae angen cymryd y ddau yn y canol a chyfrifo eu cymedr (hynny yw, adio'r ddau a rhannu â 2)

● modd: dyma'r gwerth mwyaf cyffredin yn y set ddata.

Mae'r math mwyaf priodol o gyfartaledd i'w ddefnyddio yn dibynnu ar y cyd-destun:

● Y cyfartaledd mwyaf cyffredin yw'r cymedr.

● Mae'r canolrif yn fwy defnyddiol na'r cymedr os oes rhai gwerthoedd eithriadol o uchel neu isel (allanolion) yn y data, fyddai'n effeithio ar y cymedr.

● Mae'r modd yn addas i'w ddefnyddio â data sydd ddim yn rhifau neu os nad oes modd rhoi'r pwyntiau data mewn trefn linol.

Tybiwch fod myfyriwr yn mesur, i'r gram agosaf, màs 21 marblen ac yn nodi'r canlyniadau yn nhrefn eu màs o'r lleiaf i'r mwyaf, fel sydd i'w weld isod.

14, 14, 14, 15, 15, 15, 15, 16, 16, 16, 16, 17, 17, 17, 17, 17, 17, 17, 17, 18, 18

Yn yr enghraifft hon, y rhif mwyaf cyffredin yn y rhestr yw 17. Mae hyn yn golygu mai'r màs moddol yw 17 gram (neu'n syml, y modd yw 17 g).

Nawr edrychwch ar y rhif sydd wedi'i amlygu, sef 16. O'r 21 rhif yn y rhestr, mae 10 i'r chwith ohono ac mae 10 i'r dde. Mae'r rhif 16 yn y canol. Felly, y màs canolrif yw 16 gram.

Mae'n hawdd dod o hyd i'r rhif yn y canol pan fydd cyfanswm nifer y canlyniadau yn odrif. Yn syml, adiwch 1 at gyfanswm nifer y canlyniadau (peidiwch ag adio'r canlyniadau i gyd gyda'i gilydd) a rhannwch â 2. Yn yr achos hwn, $(21 + 1) \div 2 = 11$, felly'r canolrif yw'r 11eg rhif wrth gyfrif o'r naill ben neu'r llall.

Mae hi ychydig yn fwy anodd os oes eilrif o rifau, gan fod dau rif yn y canol. Ystyriwch y ddwy restr ganlynol o chwe rhif.

Rhestr A: 2, 3, 5, 5, 6, 7   Rhestr B: 2, 3, 4, 5, 6, 7

Yn Rhestr A, 5 yw'r ddau rif canol. Felly, y canolrif yw 5.

Yn Rhestr B, 4 a 5 yw'r rhifau canol. Maen nhw'n wahanol, ac felly rydyn ni'n cymryd bod y canolrif hanner ffordd rhyngddyn nhw. Felly, y canolrif yw 4.5.

A Enghraifft wedi'i datrys

Mae'r tabl canlynol yn dangos canlyniadau crai arolwg o grwpiau gwaed.

A	AB	AB	O	O	O
B	AB	A	A	B	AB

Darganfyddwch beth yw modd y grwpiau gwaed hyn.

Cam 1 Lluniwch dabl amlder o bob gwerth.

Grŵp gwaed	Amlder
A	3
B	2
O	3
AB	4

Cam 2 Penderfynwch pa grŵp gwaed yw'r mwyaf cyffredin. Mae amlder AB yn 4, felly y grŵp gwaed moddol yw AB.

B Arweiniad ar y cwestiwn

1 Mae diamedrau naw pelferyn yn cael eu mesur i'r mm agosaf. Mae'r modd yn 9 mm ac mae'r canolrif yn 6 mm. Saith o'r naw diamedr, mewn mm, yw:

4, 1, 7, 6, 2, 3, 9

Y diamedr mwyaf yw 9 mm.

Darganfyddwch y diamedrau coll os ydych chi'n gwybod bod y ddau'n fwy na 6 mm.

Cam 1 Rhowch y rhifau yn eu trefn: ...., ..., ..., ..., ..., ..., ...,

Cam 2 Gan mai'r modd yw 9, rhaid bod o leiaf .... 9. Felly, ychwanegwch .... at y rhestr mewn trefn. Nawr, mae .... rhif yn y rhestr mewn trefn.

Cam 3 Y canolrif yw'r .... rhif yn y rhestr mewn trefn, felly rhaid mai'r rhif coll yw .... , ..., ... neu .... Gan mai'r modd yw 9, all y rhif coll ddim bod yn .... na .... Felly, rhaid mai'r rhif coll yw .... neu ....

C Cwestiwn ymarfer

2 Mae 20 o fyfyrwyr yn cynnal arbrawf i ddod o hyd i ddwysedd ethanol. Dyma eu canlyniadau, mewn g/cm^3.

0.79	0.79	0.78	0.78	0.78	0.77	0.77	0.79	0.79	0.77
0.77	0.79	0.79	0.79	0.79	0.78	0.78	0.78	0.78	0.77

Darganfyddwch:
a y modd
b y dwysedd canolrif, mewn g/cm^3.

Defnyddio diagram gwasgariad i ganfod cydberthyniad

Pan fydd pwyntiau data wedi'u plotio ar ddiagram gwasgariad, gall fod yn bosibl canfod cydberthyniadau yn y data. Mae cydberthyniad yn gallu bod yn bositif neu'n negatif.

Mewn cydberthyniad positif, pan fydd un newidyn yn cynyddu, bydd y newidyn arall hefyd yn tueddu i gynyddu:

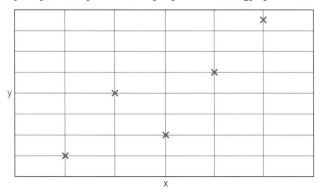

▲ **Ffigur 1.6** Diagram gwasgariad yn dangos cydberthyniad positif

Mewn cydberthyniad negatif, pan fydd un newidyn yn cynyddu, bydd y newidyn arall yn tueddu i leihau.

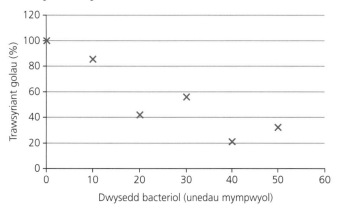

▲ **Ffigur 1.7** Diagram gwasgariad yn dangos cydberthyniad negatif

Mewn rhai sefyllfaoedd, bydd cydberthyniad i'w weld yn amlwg, ond weithiau bydd rhai data heb ddim cydberthyniad. Os cewch chi gwestiwn am ddiagramau gwasgariad yn yr arholiad, dylai unrhyw gydberthyniad (positif, negatif neu ddim) fod yn amlwg.

Dau bwynt i'w nodi:

① Peidiwch â meddwl bod cydberthyniad positif yn golygu perthynas achosol. Pe baech chi'n ymchwilio i nifer y coed sy'n tyfu yng ngardd rhywun, efallai y byddech chi'n gweld cydberthyniad â'r rhif ar eu drws ffrynt. Ond dydy hynny ddim yn golygu bod nifer y coed yn cynyddu oherwydd bod y rhif ar y drws yn cynyddu.

② Ar y llaw arall, *gallai* cydberthyniad positif hefyd ddangos perthynas achosol. Am flynyddoedd lawer, roedd cwmnïau tybaco yn dweud bod cydberthyniad rhwng ysmygu a chanser yr ysgyfaint, ond mai dim ond cyd-ddigwyddiad oedd hyn, nid perthynas achosol. Nawr, ar bob pecyn o sigaréts mae neges glir: Mae Ysmygu'n Lladd.

★ **Does dim angen hwn yn benodol ar gyfer TGAU Gwyddoniaeth (Dwyradd) CBAC ond gall fod yn ddefnyddiol er hynny.**

Cyngor

I ganfod cydberthyniad, gofynnwch i'ch hun beth sy'n digwydd i un newidyn pan fydd y llall yn cynyddu.

● Os oes un yn mynd yn fwy pan fydd y llall yn mynd yn fwy, mae'n gydberthyniad positif.

● Os oes un yn mynd yn fwy pan fydd y llall yn mynd yn llai, mae'n gydberthyniad negatif.

● Os nad oes perthynas, does dim cydberthyniad.

Termau allweddol

Diagram gwasgariad: Graff wedi'i blotio i weld a oes perthynas rhwng dau fesur.

Cydberthyniad positif: Mae hyn yn digwydd os yw un mesur yn tueddu i gynyddu wrth i'r mesur arall gynyddu.

Cydberthyniad negatif: Mae hyn yn digwydd os yw un mesur yn tueddu i leihau wrth i'r mesur arall gynyddu.

Dim cydberthyniad: Does dim perthynas o gwbl rhwng dau fesur.

Perthynas achosol: Y rheswm pam mae un mesur yn cynyddu (neu'n lleihau) yw bod y mesur arall hefyd yn cynyddu (neu'n lleihau).

A Enghraifft wedi'i datrys

Mae'r diagram gwasgariad isod yn dangos effaith crynodiad ocsigen wedi'i hydoddi ar boblogaeth brithyll seithliw mewn pwll dyframaethu. Pa fath o gydberthyniad sydd i'w weld yn y data hyn?

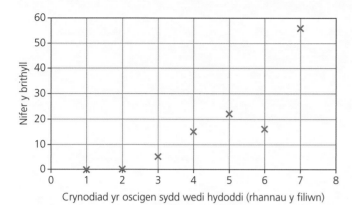

Crynodiad yr oscigen sydd wedi hydoddi (rhannau y filiwn)

Cam 1 Chwiliwch am duedd gyffredinol yn nosbarthiad y pwyntiau ar y diagram gwasgariad. Wrth i chi symud o'r chwith i'r dde ar y diagram, ydy hi'n ymddangos fel bod y pwyntiau data'n mynd yn uwch neu'n is?

Cam 2 Wrth i grynodiad yr ocsigen sydd wedi'i hydoddi gynyddu, mae poblogaeth y brithyll seithliw hefyd yn cynyddu. Dydy'r pwyntiau data ddim i gyd yn ffitio'n berffaith â'r patrwm, ond ddylai hyn ddim bod yn syndod, oherwydd bydd rhywfaint o amrywiad mewn unrhyw ddata sy'n ymwneud ag organebau byw.

Cam 3 Nodwch pa gydberthyniad sydd i'w weld. Mae'r diagram gwasgariad yn dangos cydberthyniad positif rhwng crynodiad ocsigen wedi'i hydoddi a phoblogaeth brithyll seithliw.

B Arweiniad ar y cwestiwn

1 Mae'r diagram gwasgariad isod yn dangos sut mae gorchudd canrannol rhywogaeth gwair yn amrywio gyda phellter oddi wrth goeden fawr. Pa fath o gydberthyniad sydd i'w weld yn y data hyn?

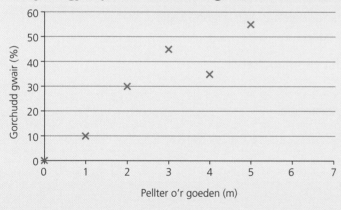

Pellter o'r goeden (m)

Cam 1 Disgrifiwch y cydberthyniad mae'r graff yn ei ddangos.

Wrth i'r pellter oddi wrth y goeden gynyddu, mae gorchudd % y gwair yn cynyddu.

Cam 2 Mae hyn yn dangos cydberthyniad ....

45

Cwestiwn ymarfer

2 Mewn model cyfrifiadurol o foleciwlau nwy, mae pob moleciwl yn newid ei gyfeiriad ar hap pan fydd yn gwrthdaro â moleciwl arall. Mae'r amser rhwng y gwrthdrawiadau hefyd ar hap. Mae pellter moleciwl penodol o bwynt sefydlog, felly, yn newid gyda phob gwrthdrawiad.

Mae set ddata fach yn cael ei chynhyrchu o'r model cyfrifiadurol, ac mae i'w gweld yn y tabl hwn.

Pellter D moleciwl o bwynt sefydlog (mm)	0	15	21	26	30	33	38	40
Nifer y gwrthdrawiadau N	0	1	2	3	4	5	6	7
$\sqrt{N}$	0		1.4		2.0			

Mae wedi cael ei awgrymu bod rhywfaint o gydberthyniad rhwng y pellter o'r pwynt sefydlog ac ail isradd nifer y gwrthdrawiadau N.

Cwblhewch y tabl, gan roi'r rhifau i un lle degol, ac yna plotiwch ddiagram gwasgariad o'r *Pellter D* yn erbyn $\sqrt{N}$.

Pa fath o gydberthyniad, os oes un, sy'n cael ei awgrymu gan y diagram gwasgariad?

Trefnau maint

Mae trefnau maint yn caniatáu i ni gymharu gwerthoedd mawr iawn a gwerthoedd bach iawn gyda'i gilydd. Mae hyn yn ddefnyddiol wrth gymharu maint gwahanol fathau o ronynnau, wrth drawsnewid rhwng unedau ac wrth ddefnyddio'r hafaliad chwyddhad.

Rhannu neu luosi â 10 yw trefn maint. Mae pob rhannu neu luosi â 10 yn cael ei alw'n un drefn maint. Mae'r hyd ei hun yn gallu bod yn frasamcan, oherwydd y gwahaniaeth cymharol sy'n bwysig. Mae'n hawdd cymharu trefnau maint gan ddefnyddio ffurf safonol (gweler tudalen 9).

Rydyn ni'n defnyddio rhagddodiaid i newid maint uned. Rydyn ni'n defnyddio yr un rhagddodiaid ar gyfer pob uned. Gall Tabl 1.3 ar dudalen 2 eich atgoffa chi o sut i ddefnyddio rhagddodiaid yn gywir gydag unedau.

Mae'n bwysig eich bod chi'n dewis yr uned briodol ym mhob sefyllfa, er enghraifft:

- Byddai'n amhriodol rhoi hyd organeb mewn cilometrau.

- Dim ond yr organebau neu'r ffurfiadau lleiaf fyddai'n cael eu mesur mewn micrometrau.

Enghraifft wedi'i datrys

Radiws atom yw 1×10^{-10} m. Radiws niwclews atom yw 1×10^{-14} m. Sawl gwaith yn fwy yw'r atom na'r niwclews?

Gallwch chi gymharu'r ddau ddiamedr drwy rannu'r pŵer 10 mwyaf â'r un lleiaf.

$$1 \times 10^{-10} \div 1 \times 10^{-14} = 10^4$$

Felly, mae diamedr yr atom 10 000 (10^4) gwaith yn fwy na diamedr y niwclews.

B Arweiniad ar y cwestiwn

1 Yn yr atom hydrogen, mae electron mewn orbit o amgylch proton. Y grym disgyrchiant ar yr electron yw 4.06×10^{-47}N. Y grym trydanol ar y proton yw 9.22×10^{-8} N.

Cyfrifwch sawl gwaith yn fwy na'r grym disgyrchiant yw'r grym trydanol.

Rhowch eich ateb fel trefn maint.

Cam 1 Grym trydanol ÷ grym disgyrchiant

= .... N ÷ .... N = ...

Cam 2 Felly, o ran trefn maint, mae'r grym trydanol .... gwaith yn fwy na'r grym disgyrchiant.

Cyngor

Wrth wneud cyfrifiadau trefn maint, yn aml mae'n rhaid i chi roi rhifau ar ffurf safonol i mewn i'ch cyfrifiannell. Mae'n werth cyfeirio'n ôl at yr adran ar dudalen 11 i adolygu sut i wneud hynny, cyn rhoi cynnig ar gwestiynau fel hyn.

C Cwestiynau ymarfer

2 Mae diamedr gronyn bras yn 1×10^{-4} m ac mae diamedr nanoronyn yn 1×10^{-9} m. Cyfrifwch faint yn fwy yw gronyn bras na nanoronyn.

3 Mae diamedr gronyn mân yn 1.0×10^{-6} m. Mae diamedr nanoronyn yn 1.6×10^{-9} m. Cyfrifwch sawl gwaith yn fwy yw diamedr y gronyn mân na diamedr y nanoronyn.

Defnyddio'r hafaliad chwyddhad

Bydd biolegwyr yn aml yn astudio organebau a ffurfiadau sy'n anhygoel o fach. Mae'r hafaliad chwyddhad yn ei gwneud hi'n bosibl darganfod dimensiynau gwirioneddol yr organebau a'r ffurfiadau hyn o ficrograffau a lluniadau wrth raddfa. Mae hefyd yn eich helpu chi i greu eich lluniadau wrth raddfa eich hun.

Yr hafaliad chwyddhad yw:

Chwyddhad = maint y ddelwedd ÷ maint y gwrthrych

Dylech chi fod yn hyderus i ddefnyddio'r hafaliad hwn a'i aildrefnu i gyfrifo:

- y chwyddhad os ydych chi'n cael gwybod maint delwedd a maint gwrthrych

- maint delwedd os ydych chi'n cael gwybod chwyddhad a maint gwrthrych

- maint gwrthrych os ydych chi'n cael gwybod chwyddhad a maint delwedd.

Efallai bydd cwestiwn arholiad am y sgìl hwn yn gofyn i chi fesur rhan o ddiagram neu ficrograff electronau, felly gwnewch yn siŵr eich bod chi'n gallu gwneud hyn yn fanwl gywir.

Cyngor

Cymhareb yw chwyddhad mewn gwirionedd, felly does ganddo ddim uned.

A Enghraifft wedi'i datrys

Mae micrograff electronau o gnewyllyn yn dangos bod ei ddiamedr yn 80 mm. Mae diamedr gwirioneddol y cnewyllyn wedi'i labelu fel 0.0004 mm. Beth yw chwyddhad y micrograff electronau?

Cam 1 Nodwch faint y ddelwedd a maint y gwrthrych. Maint y ddelwedd yw diamedr y micrograff electronau. Maint y gwrthrych yw diamedr gwirioneddol y cnewyllyn. Felly: Maint y ddelwedd = 80 mm; maint y gwrthrych = 0.0004 mm

Cam 2 Amnewidiwch y gwerthoedd i mewn i'r fformiwla chwyddhad:

Chwyddhad = maint y ddelwedd ÷ maint y gwrthrych

Chwyddhad = 80 ÷ 0.0004

Chwyddhad = 200 000

Felly, mae'r chwyddhad yn 200 000.

Arweiniad ar y cwestiwn

1 **Mae myfyriwr yn defnyddio microsgop i wneud lluniad o doriad ardraws drwy wreiddyn. Diamedr y lluniad yw 150 mm. Gan ddefnyddio'r microsgop, mae'r myfyriwr yn mesur lled y gwreiddyn yn 2 mm. Defnyddiwch yr hafaliad chwyddhad i gyfrifo chwyddhad lluniad y myfyriwr.**

Cam 1 Nodwch faint y ddelwedd a maint y gwrthrych.

Cam 2 Amnewidiwch y gwerthoedd i'r fformiwla chwyddhad a chyfrifwch:

Chwyddhad = maint y ddelwedd ÷ maint y gwrthrych

Chwyddhad = ... ÷ .... = ...

C **Cwestiwn ymarfer**

2 Ar ddiagram o gell ffwngaidd, mae lled y gell yn 30 mm. Mae'r chwyddhad wedi'i roi fel 340×. Beth yw lled gwirioneddol y gell ffwngaidd? Rhowch eich ateb ar ffurf safonol i 2 ffigur ystyrlon.

» Algebra

Cangen o fathemateg yw algebra sy'n defnyddio hafaliadau lle mae llythrennau'n cynrychioli rhifau.

Mae angen i chi wybod sut i ddatrys gwahanol hafaliadau drwy:

- aildrefnu'r hafaliad i newid y testun – ond dim ond er mwyn cyfrifo rhywbeth heblaw'r llythyren (neu'r gwerth) sydd ar ei phen ei hun y bydd angen gwneud hyn
- amnewid y rhifau cywir ar gyfer pob llythyren neu werth
- cyfrifo'r ateb.

Fformiwlâu Cemeg

Mae Tabl 1.12 yn rhestru rhai o'r hafaliadau Cemeg allweddol sy'n ofynnol ym manyleb CBAC. Efallai na fydd rhain wedi'u darparu yn yr arholiad, felly bydd angen i chi eu dysgu nhw.

Tabl 1.12 Hafaliadau Cemeg allweddol

swm mewn molau $= \dfrac{\text{màs }(g)}{M_r}$ lle M_r=màs fformiwla cymharol
swm mewn molau $= \dfrac{\text{màs }(g)}{A_r}$ lle A_r=màs atomig cymharol
cynnyrch canrannol $= \dfrac{\text{cynnyrch gwirioneddol}}{\text{cynnyrch damcaniaethol}} \times 100$
economi atom $= \dfrac{\text{cyfanswm màs fformiwla cymharol y cynnyrch a ddymunir o'r hafaliad}}{\text{cyfanswm masau cymharol pob adweithydd o'r hafaliad}} \times 100$
swm nwy mewn molau $= \dfrac{\text{cyfaint }(dm^3)}{24}$

$$\text{swm mewn molau} = \frac{\text{cyfaint}\left(\text{cm}^3\right) \times \text{crynodiad}\left(\text{mol/dm}^3\right)}{1000}$$

$$\text{cyfradd gymedrig yr adwaith} = \frac{\text{swm yr adweithydd a ddefnyddir}}{\text{amser mae'n ei gymryd}}$$

$$R_f = \frac{\text{pellter mae'r sylwedd yn symud}}{\text{pellter mae'r hydoddydd yn symud}}$$

Fformiwlâu Ffiseg

Mae Tabl 1.13 yn rhestru'r hafaliadau Ffiseg ym manyleb CBAC. Mae'n rhaid i chi gofio a gallu defnyddio'r rhan fwyaf ohonyn nhw, ond defnyddiwch y canllaw isod i weld yr union fanylion.

Tabl 1.13 **Hafaliadau ym manyleb CBAC**

Mae'r fformiwlâu sydd wedi eu <mark>hamlygu</mark> yn ymddangos mewn papurau Haen Uwch yn unig.	
Cyd-destun	**Hafaliad**
Pwysau	$W = mg$
Gwaith	$W = Fs$ neu $E = Fd$
Deddf Hooke	$F = ke$ neu $F = kx$
Moment	$M = Fd$
Gwasgedd	$p = \dfrac{F}{A}$
Pellter	$s = vt$
Buanedd cyfartalog	$\bar{v} = \dfrac{1}{2}(u + v)$
Cyflymiad	$a = \dfrac{\Delta v}{t}$
Deddf Newton	$F = ma$
Momentwm	$p = mv$
Egni cinetig	$E_k = \dfrac{1}{2}mv^2$
EPD	$E_p = mgh$
Pŵer	$P = \dfrac{E}{t}$ neu $P = \dfrac{W}{t}$
Effeithlonrwydd	$\text{effeithlonrwydd} = \dfrac{\text{egni allbwn defnyddiol}}{\text{cyfanswm egni mewnbwn}}$
	$\text{effeithlonrwydd} = \dfrac{\text{pŵer allbwn defnyddiol}}{\text{cyfanswm pŵer mewnbwn}}$
Hafaliad ton	$v = f\lambda$
Gwefr	$Q = It$
Deddf Ohm	$V = IR$
Gwrthiant mewn cyfres	$R_T = R_1 + R_2$

Cyd-destun	Hafaliad
Gwrthiant mewn paralel	$\dfrac{1}{R_T} = \dfrac{1}{R_1} + \dfrac{1}{R_2}$
Deddf Joule (pŵer)	$P = VI$
Deddf Joule (pŵer)	$P = I2R$
Pŵer	$E = Pt$ neu $E = IVt$
Foltedd	$E = QV$
Dwysedd	$\rho = \dfrac{m}{v}$
Gwasgedd	$P = h_\rho g$
Hafaliad mudiant	$v^2 = u^2 + 2as$
Grym (oherwydd ergyd)	$F = \dfrac{m\,\Delta v}{\Delta t}$
Cynhwysedd gwres	ΔE (neu Q) $= mc\Delta\theta$
Amser cyfnodol	$T = \dfrac{1}{f}$
Chwyddhad	$M = \dfrac{h_{\text{delwedd}}}{h_{\text{gwrthrych}}}$
Grym mewn maes magnetig	$F = BIl$
Gwres cudd	$E = mL$ neu $Q = mL$
Cymhareb troadau newidydd	$\dfrac{V_p}{V_s} = \dfrac{n_p}{n_s}$
Pŵer newidydd	$V_s I_s = V_p I_p$
Deddf Boyle	$pV = $ cysonyn neu p1V1 = p2V2
Deddf Gwasgedd	$\dfrac{p_1}{T_1} = \dfrac{p_2}{T_2}$
Deddf Nwyon	$\dfrac{PV}{T} = $ cysonyn
Egni wedi'i storio mewn sbring	$E = \dfrac{1}{2}kx^2$
Deddf Snell	$n = \dfrac{\sin i}{\sin r} = \dfrac{1}{\sin c}$

Deall a defnyddio symbolau algebraidd

Mae'r symbolau canlynol yn gyffredin mewn algebra, ac efallai y gwelwch chi nhw mewn cwestiynau arholiad TGAU Gwyddoniaeth sy'n defnyddio hafaliadau. Dylech chi ddysgu adnabod eu hystyron, sydd i'w gweld yn Nhabl 1.14.

Tabl 1.14 Symbolau algebra

Symbol	Ystyr
=	yn hafal i
>	yn fwy na
⩾	yn fwy na neu'n hafal i
<	yn llai na
⩽	yn llai na neu'n hafal i
∝	mewn cyfrannedd â
~	tua

Mae anhafaleddau yn dangos perthynas rhwng dau werth sydd ddim yn hafal.

Ⓐ Enghreifftiau wedi'u datrys

1 **Mae'r tabl isod yn dangos cyfradd ffotosynthesis a chyfradd resbiradu mewn planhigyn ar wahanol adegau o'r dydd.**

Amser	Cyfradd resbiradu / unedau mympwyol	Cyfradd ffotosynthesis / unedau mympwyol
8 a.m.	40	70
12 p.m.	70	100
10 p.m.	50	0

Ysgrifennwch anhafaleddau ar gyfer y berthynas rhwng cyfradd resbiradu a chyfradd ffotosynthesis am 12 p.m. a 10 p.m.

Cam 1 Darganfyddwch pa gyfradd yw'r fwyaf am 12 p.m. Mae cyfradd ffotosynthesis (100) yn fwy na chyfradd resbiradu (70).

Cam 2 Ysgrifennwch yr anhafaledd ar gyfer 12 p.m.: cyfradd ffotosynthesis > cyfradd resbiradu.

Cam 3 Darganfyddwch pa gyfradd yw'r fwyaf am 10 p.m. Mae cyfradd ffotosynthesis (0) yn llai na chyfradd resbiradu (50).

Cam 4 Ysgrifennwch yr anhafaledd ar gyfer 10 p.m.: cyfradd ffotosynthesis < cyfradd resbiradu.

2 **Mae'r hafaliad isod yn dangos y berthynas rhwng pellter oddi wrth ffynhonnell golau ac arddwysedd golau:**

$$\text{Arddwysedd golau} \propto \frac{1}{\text{pellter}^2}$$

Ysgrifennwch frawddeg sy'n crynhoi'r berthynas hon.

Mae'r symbol ∝ yn golygu 'mewn cyfrannedd', felly gallwn ni grynhoi'r berthynas rhwng pellter oddi wrth ffynhonnell golau ac arddwysedd golau fel hyn:

Mae arddwysedd golau mewn cyfrannedd ag un dros y pellter oddi wrth y ffynhonnell golau wedi'i sgwario.

3 **Yn ystod ymchwiliad i ensymau, mae 15.76 mg o gynnyrch yn cael ei gynhyrchu. Yn fras, i ba filigram cyfan mae'r màs hwn yn hafal?**

Mae'r màs 15.76 mg tua 16 mg, felly:

15.76 mg ~ 16 mg

B Arweiniad ar y cwestiwn

1 **O fewn amrediad tymheredd penodol, mae cyfradd dadelfennu mewn pridd mewn cyfrannedd â thymheredd y pridd. Ysgrifennwch fynegiad i ddangos y berthynas hon.**

Cam 1 Ysgrifennwch y ddau ffactor gyda bwlch rhwng y ddau ac ystyriwch pa un o'r symbolau sy'n ffitio orau.

Cyfradd dadelfennu .... tymheredd y pridd

C Cwestiynau ymarfer

2 Ysgrifennwch anhafaledd sy'n cymharu'r pwysedd gwaed mewn rhydweliau a gwythiennau.

3 Ysgrifennwch fynegiad sy'n cysylltu cyfradd adwaith a chrynodiad ensym pan dydy crynodiad y swbstrad ddim yn ffactor gyfyngol.

Aildrefnu testun hafaliad

Dim ond tri newidyn sydd gan lawer o'r hafaliadau ym mhwnc TGAU Gwyddoniaeth, a Ffiseg yn enwedig.

Ar gyfer y rhan fwyaf o hafaliadau sydd â thri newidyn, mae'n bosibl defnyddio'r 'triongl hud' i newid testun hafaliad.

Er enghraifft:

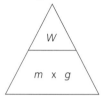

▲ Ffigur 1.8

★ **Dim ond ar gyfer myfyrwyr Haen Uwch y mae angen hwn yn TGAU Gwyddoniaeth (Dwyradd) CBAC.**

● I wneud W yn destun yr hafaliad, gorchuddiwch W â'ch bawd i ddatgelu $W = m \times g$

● I wneud m yn destun yr hafaliad, gorchuddiwch m â'ch bawd i ddatgelu $m = \dfrac{W}{g}$

● I wneud g yn destun yr hafaliad, gorchuddiwch g â'ch bawd i ddatgelu $g = \dfrac{W}{m}$

Gall y triongl hud fod yn ddefnyddiol, ond mae'n llawer gwell datblygu'ch sgiliau mathemategol i ddatrys hafaliadau hebddyn nhw. Fel hynny, gallwch ddefnyddio'r sgiliau trosglwyddadwy hyn i ddatrys amrywiaeth llawer ehangach o broblemau.

Os oes gennych chi fwy na thri newidyn, neu os nad ydych chi eisiau defnyddio triongl hud, cadwch bethau'n syml. Cofiwch:

● ewch ati un cam ar y tro

● beth bynnag rydych chi'n ei wneud i un ochr hafaliad, rhaid i chi ei wneud i'r ochr arall hefyd.

Mewn geiriau eraill, os ydych chi'n lluosi un ochr hafaliad â gwerth (gall fod yn rhif neu'n llythyren), mae angen i chi wneud yr un peth i'r ochr arall.

Er enghraifft, yn yr hafaliadau damcaniaethol isod gallech chi eu haildrefnu nhw fel hyn:

① $x = y + z$

I wneud y testun yn z yn hytrach nag x, mae angen i chi dynnu y o'r ddwy ochr:

$x - y = + z \equiv z = x - y$

> **Cyngor**
>
> Cofiwch nad oes gwahaniaeth rhwng y sgiliau sydd eu hangen arnoch chi i ddefnyddio algebra a datrys hafaliadau ym mhwnc gwyddoniaeth, a'r rhai rydych chi'n eu defnyddio mewn mathemateg. Peidiwch â gadael i'r cyd-destun gwahanol dynnu eich sylw oddi wrth ddefnyddio'r sgiliau sydd gennych chi'n barod.

② $x = y \times z$

I wneud y testun yn y yn hytrach nag x, mae angen i chi rannu â z ar y ddwy ochr.

Cofiwch, bydd rhannu â z ar yr ochr dde yn canslo'r lluosi â z:

$x \div z = y \equiv y = x \div z$

Yn yr un modd, i wneud y testun yn z yn yr hafaliad hwn, byddech chi'n rhannu ag y ar y ddwy ochr.

Ⓐ Enghreifftiau wedi'u datrys

1   **Un o'r hafaliadau mudiant yw $v^2 = u^2 + 2ax$.**

    Aildrefnwch yr hafaliad hwn fel mai x yw'r testun.

    Cam 1 Ystyriwch beth mae'r cwestiwn yn ei ofyn: ar hyn o bryd, v^2 yw'r testun, oherwydd bod yr hafaliad yn dechrau $v^2 = \ldots$ Mae'n rhaid i ni newid hyn i fod yn $x = \ldots$

    Cam 2 Tynnwch u^2 o'r ddwy ochr: $v^2 - u^2 = u^2 + 2ax - u^2$

    Cam 3 Symleiddiwch yr ochr dde: $v^2 - u^2 = 2ax$

    Cam 4 Rhannwch y ddwy ochr â $2a$: $\dfrac{v^2 - u^2}{2a} = \dfrac{2ax}{2a}$

    Cam 5 Symleiddiwch yr ochr dde: $\dfrac{v^2 - u^2}{2a} = x$

    Cam 6 Cyfnewidiwch yr ochr dde a'r ochr chwith: $x = \dfrac{v^2 - u^2}{2a}$

2   **Gwnewch fàs yn destun yr hafaliad hwn, molau $= \dfrac{\text{màs}}{M_r}$**

    Cam 1 Cyfnewidiwch yr ochrau i gael y testun newydd ar y chwith.

    $\dfrac{\text{màs}}{M_r} = \text{molau}$

    Cam 2 I gael màs ar ei ben ei hun ar yr ochr chwith, mae angen i chi gael gwared ag M_r drwy luosi'r ddwy ochr ag M_r a chanslo'r M_r ar y chwith.

    $\dfrac{\text{màs} \times \cancel{M_r}}{\cancel{M_r}} = \text{molau} \times M_r$

    Felly, yr ateb yw màs $=$ molau $\times M_r$

Ⓑ Arweiniad ar y cwestiynau

1   **Mae'r egni, E, sydd wedi'i storio mewn sbring wedi'i ymestyn yn cael ei roi gan yr hafaliad $E = \dfrac{1}{2}kx^2$**

    Aildrefnwch yr hafaliad fel mai x yw'r testun.

    Cam 1 Lluoswch y ddwy ochr â 2: $2E =$ ....

    Cam 2 Rhannwch y ddwy ochr â k: $\dfrac{2E}{k} = \dfrac{\text{..........}}{k}$

    Cam 3 Symleiddiwch: $\dfrac{2E}{k} =$ ....

    Cam 4 Cymrwch ail isradd y ddwy ochr: $\sqrt{\dfrac{2E}{k}} =$ ....

    Cam 5 Cyfnewidiwch yr ochr dde a'r ochr chwith: $x =$ ....

Cyngor

Ar gyfer sgwario (^{2}) a dod o hyd i ail isradd ($\sqrt{\ }$) mae angen i chi wneud yr un peth i'r ddwy ochr hefyd, yn union fel unrhyw ffwythiant mathemategol arall (adio, tynnu, rhannu neu luosi).

2. **Gwnewch gyfaint yn destun yr hafaliad, molau $= \dfrac{(\text{cyfaint} \times \text{crynodiad})}{1000}$**

Cam 1 Cyfnewidiwch yr ochrau i gael y testun newydd ar y chwith

$$\frac{(\text{cyfaint} \times \text{crynodiad})}{1000} = \text{molau}$$

Cam 2 I gael cyfaint ar ei ben ei hun fel y testun ar yr ochr chwith, mae angen lluosi'r ddwy ochr â 1000 a symleiddio

$$\frac{(\text{cyfaint} \times \text{crynodiad} \times \cancel{1000})}{\cancel{1000}} = \text{molau} \times 1000$$

Cam 3 I gael cyfaint ar ei ben ei hun, mae angen rhannu'r ddwy ochr nawr â'r crynodiad

---

C Cwestiynau ymarfer

3. Aildrefnwch yr hafaliadau canlynol fel mai x yw'r testun.

   a $y = 2x + 1$ **b** $3x = 4 + y$ **c** $y = mx + c$ **ch** $2y + 3 = 4 - x$

4. Aildrefnwch yr hafaliadau isod i wneud y newidyn mewn print trwm yn destun.

   a canran y cynnyrch $= \dfrac{\text{cynnyrch gwirioneddol} \times 100}{\textbf{cynnyrch damcaniaethol}}$

   b cyfaint $= \dfrac{\text{molau} \times \textbf{crynodiad}}{1000}$

   c cyfradd gymedrig yr adwaith $= \dfrac{\text{swm yr adweithydd a ddefnyddir}}{\textbf{amser mae'n ei gymryd}}$

Amnewid gwerthoedd i mewn i hafaliad

Ar ôl i chi newid testun yr hafaliad i beth bynnag rydych chi am ei gyfrifo (os oes angen), y cam nesaf yw rhoi unrhyw werthoedd sydd gennych chi yn lle'r llythrennau.

I ddatrys hafaliad yn llwyddiannus, mae angen gweithio'n ofalus ac yn rhesymegol drwy'r camau, gan sicrhau bod pob amnewidiad yn cael ei wneud yn gywir a bod pob ffwythiant yn yr hafaliad wedi'i werthuso'n fanwl gywir. Mae'n bwysig gwirio eich holl waith ddwywaith, gan ei bod hi'n hawdd iawn gwneud camgymeriadau wrth wneud algebra.

Mae'n rhaid i chi ddefnyddio'r unedau cywir ar gyfer mesur mewn hafaliad wrth amnewid gwerthoedd rhifiadol ynddo.

A Enghreifftiau wedi'u datrys

1. **Pŵer dril trydan yw 250 W. Os yw'r dril yn cael ei switsio ymlaen am 40 eiliad, faint o waith sy'n cael ei wneud?**

   Cam 1 Nodwch yr hafaliad (gyda'r testun cywir): $W = P \times t$

   Cam 2 Amnewidiwch y gwerthoedd ar gyfer pŵer ac amser: $W = 250 \times 40$

   Cam 3 Gwnewch y cyfrifiad: $W = 10\,000$ J

Cyngor

Efallai y byddwch chi'n ei chael hi'n haws amnewid gwerthoedd i mewn i hafaliad *cyn* newid y testun. Penderfynwch beth sy'n gweithio orau i chi.

Cyngor

Y camgymeriad mwyaf cyffredin wrth amnewid gwerthoedd yw amnewid gwerth am y llythyren anghywir. Cymerwch amser i wirio pa lythyren sy'n sefyll am ba werth. Os yw eich ateb terfynol yn ymddangos yn anghywir neu heb fod yn realistig, ewch yn ôl i weld a ydych chi wedi gwneud y camgymeriad hwn.

2 **Cyfrifwch faint o folau o galsiwm hydrocsid sy'n bresennol mewn 25.0 cm³ o hydoddiant â chrynodiad 0.25 mol/dm³.**

Cam 1 Mae'r cwestiwn yn rhoi cyfaint a chrynodiad ac mae angen i chi gyfrifo nifer y molau. Felly, yr hafaliad i'w ddefnyddio yw

$$\text{swm mewn molau} = \frac{\text{cyfaint}\left(\text{cm}^3\right) \times \text{crynodiad}\left(\text{mol/dm}^3\right)}{1000}$$

Cam 2 Swm mewn molau yw'r testun, felly does dim angen ei newid. Dim ond amnewid y gwerthoedd rhifiadol a chyfrifo'r ateb.

$$\text{swm mewn molau} = \frac{25.0 \times 0.25}{1000} = 0.0063 \text{ i 2 ffigur ystyrlon}$$

> **Cyngor**
>
> Os yw cyfaint y calsiwm hydrocsid yn cael ei roi mewn dm³, yna defnyddiwch yr hafaliad
> molau = cyfaint × crynodiad
> a pheidiwch â rhannu â 1000.

B Arweiniad ar y cwestiynau

1 **Cyfrifwch grynodiad yr hydoddiant calsiwm hydrocsid sy'n cael ei gynhyrchu wrth hydoddi 0.0034 môl o galsiwm hydrocsid mewn 15.0 cm³ o ddŵr.**

Cam 1 Y wybodaeth yn y cwestiwn yw molau = 0.0034 mol a chyfaint = 15.0 cm³. Felly, defnyddiwch yr hafaliad:

$$\text{swm mewn molau} = \frac{\text{cyfaint}\left(\text{cm}^3\right) \times \text{crynodiad}\left(\text{mol/dm}^3\right)}{1000}$$

Cam 2 Swm mewn molau yw'r testun, ond mae angen i chi ddod o hyd i'r crynodiad, felly mae angen newid y testun i fod yn grynodiad.

Mae angen cyfnewid yr ochrau fel bod crynodiad ar y chwith.

$$\frac{\text{cyfaint}\left(\text{cm}^3\right) \times \text{crynodiad}\left(\text{mol/dm}^3\right)}{1000} = \text{swm mewn molau}$$

Cam 3 Mae angen crynodiad ar ei ben ei hun ar y chwith. I gael gwared â'r 1000, lluoswch y ddwy ochr â 1000 a symleiddiwch.

$$\frac{\text{cyfaint} \times \text{crynodiad} \times \cancel{1000}}{\cancel{1000}} = \text{molau} \times 1000$$

cyfaint × crynodiad = molau × 1000

Cam 4 I gael crynodiad ar ei ben ei hun ar y chwith, rhannwch y ddwy ochr â'r cyfaint a symleiddiwch.

Cam 5 Yna amnewidiwch y gwerth rhifiadol: molau = 0.0034 mol a chyfaint = 15.0 cm³, a chyfrifwch yr ateb.

2 **Mae car yn cyflymu o ddisymudedd i 30 m/s mewn 12 s. Cyfrifwch ei gyflymiad.**

Cam 1 Nodwch yr hafaliad: $a = $ ....

Cam 2 Amnewidiwch y gwerthoedd: $a = $ ....

Cam 3 Gwnewch y cyfrifiad: $a = $ .... m/s²

C Cwestiwn ymarfer

3 Mae ymchwiliad yn cael ei gynnal i effeithiolrwydd gwahanol wrthfiotigau, drwy gymharu arwynebedd parthau clir sy'n cael eu cynhyrchu ar feithriniadau bacteriol. Mae'r parthau clir, yn fras, yn grwn. Dyma'r hafaliad ar gyfer cyfrifo arwynebedd y parthau clir:

$$\text{Arwynebedd parth clir} = \pi r^2$$

r = radiws

Mae radiws un o'r parthau clir yn 17 mm. Defnyddiwch y fformiwla i gyfrifo arwynebedd y parth clir hwn.

Datrys hafaliadau syml

Mae datrys hafaliad yn golygu bod angen gwneud y cyfrifiad terfynol. Os ydych chi'n defnyddio cyfrifiannell, mae'n annhebygol y byddwch chi'n cael y cyfrifiad hwn yn anghywir. Ond gallech chi wneud camgymeriad wrth aildrefnu neu amnewid, felly gwnewch yn siŵr eich bod chi'n cymryd gofal gyda'r holl gamau blaenorol cyn datrys.

Cofiwch, mewn cwestiynau mathemategol, mae arholwyr yn gyffredinol yn chwilio am fformiwla, amnewidiadau cywir, ateb wedi'i gyfrifo'n gywir ac – os oes angen – uned. Felly mae'n syniad da amnewid gwerthoedd am lythrennau cyn gynted ag y bo modd. Os ydych chi'n ceisio aildrefnu'r llythrennau yn yr hafaliad ac yn ei wneud yn anghywir, gallai gostio marciau'r amnewidiad, y rhifyddeg a'r ateb terfynol i chi.

C Cwestiynau ymarfer

1 Mewn arbrawf cromatograffaeth, mae'r hydoddydd yn symud pellter o 10.2 cm. Cyfrifwch y pellter mae sylwedd yn ei symud os yw ei werth R_f yn 0.80.

2 Cyfrifwch yr economi atomau canrannol ar gyfer gwneud copr(II) sylffad o gopr carbonad ac asid sylffwrig.

$$CuCO_3 + H_2SO_4 \rightarrow CuSO_4 + H_2O + CO_2$$

Masau fformiwla cymharol: $CuCO_3$ = 124, H_2SO_4 = 98, $CuSO_4$ = 160, H_2O = 18, CO_2 = 44

3 Buanedd golau oren mewn aer yw 3×10^8 m/s a'i amledd yw 5×10^{14} Hz. Darganfyddwch ei donfedd, gan roi eich ateb ar ffurf indecs safonol.

4 Mewn cadwyn fwyd, gallwn ni ddefnyddio'r hafaliad canlynol i gyfrifo'r egni sydd ar gael i'r ysyddion cynradd:

Egni sydd ar gael i'r ysyddion cynradd = egni yn y cynhyrchwyr cynradd – egni sy'n cael ei golli wrth resbiradu – egni sy'n cael ei golli drwy wastraff a marwolaeth

Mae'r egni sydd ar gael i'r ysyddion cynradd yn 20 000 kJ, yr egni sy'n cael ei golli wrth resbiradu yn 30 000 kJ a'r egni sy'n cael ei golli drwy wastraff a marwolaeth yn 150 000 kJ. Beth yw'r egni yn y cynhyrchwyr cynradd?

> **Termau allweddol**
>
> Cyfrannedd union: Mae mesurau x ac y mewn cyfrannedd union â'i gilydd os yw eu cymhareb $y:x$ yn gyson.
>
> Cyfrannedd gwrthdro: Mae mesurau x ac y mewn cyfrannedd gwrthdro â'i gilydd os yw eu lluoswm xy yn gyson.

★ **Does dim angen hwn yn benodol ar gyfer TGAU Gwyddoniaeth (Dwyradd) CBAC ond gall fod yn ddefnyddiol er hynny.**

Cyfrannedd gwrthdro

Gall cyfrannedd union a chyfrannedd gwrthdro hefyd ymddangos mewn hafaliadau algebraidd. Cofiwch, mae cyfrannedd gwrthdro yn golygu bod dyblu un mesur yn achosi i'r mesur arall haneru.

Er enghraifft, yr hafaliad ar gyfer gwasgedd yw $P = \dfrac{F}{A}$. Os yw'r grym F yn aros yn gyson, bydd dyblu'r arwynebedd A yn achosi i'r gwasgedd P haneru.

Dyma rai gwerthoedd gwasgedd ac arwynebedd:

Gwasgedd (N/m²)	120	60	40	30	20
Arwynebedd (m²)	1	2	3	4	6

Gallwch chi weld bod y gwasgedd yn lleihau wrth i'r arwynebedd gynyddu. Dyma'r cliw cyntaf bod cyfrannedd gwrthdro yma. Yr ail gliw yw'r ffaith bod y gwasgedd yn haneru pan fyddwn ni'n dyblu'r arwynebedd. Ond y prawf terfynol yw gwirio'r lluoswm (sef yr hyn rydyn ni'n ei gael wrth luosi gwasgedd ac arwynebedd â'i gilydd). Yn yr achos hwn, mae'r lluoswm bob amser yn 120, felly gallwn ni ddweud bod y gwasgedd mewn cyfrannedd gwrthdro â'r arwynebedd.

A Enghraifft wedi'i datrys

Mae gwrthiant pump o wifrau yn cael ei fesur. Maen nhw i gyd wedi eu gwneud o'r un defnydd ac yr un hyd â'i gilydd, ond mae ganddyn nhw arwynebedd trawstoriadol gwahanol. Mae'r canlyniadau i'w gweld yn y tabl.

Gwrthiant R (Ω)	60	30	20	15	10
Arwynebedd A (mm²)	0.5	1.0	1.5	2.0	3.0

a **Dangoswch fod y gwrthiant mewn cyfrannedd gwrthdro ag arwynebedd trawstoriadol y wifren.**

Cam 1 Cyfrifwch y lluoswm, RA, ar gyfer pob gwifren:

Gwrthiant R (Ω)	60	30	20	15	10
Arwynebedd A (mm²)	0.5	1.0	1.5	2.0	3.0
RA (Ωmm²)	30	30	30	30	30

Cam 2 Gan fod y lluoswm RA yn gyson, gallwn ni gadarnhau bod y gwrthiant mewn cyfrannedd gwrthdro ag arwynebedd trawstoriadol y wifren.

b **Cyfrifwch y gwrthiant pan fydd yr arwynebedd yn 2.5 mm².**

Cam 1 Defnyddiwch y wybodaeth rydyn ni'n ei gwybod am y lluoswm, RA: $R \times A = 30$

Cam 2 Amnewidiwch am A: $R \times 2.5 = 30$

Cam 3 Rhannwch y ddwy ochr â 2.5 a datrys: $R = \dfrac{30}{2.5} = 12\,\Omega$

Sylwch y gallai fod yn demtasiwn i edrych ar y tabl a meddwl, gan fod 2.5 hanner ffordd rhwng 2.0 a 3.0, y dylai'r gwrthiant fod hanner ffordd rhwng 15 a 10 Ω (12.5 Ω). Byddai hyn yn anghywir.

B Arweiniad ar y cwestiwn

1 **Mae pŵer P yr elfen drydan mewn haearn smwddio domestig mewn cyfrannedd gwrthdro â'i wrthiant R pan fydd foltedd yn gyson. Pan mae'r gwrthiant yn 48 Ω, mae'r pŵer yn 1200 W.**

Cyfrifwch y pŵer os oes elfen 60 Ω yn cymryd lle'r elfen wreiddiol.

Cam 1 Gan fod pŵer P mewn cyfrannedd gwrthdro ag R, mae $PR = $ ....

Cam 2 Yn yr achos hwn, gyda'r elfen 48 Ω, mae $PR = $ .... $\times$ .... $= $ ....

Cam 3 Gyda'r elfen 60 Ω, mae $57\,600 = P \times$ ....

Cam 4 Datrys: $P = \dfrac{57\,600}{..........} = $ .... W

2 Mae arddwysedd *I* y golau sy'n cyrraedd o oleudy mewn cyfrannedd gwrthdro â sgwâr ei bellter oddi wrth y gwyliwr d^2. Mae arbrawf ar gyfer goleudy penodol yn rhoi'r data canlynol:

Arddwysedd (W/m²)	720	360	240
d^2 (m²)	2	4	6

Arddwysedd y golau sy'n cael ei dderbyn gan long yw 0.001 W/m².

a Defnyddiwch y tabl i ddarganfod gwerth d^2 ar gyfer y llong hon.
b Defnyddiwch eich ateb i ran (a) i ddangos mai 1200 m yw'r pellter rhwng y llong a'r goleudy.

» Graffiau

Yn aml mae gofyn i fyfyrwyr gwyddoniaeth blotio neu ddehongli graffiau sy'n codi o ddata arbrofol. Mae nifer o wahanol ffyrdd o wneud hyn, gan gynnwys darllen gwerthoedd oddi ar graff neu ddod o hyd i raddiannau a rhyngdoriadau.

Ar ôl cynnal arbrawf, yn aml mae'n ddefnyddiol plotio graff i'ch helpu chi i ddadansoddi eich canlyniadau. Mae graff yn dangos sut mae dau newidyn yn gysylltiedig â'i gilydd.

Cyngor

Defnyddiwch bren mesur i ddarllen pwyntiau oddi ar graff. Mae hyn yn helpu i sicrhau nad ydych chi'n gwneud camgymeriadau.

Lluniadu graffiau yn gyffredinol

Wrth luniadu graffiau, mae'n bwysig:

● defnyddio papur graff i sicrhau manwl gywirdeb (fel arall, dim ond braslun fydd eich graff)

● ei luniadu mewn pensil, a thynnu'r echelinau â phren mesur (a chadw dilëwr wrth law rhag ofn)

● labelu eich echelinau, gan roi unedau os yw hynny'n briodol

● dewis graddfa addas i sicrhau eich bod chi'n defnyddio cymaint o'r papur graff â phosibl – dylech chi ddefnyddio o leiaf hanner y papur graff

● lluniadu graff llinell oni bai bod y cwestiwn yn gofyn am rywbeth arall

● tynnu llinell syth neu gromlin ffit orau.

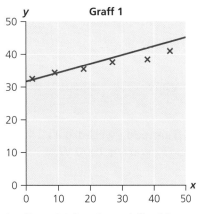

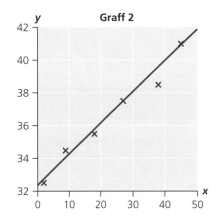

▲ Ffigur 1.9 Dewis graddfeydd

Graff 1 – graddfa wael i gyfeiriad *y* sy'n cywasgu'r pwyntiau i ran bach o'r papur graff.
✗

Graff 2 – graddfa dda gan fod y pwyntiau'n llenwi mwy na hanner y papur graff i gyfeiriad *x* a hefyd i gyfeiriad *y*.
✔

- Wrth ddewis graddfa, mae hefyd yn bwysig eich bod chi'n edrych ar y data i benderfynu a oes angen dechrau'r raddfa / graddfeydd yn sero. Dydy graff 2 ddim yn cynnwys y tarddbwynt.

- Dewiswch raddfa syml sy'n cynyddu mewn lluosrifau 2, 5 neu 10 – dylech chi osgoi defnyddio lluosrifau 3 neu 7.

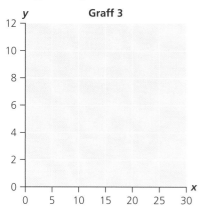 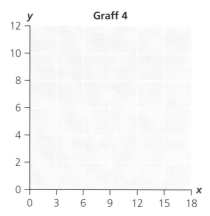

▲ Ffigur 1.10 Dewis graddfeydd

| Graff 3 – graddfa dderbyniol sy'n hawdd ei defnyddio. ✔ | Graff 4 – graddfa anodd sy'n cynyddu fesul tri. ✘ |

- Mae'r newidyn annibynnol yn cael ei osod ar yr echelin *x* a'r newidyn dibynnol ar yr echelin *y*. Dylai'r echelinau gael eu labelu ag enwau'r newidynnau a'r unedau mesur ar eu cyfer. Er enghraifft, gall un o'r labeli nodi 'tymheredd/°C' neu 'tymheredd mewn °C'.

- Dylai pwyntiau data gael eu nodi â chroes (x) er mwyn i bob pwynt allu cael ei weld pan gaiff llinell ffit orau ei thynnu.

- Dylech chi dynnu llinell ffit orau. Wrth benderfynu ar safle'r llinell, dylech chi gael tua'r un nifer o bwyntiau data ar bob ochr i'r llinell; dylech chi wrthsefyll y temtasiwn i gysylltu'r pwynt cyntaf â'r pwynt olaf. Gall y llinell ffit orau fod yn llinell syth neu'n gromlin.

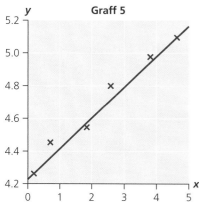 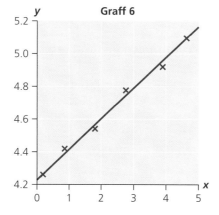

▲ Ffigur 1.11 Tynnu llinell ffit orau

| Nid yw graff 5 yn dangos llinell ffit orau gan fod gormod o bwyntiau uwchben y llinell. ✘ | Mae graff 6 yn dangos llinell ffit orau gan fod tua'r un nifer o bwyntiau data ar bob ochr i'r llinell. ✔ |

Cyngor

Mae llinell ffit orau yn cael ei thynnu â'r llygad. Dylech chi ddefnyddio pren mesur plastig tryloyw neu gromlin hyblyg i'ch helpu.

● Wrth dynnu llinell neu gromlin ffit orau, dylech chi anwybyddu unrhyw ganlyniadau anomalaidd.

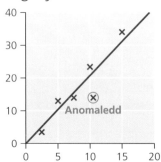

▲ Ffigur 1.12 Anwybyddwch anomaleddau wrth dynnu llinell ffit orau

● Dylai fod gan y graff deitl sy'n crynhoi'r berthynas sy'n cael ei dangos – dylai hyn gynnwys y newidyn annibynnol a'r newidyn dibynnol. Er enghraifft, teitl addas yw 'Graff crynodiad yn erbyn amser ar gyfer yr adwaith rhwng magnesiwm ac asid hydroclorig' neu yn syml, 'Graff crynodiad–amser ar gyfer yr adwaith rhwng magnesiwm ac asid hydroclorig'.

Newid rhwng ffurfiau graffigol a ffurfiau rhifiadol

Bydd y rhan fwyaf (ond nid pob un) o'r graffiau y bydd gofyn i chi eu lluniadu yn rhoi graffiau llinell syth â graddiant positif. Mae dau fath o graff llinell syth â graddiant positif, pob un â hafaliad cyffredinol.

● $y = mx$, lle mae'r graddiant yn m ac mae'r llinell yn pasio drwy'r tarddbwynt (0,0); mae hyn yn dangos cyfrannedd union,
● $y = mx + c$, lle mae'r graddiant yn m ac mae'r llinell yn pasio drwy'r echelin y ar bwynt (0,c); mae hyn yn dangos perthynas linol, ond nid cyfrannedd. Edrychwch ar dudalen 62 am fwy o fanylion.

Efallai y bydd gofyn i chi gymryd data rhifiadol o graff yn eich arholiad hefyd. I wneud hyn, lluniadwch linellau llunio ar y graff o'r echelinau i gwrdd â'r graddiant, fel sydd i'w weld yn yr enghraifft wedi'i datrys. Defnyddiwch y llinellau i ddarllen y gwerth ar yr echelinau.

(A) Enghraifft wedi'i datrys

Mae'r graff hwn yn dangos sut mae'r cerrynt mewn gwifren fetel yn newid wrth i'r foltedd ar ei thraws gynyddu.

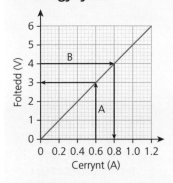

a Defnyddiwch y graff i ddod o hyd i'r foltedd ar draws y wifren pan fydd y cerrynt sy'n llifo drwyddi yn 0.6 A.

Cam 1 Tynnwch linell fertigol (gyda'r label A) o'r pwynt ar yr echelin lorweddol lle mae'r cerrynt yn 0.6 A, i fyny at y graddiant.

Cam 2 Dylech chi barhau ar draws o'r graddiant at lle mae eich llinell lorweddol yn cyrraedd yr echelin fertigol. Y darlleniad ar yr echelin fertigol, 3 V, yw'r ateb.

b **Defnyddiwch y graff i ddod o hyd i'r cerrynt yn y wifren pan fydd y foltedd ar ei draws yn 4 V.**

Cam 1 Tynnwch linell lorweddol (gyda'r label B) o'r pwynt ar yr echelin fertigol lle mae'r foltedd yn 4 V, ar draws at y graddiant.

Cam 2 Dylech chi barhau i lawr o'r graddiant at lle mae eich llinell fertigol yn cyrraedd yr echelin lorweddol. Y darlleniad ar yr echelin lorweddol, 0.8 A, yw'r ateb.

B Arweiniad ar y cwestiwn

1 **Mae'r graff hwn yn dangos sut mae buanedd beiciwr yn newid gydag amser.**

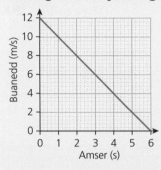

a **Ar ba amser mae'r beiciwr yn teithio ar 7 m/s?**

Cam 1 Mae'r buanedd hwn ar yr echelin fertigol hanner ffordd rhwng .... m/s a .... m/s.

Cam 2 Ar y buanedd hwn, tynnwch linell .... i'r graff.

Cam 3 O'r pwynt lle mae'r llinell hon yn cwrdd â'r graff, tynnwch linell .... i'r echelin amser.

Cam 4 Mae'r llinell yn cwrdd â'r echelin amser ar .... eiliad. Dyma'r ateb.

b **Beth yw buanedd y beiciwr pan mae'r amser yn 1.5 s?**

Cam 1 Mae'r amser hwn ar yr echelin lorweddol hanner ffordd rhwng .... s a .... s.

Cam 2 Ar yr amser hwn, tynnwch linell .... i'r graff.

Cam 3 O'r pwynt lle mae'r llinell hon yn cwrdd â'r graff, tynnwch linell lorweddol i'r echelin ....

Cam 4 Mae'r llinell yn cwrdd â'r echelin buanedd ar .... m/s. Dyma'r ateb.

C Cwestiwn ymarfer

2 Mewn arbrawf, mae calsiwm carbonad ac asid yn cael eu rhoi mewn fflasg gonigol ar glorian ac mae darlleniad y glorian yn cael ei gofnodi bob munud. Mae'r canlyniadau'n cael eu cofnodi, a'r graff isod yn cael ei luniadu.

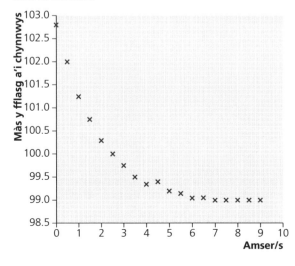

a A oes unrhyw ganlyniadau y byddech chi'n eu hanwybyddu wrth luniadu cromlin ffit orau?

b Edrychwch ar y labeli ar yr echelinau a disgrifiwch unrhyw newidiadau byddech chi'n eu gwneud.

c Awgrymwch deitl ar gyfer y graff hwn.

ch Ydych chi'n meddwl bod y raddfa yn briodol yn y graff hwn? Esboniwch eich ateb.

Deall bod $y = mx + c$ yn cynrychioli perthynas linol

★ **Dim ond ar gyfer myfyrwyr Haen Uwch y mae angen hwn yn TGAU Gwyddoniaeth (Dwyradd) CBAC.**

Fel rydyn ni wedi'i weld yn barod, gallwn ni ysgrifennu pob graff llinell syth ar y ffurf $y = mx + c$. Mae hyn yn dangos perthynas linol lle mae'r graff o y yn erbyn x yn llinell syth sydd ddim yn mynd drwy'r tarddbwynt $(0,0)$.

Yn yr hafaliad $y = mx + c$:

- m = graddiant y llinell
- c = rhyngdoriad y (y pwynt lle mae'r llinell yn croesi'r echelin y).

Felly, os yw graddiant y llinell yn 2 a'r rhyngdoriad y yn 0.1, hafaliad y llinell fyddai: $y = 2x + 0.1$

Mae hyn yn golygu, os yw $x = 4$, byddai y yn:

$$y = 2 \times 4 + 0.1$$
$$y = 8.1$$

Mae gan linellau syth sy'n mynd drwy'r tarddbwynt $(0,0)$ y ffurf $y = mx$. Mae'r llinellau hyn yn arbennig oherwydd eu bod yn dangos cyfrannedd union.

Yn eich arholiadau, efallai bydd gofyn i chi fraslunio graff o berthynas linol. Gan fod y graff yn llinell syth, dim ond dau bwynt sydd eu hangen i dynnu'r llinell, ond mae'n syniad da defnyddio trydydd pwynt i wneud yn siŵr bod y llinell yn gywir.

Os yw'r cwestiwn yn rhoi set o echelinau, does dim llawer o ots pa werthoedd ar yr echelin x rydych chi'n eu defnyddio i dynnu'r llinell, cyn belled â bod eu gwerthoedd y cyfatebol o fewn yr amrediad sydd i'w weld ar yr echelin y. Fodd bynnag, os yw'r pwyntiau'n bell oddi wrth ei gilydd, gallai fod yn haws tynnu'r llinell yn fanwl gywir.

Os yw'r cwestiwn yn gadael i chi luniadu'r echelinau, gwnewch yn siŵr eich bod chi'n dewis graddfa ar gyfer y ddwy echelin sy'n addas i amrediad y gwerthoedd yn y data. Gwnewch hyn drwy ddod o hyd i werthoedd mwyaf a lleiaf y cyn dechrau lluniadu'r echelinau.

> **Cyngor**
>
> Llinell syth drwy'r tarddbwynt yw'r prawf cyflymaf am berthynas cyfrannedd union.

(A) Enghreifftiau wedi'u datrys

1 Edrychwch ar y graffiau hyn.

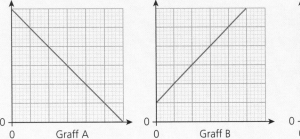
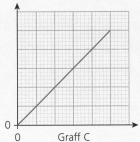
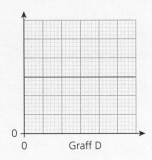

Graff A   Graff B   Graff C   Graff D

Nodwch pa un o'r graffiau sy'n dangos:

a perthynas linol

b cyfrannedd union.

Rhowch resymau dros eich atebion.

Cam 1 Mae pob un o'r graffiau yn llinellau syth – felly mae *pob un* yn dangos perthynas linol.

Cam 2 Dim ond graff C sy'n llinell syth drwy'r pwynt (0,0), felly dim ond graff C sy'n dangos cyfrannedd union.

Cam 3 Dydy graffiau A, B a D ddim yn dangos cyfrannedd union gan nad ydyn nhw'n pasio drwy (0,0).

2 **Mae'r hafaliad $y = 2x + 4$ yn gallu rhagfynegi effaith crynodiad ensym ar gyfradd adwaith. Brasluniwch graff y berthynas hon ar yr echelinau.**

Cam 1 Nodwch werthoedd m ac c yn yr hafaliad llinol. Mae'r hafaliad sydd wedi'i roi ar ffurf $y = mx + c$ lle mae m = 2 ac c = 4.

Cam 2 Dewiswch ddau werth x (o fewn yr amrediad sydd i'w weld ar yr echelin x) a chyfrifwch y gwerthoedd y cyfatebol:

Yn $x = 1$, $y = 2 \times 1 + 4 = 6$

Yn $x = 5$, $y = 2 \times 5 + 4 = 14$

Cam 3 Plotiwch y pwyntiau hyn ar yr echelinau a thynnwch linell syth drwy'r ddau.

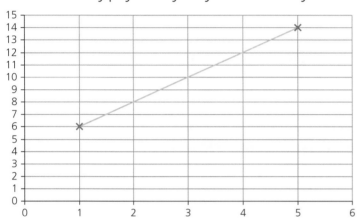

B Arweiniad ar y cwestiwn

1 **Brasluniwch graff $y = -0.5x + 9$ ar yr echelinau.**

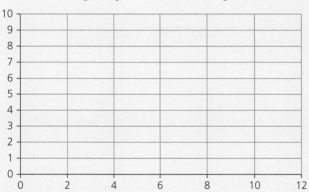

Cam 1 Nodwch werthoedd m ac c yn yr hafaliad llinol.

Yn yr hafaliad hwn, m = ... ac c = ...

Cam 2 Dewiswch ddau werth x (o fewn yr amrediad sydd i'w weld ar yr echelin x) a chyfrifwch y gwerthoedd y cyfatebol.

Yn $x = 0$, $y =$ ....

Yn $x = 10$, $y =$ ....

Cam 3 Plotiwch y pwyntiau hyn ar yr echelinau a thynnwch linell syth drwy'r ddau.

C Cwestiwn ymarfer

2 Brasluniwch graff $y = 3x + 4$

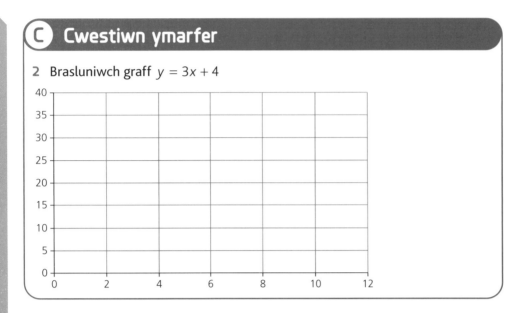

Plotio dau newidyn o ddata arbrofol neu ddata eraill

Bydd yr adran hon yn sôn am sut i blotio graffiau llinell ar gyfer data arbrofol. Mae gwybodaeth am blotio siartiau bar a histogramau ar dudalennau 32–36.

Wrth blotio graffiau llinell, cymerwch eich data – efallai bydd y rhain ar fformat wahanol (fel tabl) – a phlotio'r newidyn annibynnol ar yr echelin lorweddol a'r newidyn dibynnol ar yr echelin fertigol. Does dim rhaid i chi luniadu'r echelinau yn y drefn hon, ond dyna'r ffordd sy'n arferol mewn gwyddoniaeth, gan ei bod hi'n dangos yn glir y berthynas rhwng y newidynnau annibynnol a dibynnol.

Gwnewch yn siŵr bod gan y ddwy echelin raddfa ddi-dor a tharddbwynt. Dylai'r tarddbwynt fod yn addas i graff, ond does dim rhaid iddo fod yn sero nac yr un fath ar y ddwy echelin. Er enghraifft, os yw'r set ddata sy'n cael ei defnyddio i luniadu graff yn mynd o 100–200, byddai'n rhesymegol peidio â defnyddio sero fel tarddbwynt; byddai'n bosibl defnyddio 90 neu 100 yn lle.

> **Termau allweddol**
>
> **Graddfa ddi-dor:** Graddfa sy'n cynnwys cynyddiadau â bylchau hafal rhyngddynt.
>
> **Tarddbwynt:** Dechrau echelin graff.

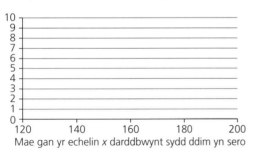

Mae gan yr echelin *x* darddbwynt sydd ddim yn sero

▲ Ffigur 1.13 **Graff â tharddbwynt**

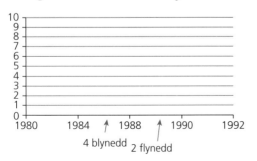

4 blynedd   2 flynedd

Dydy'r echelin *x* ddim yn raddfa ddi-dor gan nad yw'r cynyddiadau'n hafal. Byddai hyn yn anghywir.

▲ Ffigur 1.14 **Graff â graddfa amharhaus**

> **Cyngor**
>
> Un camgymeriad cyffredin wrth ateb y mathau hyn o gwestiynau yw rhoi graddfa ar yr echelin lorweddol sydd ddim yn llinol (er enghraifft, ddim yn cynyddu yr un faint o bob rhif sydd wedi'i farcio i'r nesaf).

A **Enghraifft wedi'u datrys**

1 Mewn arbrawf, mae lwmp o galsiwm carbonad yn cael ei ychwanegu at 50 cm³ o asid hydroclorig mewn fflasg gonigol sydd wedi'i rhoi ar glorian. Mae stopwatsh yn cael ei ddechrau cyn gynted ag y mae'r calsiwm carbonad yn cyffwrdd â'r asid, ac mae'r màs yn cael ei gofnodi bob 20 eiliad yn y tabl isod. Plotiwch graff màs (echelin y) yn erbyn amser (echelin x).

Amser mewn s	0	20	40	60	80	100	120
Màs mewn g	234.10	233.70	233.40	233.20	233.05	233.00	233.00

Cam 1 Penderfynwch ar raddfa ar gyfer yr echelin x. Mae gan y papur graff 12 sgwâr ar draws, felly mae'n briodol dechrau ar amser sero a chynyddu mewn cyfyngau o 10 hyd at 120 eiliad.

Cam 2 Penderfynwch ar raddfa ar gyfer yr echelin y. Mae gan yr echelin y 16 sgwâr i fyny. Mae'r masau yn amrywio o 234.10 i 233.00, set cyfwng o 1.1 g. Dydy dechrau'r raddfa hon ar sero ddim yn ddoeth, gan na fyddai hyn yn gwasgaru'r pwyntiau data dros y papur graff. Yn lle hynny, dechreuwch ar 232.80 a gallai pob sgwâr gynrychioli 0.10 g. Cyfrwch nifer y seroau ar ôl yr 1.

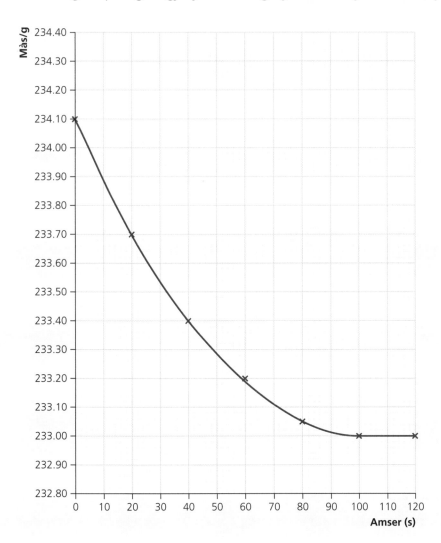

2 Mae'r tabl isod yn dangos canlyniadau astudiaeth i gyfradd trydarthu dros gyfnod o 24 awr.

Amser (oriau)	Cyfradd trydarthu (unedau mympwyol)
0	1
4	4
8	10
12	15
16	8
20	3
24	2

Plotiwch y data ar graff.

Cam 1 Lluniadwch echelinau addas. Dylai'r rhain fod yn ddi-dor, a dylai fod ganddyn nhw darddbwynt. Mae'n bosibl defnyddio tarddbwynt o sero i'r ddwy echelin yn yr achos hwn.

Cam 2 Labelwch yr echelinau â'r penawdau cywir. Gallwch chi ddefnyddio penawdau eich tabl fel teitlau eich echelinau.

Cam 3 Plotiwch y pwyntiau'n ofalus, gan wirio pob plot ddwywaith.

Cam 4 Unwch y pwyntiau â phren mesur neu tynnwch linell ffit orau grom.

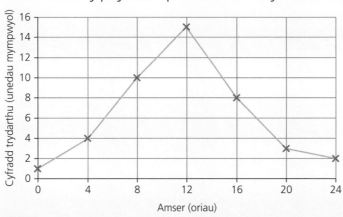

> **Cyngor**
>
> Mae'n well gan rai byrddau arholi eich bod chi'n tynnu llinellau ffit gorau sy'n grwm, ond mae'n well gan eraill eich bod chi'n uno'r pwyntiau â llinellau syth. Gofynnwch i'ch athro beth dylech chi ei wneud mewn cwestiynau arholiad.

B **Arweiniad ar y cwestiwn**

1 Mae arbrawf yn cael y data canlynol ar gyfer newidynnau *x* ac *y*.

x	0	1	2	3	4	5
y	4.5	6.0	7.5	9.0	10.5	12.0

Plotiwch graff o *y* (echelin fertigol) yn erbyn *x* (echelin lorweddol) gan ddefnyddio'r data hyn.

Cam 1 Lluniadwch a labelwch yr echelin fertigol â'r llythyren .... a'r echelin lorweddol â'r llythyren ....

Cam 2 Penderfynwch ar raddfa. Rhaid i'r raddfa fod yn llinol a gorchuddio o leiaf hanner y grid.

Ar gyfer yr echelin *y*, mae'r grid yn 12 cm o uchder, felly mae pob pellter 1 cm yn cynrychioli .... uned.

Ar gyfer yr echelin *x*, mae'r grid yn 12 cm ar draws, felly mae pob pellter 1 cm yn cynrychioli .... uned.

Cam 3 Mae'r pwynt cyntaf ar y croestoriad lle mae'r llinell fertigol ar *x* = 0 yn cwrdd â'r llinell lorweddol ar *y* = 4.5. Mae'r ail bwynt ar y croestoriad lle mae'r llinell fertigol ar *x* = 1 yn cwrdd â'r llinell lorweddol ar *y* = ...

Cam 4 Ailadroddwch hyn nes bod yr holl bwyntiau wedi'u plotio.

C Cwestiynau ymarfer

2 Mewn arbrawf, mae magnesiwm yn cael ei adweithio ag asid sylffwrig ac mae cyfaint yr hydrogen sy'n cael ei gynhyrchu yn cael ei gasglu a'i fesur, bob 10 eiliad, mewn chwistrell nwy.

Defnyddiwch y data yn y tabl i luniadu graff â chromlin ffit orau o gyfaint yr hydrogen yn erbyn amser.

Amser /s	0	10	20	30	40	50	60	70	80	90	100
Cyfaint yr hydrogen /cm^3	0	30	55	75	88	98	102	104	104	104	104

3 Yn ystod adwaith ecwilibriwm, mae nwy C yn cael ei gynhyrchu o adwaith nwyon A a B.

$$A(n) + B(n) \rightleftharpoons C(n)$$

Mae canran C yng nghymysgedd yr adwaith yn amrywio yn ôl tymheredd. Plotiwch graff o ganran C yn erbyn tymheredd.

Tymheredd /°C	100	200	300	400	500
Canran C yng nghymysgedd yr ecwilibriwm /%	58	42	30	21	16

4 Mae'r tabl canlynol yn dangos canlyniadau arolwg o achosion MRSA mewn ardal dros gyfnod.

Amser (misoedd)	Nifer yr achosion o MRSA
0	50
1	200
2	140
3	195
4	130

Plotiwch y data ar graff.

Darganfod graddiant a rhyngdoriad llinell syth

Hafaliad graff sy'n dangos perthynas linol yw $y = mx + c$ a hafaliad graff sy'n dangos cyfranedd union yw $y = mx$. Yn yr hafaliadau hyn, mae m yn cynrychioli goledd (graddiant) y llinell, ac mae c yn cynrychioli'r rhyngdoriad ar yr echelin y. Yn eich arholiad, efallai bydd angen i chi nodi'r graddiant a'r rhyngdoriad.

Termau allweddol

Graddiant: Mae hwn yn air arall ar gyfer 'goledd'. Dyma'r newid yng ngwerth y wedi'i rannu â'r newid yng ngwerth x.

Rhyngdoriad: Dyma'r pwynt lle mae'r graff yn croesi echelin. Yn yr hafaliad: $y = mx + c$, y rhyngdoriad y yw'r pwynt lle mae'r graff yn croesi'r echelin y pan mae $x = 0$; mewn geiriau eraill, dyma werth y pan mae $x = 0$.

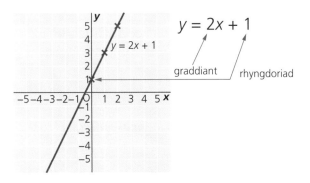

▲ Ffigur 1.15 Graff llinell syth

Mae graddiant yn air arall ar gyfer 'goledd'. Y mwyaf yw graddiant graff ar bwynt, y mwyaf serth yw'r llinell ar y pwynt hwnnw. Mae graddiant positif yn golygu bod y llinell yn mynd i fyny o'r chwith i'r dde. Mae graddiant negatif yn golygu bod y llinell yn mynd i lawr o'r chwith i'r dde. Ar gyfer graff llinell syth, mae gwerth y graddiant yn gyson. Llinell lorweddol yw graff â graddiant sero.

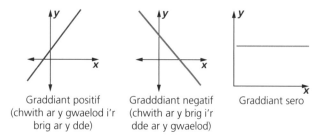

Graddiant positif
(chwith ar y gwaelod i'r brig ar y dde)

Gradddiant negatif
(chwith ar y brig i'r dde ar y gwaelod)

Graddiant sero

▲ Ffigur 1.16 Graddiannau

Darganfod rhyngdoriad

Mae darganfod y rhyngdoriad fel arfer yn eithaf syml. Fel arfer, bydd cwestiynau arholiad yn gofyn i chi ddod o hyd i'r rhyngdoriad ar yr echelin x. I wneud hyn, mae angen naill ai darllen y gwerth x lle mae'r llinell neu'r gromlin yn croesi'r echelin x neu, os nad yw'r pwynt croesi i'w weld ar y graff, efallai y gallwch chi allosod o'r llinell i ble byddai'n rhyngdorri'r echelin.

Darganfod goledd/graddiant

Os ydych chi'n cael graff sy'n dangos perthynas linol, gallwch chi gyfrifo cyfradd newid drwy ddarganfod goledd (graddiant) y llinell. Mae hyn yn sgìl pwysig ar gyfer gwyddoniaeth, gan ei fod yn caniatáu i chi gyfrifo amrywiaeth o wahanol gyfraddau, gan gynnwys cyfraddau adwaith.

I ddod o hyd i raddiant llinell, mae angen rhannu'r newid yn y newidyn ar yr echelin y â'r newid cyfatebol yn y newidyn ar yr echelin x. Y ffordd hawsaf o ddarganfod faint o newid sy'n digwydd i'r ddau newidyn, yw lluniadu triongl ongl sgwâr gyda'i hypotenws ar hyd y llinell. Gan fod y graddiant yr un fath ym mhob pwynt ar linell, does dim ots ble ar y llinell rydych chi'n rhoi'r triongl hwn.

Gallech chi hefyd ysgrifennu'r hafaliad hwn fel:

$$\text{graddiant (m)} = \frac{\text{newid yn echelin } y}{\text{newid yn echelin } x} = \frac{\Delta y}{\Delta x}$$

Yn yr enghraifft ganlynol, mae'n: $\frac{100}{10} = 10$.

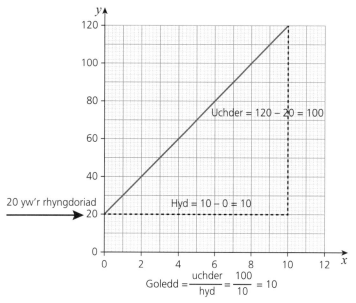

▲ Ffigur 1.17

Termau allweddol

Allosod: Estyn graff i amcangyfrif gwerthoedd.

Hypotenws: Ochr hiraf triongl ongl sgwâr.

Cyngor

Efallai ei bod hi'n haws cofio graddiant fel

$$\text{Goledd} = \frac{\text{codiad (uchder m)}}{\text{rhediad (hyd m)}}$$

Cyngor

Bydd ateb mwy manwl gywir ar gyfer graddiant yn cael ei ddarganfod os yw'r pwyntiau mor bell oddi wrth ei gilydd â phosibl.

A Enghreifftiau wedi'u datrys

1 **Mae'r graff isod yn dangos cyfaint y methan mewn generadur bionwy dros amser. Beth yw cyfradd newid cyfaint y methan? Rhowch eich ateb mewn m³/awr.**

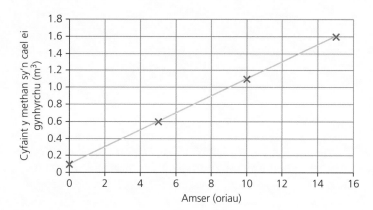

Y gyfradd newid yw graddiant y llinell.

Cam 1 I ddod o hyd i'r graddiant, lluniadwch driongl ongl sgwâr, fel sydd i'w weld isod. Mae gan y triongl ymyl fertigol ac ymyl lorweddol, ac mae ei hypotenws (ymyl ar oledd) yn gorwedd ar y graff llinell.

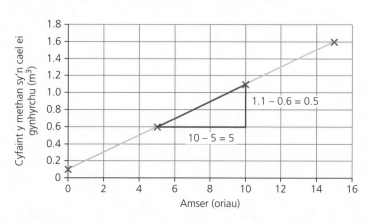

Cam 2 Defnyddiwch y triongl i ddarganfod y newid i x a'r newid i y:

Newid yn y = hyd ochr fertigol y triongl

Newid yn x = hyd ochr lorweddol y triongl

Cam 3 Amnewidiwch y gwerthoedd hyn yn yr hafaliad isod:

Graddiant = newid yn y ÷ newid yn x

$= (1.1 - 0.6) \div (10 - 5) = 0.5 \div 5$

$= 0.1 \, \text{m}^3/\text{awr}$

B Arweiniad ar y cwestiwn

1 a Darganfyddwch raddiant y llinellau yn A, B ac C.

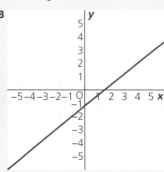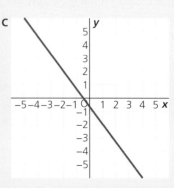

Cam 1 Dewiswch ddau bwynt sy'n bell oddi wrth ei gilydd ar y llinell; bydd rhain yn ffurfio hypotenws y triongl. Mae'r cam hwn wedi'i gwblhau ar gyfer pob graff isod, ac mae'r pwyntiau wedi'u nodi fel croesau.

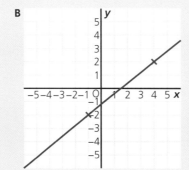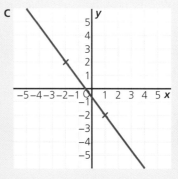

Cam 2 Cwblhewch y triongl, sef y llinellau gwyrdd sydd wedi'u cwblhau yn Graff A

Cam 3 Dewch o hyd i werth Δy (codiad)

Cam 4 Dewch o hyd i werth Δx (rhediad)

Cam 5 Dewch o hyd i'r graddiant gan ddefnyddio'r hafaliad

$$\text{graddiant (m)} = \frac{\text{newid yn echelin } y}{\text{newid yn echelin } x} = \frac{\Delta y}{\Delta x}$$

Cam 6 Penderfynwch a yw'n raddiant sy'n codi o'r gwaelod ar y chwith i'r brig ar y dde neu'n raddiant negatif.

b Dewch o hyd i'r rhyngdoriad y ac ysgrifennwch yr hafaliad ar gyfer y llinell.

Cam 1 Ysgrifennwch y rhif lle mae'r llinell las yn torri drwy'r echelin y (ar $x=0$). Dyma'r rhyngdoriad c.

Cam 2 Amnewidiwch y gwerthoedd ar gyfer m ac c i'r hafaliad $y=mx+c$.

C Cwestiynau ymarfer

2 Mae'r graff isod yn dangos canlyniadau ymchwiliad i osmosis mewn sampl o feinwe winwnsyn. Beth oedd crynodiad mewnol y celloedd winwnsyn?

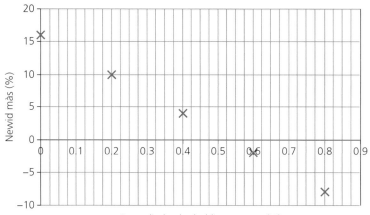

3 Mae'r graff isod yn dangos canlyniadau ymchwiliad i'r ffordd mae amylas yn torri startsh i lawr. Beth yw'r gyfradd gyflymaf mae'r adwaith yn ei chyflawni yn ystod yr ymchwiliad hwn? Esboniwch sut gwnaethoch chi gyrraedd eich ateb.

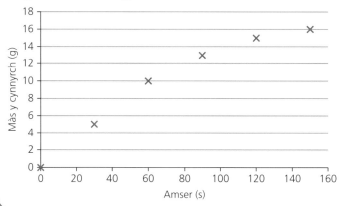

Darganfod yr arwynebedd o dan graff llinell syth

Efallai bydd rhai cwestiynau graff yn gofyn i chi gyfrifo'r arwynebedd o dan y llinell hefyd. Dyma'r arwynebedd rhwng y graff a'r echelin x. Yn yr enghraifft hon, mae angen i chi gyfrifo arwynebedd y triongl, ac adio arwynebedd y petryal o dan y llinell doredig a gafodd ei chreu drwy luniadu'r triongl.

Cyfrifo arwynebedd y triongl: $\frac{1}{2} \times$ uchder $\times$ hyd

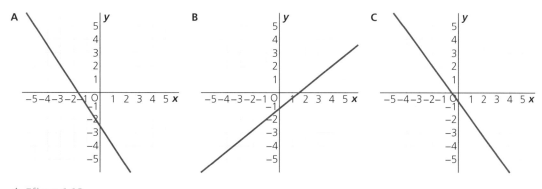

▲ Ffigur 1.18

Yn yr enghraifft hon: $\frac{1}{2} \times 100 \times 10 = 500$.

I gyfrifo arwynebedd y petryal o dan y llinell doredig: hyd × uchder

Yn yr enghraifft hon: $10 \times 20 = 200$.

Drwy adio'r cyfansymiau hyn gyda'i gilydd, byddwch chi'n cael: 500 + 200 = 700.

Nesaf, byddwn ni'n ystyried sut i ddarganfod goledd ac arwynebedd cromliniau.

Lluniadu goledd tangiad i gromlin a'i ddefnyddio fel mesur o gyfradd newid

Pan fyddwch chi'n plotio data ar grid, rhaid i chi dynnu llinell ffit orau briodol. Ar lefel TGAU, bydd hon yn llinell syth fel arfer. Ond weithiau, efallai y bydd gennych chi ddata sy'n golygu bod eich plotiau yn gorwedd ar gromlin. Rhaid i chi dynnu cromlin drwy gymaint o bwyntiau ag y gallwch chi.

Mae'r gair tangiad yn dod o'r gair Lladin am 'cyffwrdd'.

I dynnu tangiad ar bwynt (x, y), dilynwch y camau hyn:

1 Rhowch eich pren mesur drwy'r pwynt (x, y).

2 Gwnewch yn siŵr bod eich pren mesur yn mynd drwy'r pwynt, heb gyffwrdd y gromlin yn unrhyw le arall.

3 Tynnwch linell bensil â phren mesur yn mynd drwy bwynt (x, y).

> **Term allweddol**
>
> Tangiad: Llinell syth yw hon sydd prin yn cyffwrdd â'r gromlin ar bwynt penodol ac sydd ddim yn croesi'r gromlin.

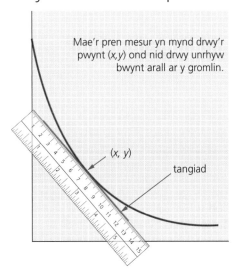

▲ Ffigur 1.19 Tangiad i gromlin

I gyfrifo graddiant cromlin ar bwynt penodol, mae angen tynnu tangiad i'r gromlin ar y pwynt a chyfrifo graddiant y tangiad.

Enghraifft wedi'i datrys

Mewn arbrawf, mae myfyriwr yn cofnodi cyfanswm cyfaint y nwy sy'n cael ei gasglu mewn adwaith fesul 20 eiliad.

Amser /s	0	20	40	60	80	100	120
Cyfaint y nwy / cm^3	0	21	42	56	65	72	72

a Plotiwch graff gan ddefnyddio'r data hyn, a thynnwch linell ffit orau.

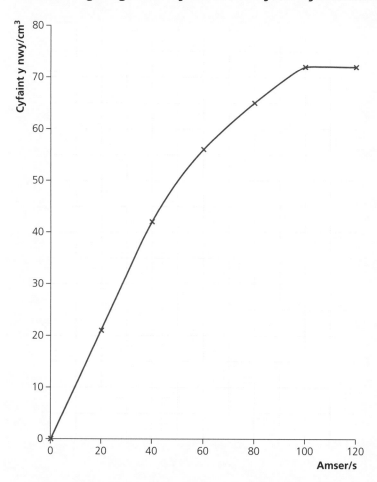

Bydd hwn yn graff o gyfaint y nwy (echelin *y*) yn erbyn amser (echelin *x*). Mae dyrannu un sgwâr mawr i 20 s yn raddfa sy'n addas ar yr echelin *x*, ac mae un sgwâr mawr i 10 cm^3 o nwy yn addas ar yr echelin *y*.

b **Defnyddiwch y graff i gyfrifo cyfradd yr adwaith ar ôl 60 s mewn cm³/s.**

Mae'r graff yn gromlin, ac i ddod o hyd i gyfradd yr adwaith ar ôl 60 s, mae'n rhaid tynnu tangiad i'r gromlin ar 60 s fel sydd i'w weld isod mewn coch.

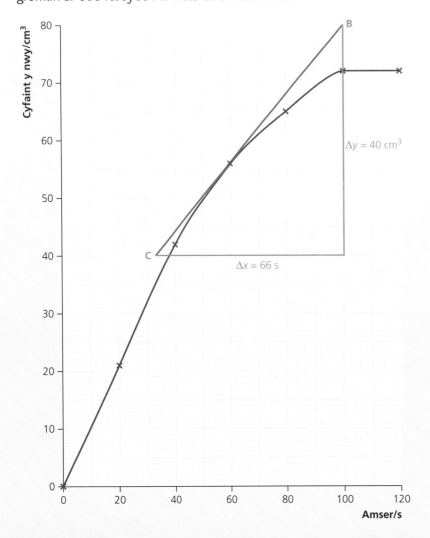

Mae graddiant y tangiad hwn yn rhoi'r gyfradd. I ddod o hyd i'r graddiant, dewiswch ddau bwynt, B ac C, sy'n bell oddi wrth ei gilydd ar y llinell, a ffurfiwch driongl fel yr un gwyrdd ar y graff.

$$\text{graddiant (m)} = \frac{\text{newid yn echelin } y}{\text{newid yn echelin } x} = \frac{\Delta y}{\Delta x} = \frac{40}{66} = 0.61 \text{ cm}^3/\text{s (i 2 ff.y.)}$$

B **Arweiniad ar y cwestiwn**

1   **Beth yw graddiant y gromlin ar bwynt A?**

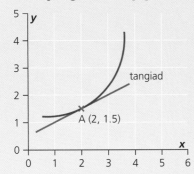

Cam 1 I ddarganfod graddiant y gromlin ar bwynt A, mae'n rhaid tynnu tangiad i'r gromlin ar bwynt A. Mae i'w weld mewn coch ar y graff uchod.

Cam 2 Dewiswch ddau bwynt, B ac C, sy'n bell oddi wrth ei gilydd ar y llinell a ffurfiwch driongl fel sydd i'w weld yn y graff isod.

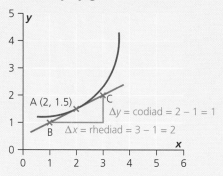

Cam 3 Cyfrifwch y graddiant gan ddefnyddio

$$\text{graddiant (m)} = \frac{\text{newid yn echelin } y}{\text{newid yn echelin } x} = \frac{\Delta y}{\Delta x}$$

C Cwestiynau ymarfer

2 Cyfrifwch gyfradd yr adwaith pan fydd crynodiad ester yn 0.200 mol/dm³.

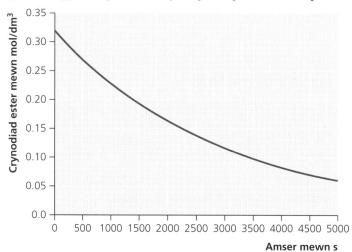

3 Mae cyfaint y nwy carbon deuocsid sydd wedi'i gynhyrchu dros amser pan oedd calsiwm carbonad yn adweithio ag asid hydroclorig yn cael ei gofnodi yn y tabl isod.

Amser / s	0	10	20	30	40	50	60	70	80	90	100
Cyfaint carbon deuocsid / cm³	0	22	35	43	48	52	55	57	58	58	58

a Plotiwch graff cyfaint carbon deuocsid yn erbyn amser.
b Cyfrifwch gyfradd yr adwaith ar 20 eiliad drwy luniadu tangiad i'r gromlin.
c Cyfrifwch gyfradd yr adwaith ar 60 eiliad drwy luniadu tangiad i'r gromlin.

Darganfod arwynebedd cromlin

Rydyn ni wedi gweld bod graddiant graff yn aml yn arwyddocaol, ond mewn rhai graffiau, mae gennym ni fwy o ddiddordeb yn yr arwynebedd rhwng y graff a'r echelin lorweddol.

Er enghraifft:

- mae'r arwynebedd rhwng graff buanedd–amser a'r echelin lorweddol yn cynrychioli'r pellter teithio
- mae'r arwynebedd rhwng graff grym–estyniad a'r echelin lorweddol yn cynrychioli'r gwaith sy'n cael ei wneud.

Os yw'r graff yn llinell syth, gallwn ni rannu'r arwynebedd yn drionglau a phetryalau i ddod o hyd i'r arwynebedd. I gyfrifo'r arwynebedd o dan gromlin mae'n rhaid i ni gyfrif sgwariau.

A Enghraifft wedi'i datrys

Mae'r graff buanedd–amser ar gyfer trên i'w weld isod.

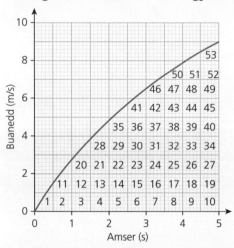

Amcangyfrifwch y pellter sydd wedi'i deithio gan y trên mewn 5 eiliad.

Cam 1 Mae'r arwynebedd rhwng graff buanedd–amser a'r echelin amser yn cynrychioli'r pellter teithio.

Cam 2 I ddod o hyd i'r arwynebedd hwn, rydyn ni'n cyfrif sgwariau.

Cam 3 Os yw'r arwynebedd yn llai na hanner sgwâr, mae'n cael ei anwybyddu. Os yw'r arwynebedd yn fwy na hanner sgwâr, mae'n cael ei ystyried yn sgwâr llawn.

Cam 4 Mae pob sgwâr llawn yn cynrychioli pellter o $1\,m/s \times 0.5\,s = 0.5\,m$ sy'n cael ei deithio.

Cam 5 Felly, mae'r 53 sgwâr o dan y gromlin hon yn cynrychioli pellter o $53 \times 0.5 = 26.5\,m$.

≫ Geometreg a thrigonometreg

Mae geometreg a thrigonometreg yn feysydd o fathemateg sy'n edrych ar onglau, llinellau a siapiau. Mae'r adran hon yn ystyried sut gallai'r sgiliau hyn gael eu defnyddio mewn arholiadau gwyddoniaeth.

Defnyddio mesuriadau onglaidd mewn graddau

Rydyn ni'n mesur onglau mewn graddau. Gallan nhw fod yn unrhyw werth rhwng 0° a 360° (cylch llawn).

Yn eich arholiad, mae'n debygol y bydd eich gwybodaeth am onglau yn cael ei hasesu mewn cwestiynau sy'n ymwneud ag adlewyrchiad a phlygiant. Ond efallai bydd gofyn i chi ddefnyddio onglydd i gyfrifo gwerth.

Termau allweddol

Geometreg: Y gangen o fathemateg sy'n ymwneud â siâp a maint.

Trigonometreg: Y gangen o fathemateg sy'n ymwneud â'r hydoedd a'r onglau mewn trionglau.

Dylech chi wybod rhai o werthoedd mwyaf cyffredin onglau, rhag ofn bod angen eu cymhwyso at gwestiynau mathemateg. Er enghraifft:

- mae 90° yn ongl sgwâr

- mae 180° yn hanner cylch

- mae 360° yn gylch llawn – felly mae onglau segment mewn siart cylch yn adio i 360° (gweler tudalen 36)

- mae'r tair ongl mewn triongl yn adio i 180°.

A Enghreifftiau wedi'u datrys

1 **Mae'r diagram yn dangos pelydrau golau wrth iddyn nhw symud o ethanol i mewn i'r aer.**

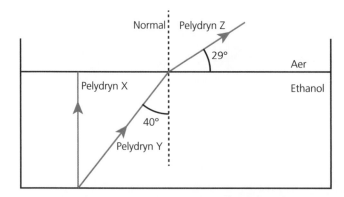

a **Ysgrifennwch onglau trawiad Pelydryn X a Phelydryn Y mewn ethanol.**

Cam 1 Mae Pelydryn X yn taro'r arwyneb yn normal (ar 90°), felly yr ongl drawiad yw 0°.

Cam 2 Ongl drawiad Pelydryn Y yw 40° (yr ongl rhwng y pelydryn trawol a'r normal).

b **Cyfrifwch ongl blygiant Pelydryn Z mewn aer.**

Cam 1 Yr ongl blygiant yw'r ongl rhwng y pelydryn plyg a'r normal.

Cam 2 Mae hon yn 90° − 29° = 61°

2 **Mae pelydryn o olau coch yn pasio drwy brism gwydr trionglog, fel sydd i'w weld. Cyfrifwch yr ongl drawiad yn y gwydr ar arwyneb B.**

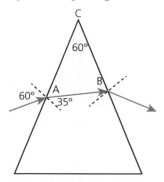

Cam 1 Ar arwyneb A, mae'r ongl rhwng y pelydryn AB ac arwyneb mewnol y gwydr yn 90° − 35° = 55°.

Cam 2 Mae'r onglau yn nhriongl ABC yn adio i 180°. Felly, ar arwyneb B, mae'r ongl rhwng y pelydryn AB a'r gwydr yn 180° − (55° + 60°) = 65°.

Cam 3 Mae'r ongl sydd ei hangen yn gorwedd rhwng y pelydryn AB a'r normal ar B. Mae'r ongl hon yn (90° − 65°) = 25°.

B Arweiniad ar y cwestiwn

1 Mae dau ddrych ar ongl sgwâr i'w gilydd. Mae pelydryn o olau yn drawol ar Ddrych 1. Yr ongl drawiad yw 40°. Yn y pen draw, mae'r golau'n adlewyrchu oddi ar Ddrych 2, fel sydd i'w weld yn y diagram.

Cyfrifwch yr ongl adlewyrchiad **ar Ddrych 2.**

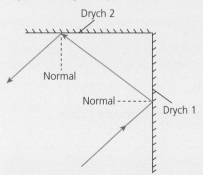

Termau allweddol

Pelydryn trawol: **Pelydryn sy'n taro arwyneb.**

Ongl adlewyrchiad: **Ongl rhwng pelydryn adlewyrchedig a'r normal.**

Pelydryn adlewyrchedig: **Pelydryn sy'n cael ei adlewyrchu oddi ar arwyneb.**

Cam 1 Marciwch, ar y diagram, yr ongl drawiad a'r ongl adlewyrchiad ar Ddrych 1, mewn graddau.

Cam 2 Cyfrifwch yr ongl rhwng y pelydryn adlewyrchedig ar Ddrych 1 a'r drych ei hun. Ysgrifennwch yr ongl ar y diagram.

Cam 3 Cyfrifwch yr ongl rhwng y pelydryn trawol ar Ddrych 2 a'r drych ei hun. (Awgrym: edrychwch ar y triongl.)

Cam 4 Cyfrifwch yr ongl adlewyrchiad ar Ddrych 2: ....

C Cwestiwn ymarfer

2 Mae dau ddrych wedi'u gosod fel bod eu harwynebau adlewyrchol ar 120° i'w gilydd. Mae pelydryn o olau yn drawol ar Ddrych 1 gydag ongl drawiad o 70°. Mae'r golau'n adlewyrchu oddi ar Ddrych 2 yn y pen draw.

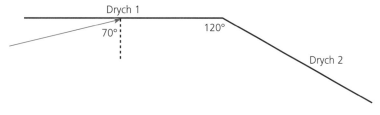

Cyfrifwch yr ongl adlewyrchiad ar Ddrych 2.

Cyngor

Gyda chwestiynau ar olau, mae angen diagram da. Os nad yw'r arholwr wedi darparu un, lluniadwch eich diagram eich hun, a gwnewch yn siŵr eich bod yn defnyddio pren mesur.

Cynrychioli ffurfiau 2D a 3D

Mae'n annhebygol y bydd cwestiynau mathemategol ar y testun hwn, ond mae angen i chi allu cynrychioli gwrthrychau tri dimensiwn (3D) fel lluniadau dau ddimensiwn (2D).

Mae Tabl 1.15 yn dangos y gwahaniaethau rhwng siapiau 2D a 3D.

★ **Does dim angen hwn yn benodol ar gyfer TGAU Gwyddoniaeth (Dwyradd) CBAC ond gall fod yn ddefnyddiol er hynny.**

Tabl 1.15 Cymharu siapiau 2D a 3D

Siapiau 3D	Siapiau 2D
Mae ganddyn nhw 3 dimensiwn – hyd, dyfnder a lled.	Mae ganddyn nhw 2 ddimensiwn – hyd a lled. Does ganddyn nhw ddim dyfnder ac maen nhw'n wastad.
Gallwch chi luniadu'r ffigurau hyn ar ddalen o bapur gan ddefnyddio llinellau siâp lletem a llinellau toredig.	Gallwch chi luniadu'r ffigurau hyn ar ddalen o bapur mewn un plân gan ddefnyddio llinellau solet.
Mae ffigurau 3D yn ymwneud â thri chyfesuryn: cyfesuryn x, cyfesuryn y a chyfesuryn z.	Mae ffigurau 2D yn ymwneud â dau gyfesuryn: cyfesuryn x a chyfesuryn y.

Mae fformiwlâu graffig a fformiwlâu adeileddol yn cynrychioli moleciwlau mewn 2D â'r holl fondiau cofalent yn cael eu dangos fel llinellau solet. Dydyn nhw ddim yn rhoi gwybodaeth am gyfeiriadaeth na siâp y moleciwlau.

Mae fformiwlâu adeileddol graffig methan ac ethanol i'w gweld isod.

```
      H              H   H
      |              |   |
  H—C—H          H—C—C—O—H
      |              |   |
      H              H   H
```

▲ Ffigur 1.20 Methan ac ethanol

Wrth luniadu adeileddau 2D, does dim gwahaniaeth fel arfer ar ba ongl rydych chi'n lluniadu'r atomau. Mae hyn yn wir oherwydd bod moleciwlau yn dri dimensiwn, ac wrth eu cynrychioli nhw mewn dau ddimensiwn ar bapur, fydd dim un diagram yn dangos fel y maen nhw go iawn. Er enghraifft, mae pob un o'r adeileddau yn Ffigur 1.21 yn fformiwla graffig gywir ar gyfer propen (C_3H_6).

```
    H  H  H          H  H  H         H  H  H          H  H  H
    |  |  |          |  |  |         |  |  |          |  |  |
H—C—C=C—H      H—C—C=C         H—C=C—C—H        C=C—C—H
    |                 |  |         |                 |  |
    H                 H  H         H                 H  H
```

▲ Ffigur 1.21

Wrth luniadu moleciwlau mewn 3D, rydyn ni'n defnyddio'r symbolau yn Nhabl 1.16.

Tabl 1.16 Mathau o fond

Math o fond	Cyfeiriadaeth
Bond cyffredin ———	Mae'r bond yn gorwedd ym mhlân y papur
Bond llinell doredig ---------	Mae'r bond yn estyn yn ôl, i'r dudalen i bob pwrpas
Bond siâp lletem ▷	Mae'r bond yn estyn ymlaen, allan o'r dudalen i bob pwrpas

Mae Ffigur 1.22 yn dangos cynrychioliad 3D o adeiledd methan, CH_4, â'i fodel pêl a ffon.

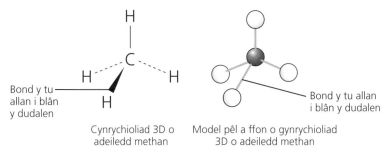

Bond y tu allan i blân y dudalen

Cynrychioliad 3D o adeiledd methan

Model pêl a ffon o gynrychioliad 3D o adeiledd methan

Bond y tu allan i blân y dudalen

▲ Ffigur 1.22 Model pêl a ffon 3D ar gyfer methan (CH_4)

Mae graffit a diemwnt yn foleciwlau cofalent enfawr. Dylech chi ymarfer lluniadu diagramau o graffit a diemwnt.

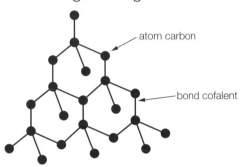

atom carbon

bond cofalent

▲ Ffigur 1.23 Adeiledd diemwnt

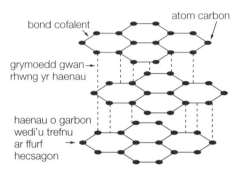

bond cofalent

atom carbon

grymoedd gwan rhwng yr haenau

haenau o garbon wedi'u trefnu ar ffurf hecsagon

▲ Ffigur 1.24 Adeiledd graffit

A Enghraifft wedi'i datrys

Mae gan foleciwl ethanol wyth bond cofalent sengl. Lluniadwch y bondiau coll yn y diagram isod i gwblhau fformiwla adeileddol graffig ethanol.

$$H—C—C$$

Cam 1 Ethanol yw C_2H_5OH. Yn gyntaf, llenwch y bondiau rhwng yr ail atom carbon a'r ddau atom hydrogen fel sydd i'w weld mewn coch isod.

$$H—C—C$$

Cam 2 Mae ethanol yn cynnwys y grŵp OH. Cofiwch fod bond rhwng yr O a'r H, a dylai gael ei ddangos. Lluniadwch fond rhwng y carbon a'r O ac yna bond arall i'r H (bondiau i'w gweld mewn coch).

$$H—C—C—O—H$$

B Arweiniad ar y cwestiwn

1 **Mae'r diagram yn dangos model pêl a ffon 3D o foleciwl amonia. Lluniadwch adeiledd 2D amonia.**

Cam 1 Mae angen i chi gofio mai fformiwla amonia yw NH_3, felly mae'r bêl goch yn cynrychioli atom nitrogen a'r tair pêl arall yn atomau hydrogen.

Cam 2 Wrth luniadu adeiledd 2D o ddarluniad 3D, cofiwch fod pob ffon yn cynrychioli bond cofalent, sy'n cael ei ddangos fel llinell sengl. Yn gyntaf, lluniadwch yr atom nitrogen canolog, fel sydd i'w weld isod, ac yna cwblhewch y diagram drwy luniadu dau fond pellach i ddau atom hydrogen.

$$N—H$$

C Cwestiynau ymarfer

2 Mae'r diagram isod yn dangos model 3D o foleciwl methan (CH_4). Lluniadwch adeiledd 2D moleciwl methan.

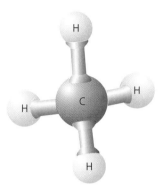

3 Mae'r ffigur isod yn dangos diagram dot a chroes moleciwl dŵr. Lluniadwch adeiledd 2D dŵr gan ddefnyddio llinell sengl i gynrychioli pob bond cofalent.

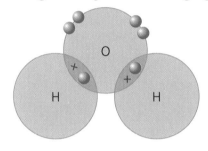

4 Lluniadwch fformiwlâu adeileddol graffig ar gyfer

  a ethan   b propen   c bwt-1-en.

Cyfrifo arwynebeddau a chyfeintiau

Mae'n bosibl cyfrifo arwynebedd trionglau (gallwch chi weld sut i wneud hyn ar graffiau ar dudalennau 71–76) a phetryalau gan ddefnyddio'r fformiwlâu canlynol:

$$\text{Arwynebedd triongl} = \tfrac{1}{2}\text{sail} \times \text{uchder}$$

$$\text{Arwynebedd petryal} = \text{hyd} \times \text{lled}$$

Yn aml, mm^2, cm^2 neu m^2 yw'r unedau arwynebedd.

Dylech chi hefyd allu cyfrifo arwynebedd arwyneb a chyfaint ciwb. Arwynebedd arwyneb yw arwynebedd holl arwynebau siâp 3D wedi'u hadio at ei gilydd. Caiff cyfaint ei fesur mewn unedau ciwbig fel mm^3, cm^3 neu m^3.

I gyfrifo cyfanswm arwynebedd arwyneb ciwb, mae angen i chi gyfrifo arwynebedd un wyneb ac yna ei luosi â nifer yr wynebau.

Os oes gan giwb ochrau sy'n x cm o hyd, bydd arwynebedd pob wyneb yn x cm $\times x$ cm, neu x^2.

Mae gan giwb chwe wyneb, felly cyfanswm arwynebedd ei arwyneb yw $6x^2$.

I gyfrifo cyfaint ciwb, mae angen i chi ddefnyddio'r fformiwla: hyd $\times$ lled $\times$ uchder

Cyngor

Yr unedau ar gyfer cyfaint fydd pellter ciwbig (er enghraifft, yn yr achos hwn cm^3) a'r unedau ar gyfer arwynebedd arwyneb yw cm^2.

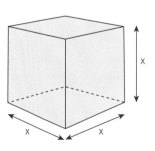

▲ Ffigur 1.25

Gan fod pob ochr yr un hyd mewn ciwb, os yw ochr y ciwb = x cm, gall hwn hefyd gael ei gynrychioli gan x^3.

Efallai bydd cwestiynau arholiad sy'n rhoi sylw i'r sgìl hwn yn gofyn i chi gyfrifo cymarebau, fel cymarebau arwynebedd arwyneb i gyfaint. Mae mwy o wybodaeth am ddefnyddio cymarebau yn yr adran 'Cymarebau, ffracsiynau a chanrannau' ar dudalennau 11–18.

Mae'n ddefnyddiol gweithio allan y gymhareb arwynebedd arwyneb i gyfaint, yn enwedig i'n helpu ni i ddeall cyfraddau adwaith. Wrth i ochr ciwb leihau o ffactor 10, mae'r gymhareb arwynebedd arwyneb i gyfaint yn cynyddu o ffactor 10.

Ⓐ Enghraifft wedi'i datrys

a **Hyd ochr ciwb yw 5 cm. Cyfrifwch arwynebedd arwyneb a chyfaint y ciwb hwn.**

Cam 1 Cyfrifwch arwynebedd arwyneb un o wynebau'r ciwb.

Arwynebedd arwyneb un wyneb = $5 \times 5 = 25 \, \text{cm}^2$

Cam 2 Cyfrifwch yr arwynebedd arwyneb drwy ei luosi â nifer yr wynebau – mae chwech o wynebau.

Arwynebedd arwyneb un ciwb = arwynebedd un wyneb × nifer yr wynebau

$= 25 \times 6 = 150 \, \text{cm}^2$

Cam 3 Cyfrifwch gyfaint y ciwb.

Cyfaint y ciwb = hyd × lled × uchder

$= 5 \times 5 \times 5 = 125 \, \text{cm}^3$

b **Beth yw cymhareb arwynebedd arwyneb i gyfaint y ciwb hwn?**

Cam 1 Ysgrifennwch y gymhareb.

Arwynebedd arwyneb : cyfaint

150 : 125

Cam 2 Symleiddiwch y gymhareb drwy rannu â ffactor fel 5. Efallai y bydd angen i chi ddal i rannu'r ddau rif â'r ffactor hon nes nad yw'n bosibl eu rhannu eto i roi rhifau cyfan.

Arwynebedd arwyneb : cyfaint

150 : 125

30 : 25

6 : 5

Y gymhareb arwynebedd arwyneb i gyfaint yw 6 : 5.

B Arweiniad ar y cwestiwn

1 **Cyfrifwch gymhareb arwynebedd arwyneb : cyfaint ciwb os yw hyd un ochr yn 8 mm.**

Cam 1 Yn gyntaf mae angen i chi gyfrifo arwynebedd arwyneb y ciwb:

Arwynebedd arwyneb y ciwb = hyd ochr × hyd ochr × nifer yr wynebau

Arwynebedd arwyneb y ciwb = ... × .... × 6

Arwynebedd arwyneb = ... mm^2

Cam 2 Nawr, cyfrifwch gyfaint y ciwb:

Cyfaint y ciwb = hyd × lled × uchder

= .... × .... × ....

Cyfaint = ... mm^3

Cam 3 Yn olaf, rhowch y ddau werth hyn mewn cymhareb:
Arwynebedd arwyneb : cyfaint = ...:..................

C Cwestiynau ymarfer

2 Mewn ymchwiliad i drylediad, mae dau giwb gelatin gwahanol yn cael eu defnyddio. Mae hyd ochr un yn 6 cm ac mae hyd ochr y llall yn 4 cm. Pa un o'r ciwbiau sydd â'r gymhareb arwynebedd arwyneb i gyfaint fwyaf? Dangoswch sut gwnaethoch chi gyrraedd eich ateb.

3 Dangoswch fod cymhareb arwynebedd arwyneb i gyfaint ciwb â hyd ochr 2 cm, ddeg gwaith yn fwy na'r gymhareb ar gyfer ciwb â hyd ochr 20 cm.

2 Llythrennedd

Bydd rhai cwestiynau ar eich papurau arholiad TGAU Gwyddoniaeth yn gwestiynau ymateb estynedig, sydd fel arfer yn werth chwe marc. Yn ogystal ag asesu eich gwybodaeth, mae'r cwestiynau hyn yn gofyn i chi lunio ateb hirach gyda strwythur rhesymegol clir. Mewn geiriau eraill, mae'r cwestiynau hyn hefyd yn asesu ansawdd eich cyfathrebu ysgrifenedig (ACY), sy'n cael ei alw weithiau yn ansawdd yr ymateb estynedig (AYE).

Wrth ateb cwestiynau ymateb estynedig, mae angen i chi wneud yn siŵr bod eich ateb:

- yn drefnus – bod y pwyntiau rydych chi'n eu gwneud yn glir
- yn berthnasol – bod y pwyntiau rydych chi'n eu gwneud i gyd yn ateb y cwestiwn
- wedi'i gyfiawnhau (er enghraifft drwy ei gefnogi) – bod y pwyntiau rydych chi'n eu gwneud wedi'u cefnogi gan wybodaeth wyddonol
- wedi'i strwythuro'n rhesymegol – bod yr ateb wedi'i gynllunio'n dda, a'r pwyntiau wedi'u trefnu'n glir ac yn rhesymegol
- wedi'i atalnodi'n gywir, a bod y termau technegol wedi'u sillafu'n gywir.

Bydd y bennod hon yn eich tywys chi drwy'r pwyntiau allweddol a fydd yn eich galluogi i ateb y cwestiynau hyn. Mae'r enghreifftiau yn y bennod hon i gyd yn cynnwys rhyddiaith estynedig.

❯❯ Sut i ysgrifennu ymatebion estynedig

Y cam cyntaf wrth ateb cwestiynau ymateb estynedig yn dda, yw dysgu sut i'w hadnabod:

- Bydd cwestiynau ymateb estynedig yn aml yn defnyddio geiriau gorchymyn fel 'Gwerthuswch', 'Esboniwch', 'Lluniwch' a 'Cymharwch'.
- Efallai bydd y cwestiynau hyn yn gofyn i chi gysylltu gwybodaeth, dealltwriaeth a sgiliau o fwy nag un maes yn y fanyleb, er enghraifft cysylltu gwaith ar osmosis â gweithredoedd yr hormon ADH.
- Mae cwestiynau ymateb estynedig hefyd yn gallu cynnwys cyfrifiadau â mwy nag un cam, er bod hyn yn fwy cyffredin yn y papurau Cemeg neu Ffiseg.

Cyn dechrau eich ateb, mae'n ddefnyddiol darllen y cwestiwn yn ofalus a gofyn y cwestiynau canlynol i'ch hun:

> **Cyngor**
>
> Efallai na fyddwch chi'n colli marciau'n uniongyrchol oherwydd sillafu, atalnodi a gramadeg gwael, ond os yw hi'n anodd deall eich ateb, gallech chi golli marciau.

> **Cyngor**
>
> Edrychwch ar bapurau arholiad diweddar CBAC i sicrhau eich bod yn gallu adnabod y cwestiynau ymateb estynedig.

Beth mae'r cwestiwn yn ei ofyn?

Y rhan bwysicaf o gwestiwn ymateb estynedig yw adnabod y gair gorchymyn – y gair allweddol sy'n dweud wrthych chi beth i'w wneud. Gwnewch yn siŵr bod eich ateb yn cysylltu'n ôl â'r gair gorchymyn hwn, ac yn ateb y cwestiwn sy'n cael ei ofyn.

Ynghyd â geiriau gorchymyn, bydd cwestiynau ymateb estynedig yn aml yn cynnwys data a gwybodaeth allweddol arall. Mae'n bwysig iawn eich bod chi'n cyfeirio at y data neu'r wybodaeth hon yn eich ateb os yw wedi'i rhoi – mae yno am reswm. Hefyd, weithiau fe welwch chi 'gyngor' yn y cwestiwn am yr hyn y mae angen i chi ei gynnwys i gael marciau llawn. Eto, os yw hyn yn digwydd, gwnewch yn siŵr eich bod chi'n ei ddefnyddio.

Ar ôl darllen y cwestiwn ymateb estynedig, y peth cyntaf ddylech chi ei wneud yw tanlinellu'r gair gorchymyn ac ystyried beth mae'n ei olygu, oherwydd hwn fydd yn dweud beth mae'r cwestiwn yn ei ofyn. Ar ôl tanlinellu'r gair gorchymyn, darllenwch y cwestiwn eto a rhowch gylch o amgylch unrhyw eiriau sy'n dweud wrthych chi pa destun sydd dan sylw ac unrhyw dermau allweddol eraill.

Er enghraifft, i ateb y cwestiwn 'Cymharwch isotopau lithiwm ^{6}Li a ^{7}Li':

- Byddech chi'n tanlinellu'r gair gorchymyn 'Cymharwch' ac yn gweithio allan beth mae'r gair gorchymyn hwn yn ei olygu. Yn yr achos hwn, mae eisiau i chi ddisgrifio pethau tebyg a phethau gwahanol.

- Yna, dylech chi roi cylch o amgylch y gair 'isotop' gan mai hwn yw'r *testun* sy'n cael ei brofi; byddech chi hefyd yn rhoi cylch o amgylch y *termau allweddol* '^{6}Li a ^{7}Li', sy'n dweud wrthych chi pa enghreifftiau penodol i'w cynnwys.

'Cymharwch isotopau lithiwm ^{6}Li a ^{7}Li'

Ar ôl meddwl am beth mae'r cwestiwn yn ei ofyn, dylech chi gynllunio eich ateb.

Sut i gynllunio eich ateb?

Os nad ydych chi'n cynllunio eich ateb, byddwch chi'n cael eich temtio i ysgrifennu popeth rydych chi'n ei wybod am y testun, sy'n golygu y byddwch chi'n cynnwys llawer o fanylion amherthnasol. Cofiwch mai *ansawdd* eich ymateb a pha mor dda rydych chi'n ateb y cwestiwn sy'n cael eu hasesu yn y math hwn o gwestiwn, nid faint rydych chi'n gallu ei ysgrifennu. Mae'n ddoeth, felly, cynllunio eich ateb yn sydyn, yn hytrach na rhuthro'n syth i mewn.

Yn gyntaf, meddyliwch am y testun yn ei gyfanrwydd a phenderfynwch pa rannau o'ch gwybodaeth sy'n berthnasol i'r cwestiwn. Yna, ystyriwch sut i strwythuro eich ateb drwy roi'r pwyntiau perthnasol mewn trefn resymegol.

Er enghraifft, i ateb y cwestiwn am isotopau uchod, mae'r gair gorchymyn yn dweud bod angen i chi 'Gymharu' – hynny yw, disgrifio beth sy'n debyg a beth sy'n wahanol – a defnyddio'r enghraifft benodol yn y cwestiwn, sef lithiwm. Gallech chi gynllunio ateb mewn sawl ffordd, ond mae rhai o'r posibiliadau wedi'u hamlinellu isod:

1 Defnyddio tabl

Y gair gorchymyn yw 'Cymharwch', felly gall tabl syml sy'n dangos y pethau tebyg a'r gwahaniaethau rhwng yr isotopau lithiwm fod yn ddefnyddiol.

Term allweddol

Gair gorchymyn: Term cyfarwyddyd sy'n dweud wrthych chi beth mae'r cwestiwn yn gofyn i chi ei wneud. Dwy enghraifft o air gorchymyn yw 'Disgrifiwch' ac 'Esboniwch'.

Cyngor

Edrychwch am y geiriau gorchymyn ym mhob cwestiwn, dim ots faint o farciau mae'r cwestiwn yn eu cynnig. Gweler tudalennau 139–149 am fwy o wybodaeth am eiriau gorchymyn a'r hyn maen nhw'n ei olygu.

Tabl 2.1

Tebyg	⁶Li	⁷Li	Gwahanol	⁶Li	⁷Li
Nifer y protonau	3	3	Nifer y niwtronau	3	4
Rhif atomig	3	3	Rhif màs	6	7
Nifer yr electronau	3	3			
Ffurfwedd electronig	2,1	2,1			
Adweithiau (yr un nifer o electronau yn y plisgyn allanol)					

Yna, gallwch chi benderfynu ym mha drefn y byddwch chi'n trafod eich syniadau – gallech chi rifo'r pwyntiau yn eich tabl i helpu. Yn olaf, pan fyddwch chi'n ysgrifennu eich ateb, gallwch chi groesi allan pob syniad yn y tabl ar ôl i chi ysgrifennu amdano.

2 Defnyddio diagram

Ar gyfer y dull hwn, ysgrifennwch y geiriau allweddol y mae angen i chi eu cynnwys ac yna ychwanegwch fanylion am lithiwm, fel sydd i'w weld yn Ffigur 2.1. Rhowch gylch o amgylch pob gair allweddol a'i ddosbarthu fel rhywbeth tebyg neu rywbeth gwahanol.

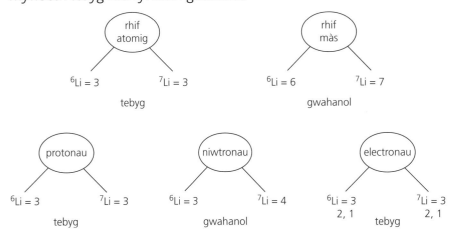

▲ **Ffigur 2.1** Defnyddio diagram i gynllunio ateb i gwestiwn ymateb estynedig

Yna, rhifwch y geiriau allweddol i ddangos ym mha drefn y byddwch chi'n trafod pob syniad. Yn olaf, dylech chi ysgrifennu eich ateb, gan groesi allan pob gair allweddol ar ôl i chi ysgrifennu amdano.

3 Defnyddio pwyntiau bwled

Yn syml, mae'r dull hwn yn golygu gwneud nodiadau byr am beth byddwch chi'n ei gynnwys yn eich ateb. Mae'r fformat rhestr yn golygu ei bod yn hawdd gwirio'r rhain yn gyflym a hefyd gallwch eu rhifo yn y drefn y byddwch chi'n eu trafod. Er enghraifft, ar gyfer y cwestiwn am isotopau ar dudalen 85, efallai y byddech chi'n ysgrifennu'r pwyntiau bwledi canlynol:

● Pethau sy'n debyg:
  – mae gan y ddau isotop yr un rhif atomig (3)
  – yr un nifer o brotonau (3)
  – un electron yn y plisgyn allanol
  – a byddan nhw'n adweithio yn yr un ffordd.

Cyngor

Bydd yr arholwr yn marcio popeth rydych chi wedi'i ysgrifennu. Os nad ydych chi am i'r arholwr farcio eich cynlluniau, cofiwch eu croesi nhw allan yn daclus, neu eu cwblhau nhw ar ddarn o bapur sgrap ar wahân.

- Pethau sy'n wahanol:

  - mae gan y ddau isotop rif màs gwahanol (6 a 7)

  - nifer gwahanol o niwtronau (3 a 4).

Wrth ysgrifennu eich ateb, bydd angen i chi sicrhau eich bod chi'n ailysgrifennu'r nodiadau hyn ar ffurf un darn o ryddiaith, gan gysylltu eich syniadau mewn ffordd resymegol.

Sut i wirio eich ateb?

Ar gyfer cwestiynau ymateb estynedig, dylech chi ddarllen eich ateb i wirio

- eich bod chi wedi ateb beth roedd y gair gorchymyn yn gofyn amdano

- eich bod chi wedi defnyddio'r enghreifftiau neu'r wybodaeth gywir

- bod eich sillafu, eich atalnodi a'ch gramadeg yn gywir.

Mewn cwestiynau ymateb estynedig, mae'n bwysig sillafu geiriau gwyddonol allweddol yn gywir. Mae nifer enfawr o eiriau gwyddonol penodol mewn manyleb bwrdd arholi, ond mae'n syniad da dysgu sut i sillafu'r rhai isod – dyma'r rhai sy'n cael eu sillafu'n anghywir yn fwyaf aml mewn cwestiynau ymateb estynedig.

Tabl 2.2 Sillafiadau cywir rhai geiriau Bioleg pwysig

mitosis	cymhlygyn ensym-swbstrad	wreter
meiosis	clorosis	wrethra
clefyd	aerobig	allanadlu
dadnatureiddio	anaerobig	archaea
capilarïau	lens y gwrthrychiadur	coden y bustl
trosglwyddadwy	pitwidol	dialysis
cloroplast	atheroma	tracea

Tabl 2.3 Sillafiad cywir rhai geiriau Cemeg pwysig

ïonau	alcalïau	bwred
catalydd	biomas	titradiad
cofalent	calorimedr	dadleoledig
distylliad	hydroclorig	moleciwl
niwclews	niwtronau	niwtralu
ecsothermig	polymeriad	ffytogloddio
bioddiraddadwy	tryloyw	sylffwrig

Tabl 2.4 Sillafiad cywir rhai geiriau Ffiseg pwysig

darfudiad	cerrynt	troadau
pŵer	dŵr	metr
cyflymder	cyflymiad	gama
cilowat	fformiwlâu	magnetig
ffynonellau	cyfrannedd	niwclysau
arsylw(adau)	canser	mudiant
sbectrwm	arhydol	effeithlonrwydd

Ateb cwestiynau ymateb estynedig

I ddeall yn llawn sut i ateb cwestiwn ymateb estynedig yn llwyddiannus, mae'n ddefnyddiol edrych ar sut mae cwestiynau o'r fath yn cael eu marcio – maen

Cyngor

Mewn cwestiynau ymateb estynedig, ddylech chi ddim defnyddio pwyntiau bwled, ond yn hytrach, brawddegau llawn.

Cyngor

Mewn arholiad, os bydd gofyn i chi ysgrifennu ateb ymateb estynedig, peidiwch â chynhyrfu – cofiwch y camau drwy ddefnyddio'r acronym hwn: GCYG – gair gorchymyn, cynllunio, ysgrifennu, gwirio.

nhw'n cael eu marcio mewn ffordd wahanol i gwestiynau eraill ar bapur arholiad oherwydd byddwch chi'n cael marciau yn unol â lefel y sgìl a'r wybodaeth rydych chi'n eu dangos yn eich ateb. Mae'r lefel hon yn dibynnu ar:

● ansawdd cyffredinol yr ateb

● y cynnwys dangosol ar gyfer pob lefel.

Fe welwch chi fod gan y cynlluniau marcio ar gyfer y cwestiynau hyn dair lefel. Dyma pam mae cwestiynau ymateb estynedig hefyd yn cael eu galw'n gwestiynau lefel yr ymateb.

Pan fydd arholwr yn marcio cwestiwn o'r fath, bydd yn darllen eich ateb yn ei gyfanrwydd yn gyntaf ac yn cymharu ansawdd y cynnwys a'r ysgrifennu â'r disgrifydd lefel sydd yn y cynllun marcio. Yna, bydd yn penderfynu pa lefel sy'n disgrifio eich ateb orau – er enghraifft, os yw'n ateb cryf, bydd yn rhoi Lefel 3, ond gallai ateb gwan gael Lefel 1. Edrychwch yn sydyn ar dudalennau 90 a 92 i weld enghreifftiau o gynlluniau marcio â lefelau. I benderfynu pa farc o fewn y lefel i'w roi, bydd yr arholwr yn edrych ar y pwyntiau cynnwys dangosol, sy'n rhoi arweiniad am beth a ddylai gael eu cynnwys yn yr ateb.

Cynnwys dangosol yw'r pwyntiau ffeithiol a allai gael eu cynnwys i ateb y cwestiwn. Os prin cwrdd â'r gofynion y mae'r ateb, y marc isaf o fewn y lefel fydd yn cael ei roi. Does dim angen i chi gynnwys yr holl bwyntiau cynnwys dangosol sydd ar gael i ennill marciau llawn, ond fydd marciau llawn ddim yn cael eu rhoi os oes gosodiadau anghywir yn yr ateb sy'n gwrth-ddweud ymateb cywir. Mae'r cwestiwn ateb myfyriwr ar dudalen 90 yn dangos cynllun marcio enghreifftiol sy'n eich helpu chi i ddeall mwy am sut caiff y math hwn o gwestiwn ei farcio.

Mae Tabl 2.5 yn dangos enghraifft gyffredinol o gynllun marcio ymateb estynedig chwe marc:

Tabl 2.5 Enghraifft o gynllun marcio ymateb estynedig chwe marc

Lefel	Disgrifiad	Marc
Lefel 3	Ateb clir, rhesymegol a threfnus yn cynnwys dim ond deunydd perthnasol.	5–6
Lefel 2	Ateb rhannol yn cynnwys camgymeriadau a rhywfaint o ddeunydd perthnasol.	3–4
Lefel 1	Un neu ddau o bwyntiau perthnasol, ond diffyg rhesymu rhesymegol ac yn cynnwys camgymeriadau.	1–2
	Dim cynnwys perthnasol.	0

Gan ddefnyddio'r cynllun marcio uchod fel enghraifft:

● Pe bai ateb myfyriwr yn bodloni holl feini prawf lefel 2 ond nid pob un ar gyfer lefel 3, byddai'n cael ei osod ar lefel 2. Gallai hyn fod oherwydd bod y myfyriwr wedi cynnwys gwybodaeth amherthnasol.

● Pe bai'r myfyriwr wedi ysgrifennu ateb da a dim ond prin yn methu â chyrraedd lefel 3, byddai'n cael 4 marc – y marc uchaf yn lefel 2.

● Ar y llaw arall, os mai dim ond prin wedi gwneud digon i gyrraedd lefel 2 mae'r myfyriwr, byddai'n cael 3 marc.

Cyngor

Cofiwch, does dim angen i chi nodi holl bwyntiau'r cynnwys dangosol i ennill marciau llawn, ond mae angen i'ch ateb fod yn ffeithiol gywir.

Cyngor

Wrth ateb cwestiynau ymateb estynedig, mae'n bwysig gwneud yn siŵr bod eich ateb yn cynnwys yr holl elfennau sy'n mynd i sicrhau ei fod yn cyrraedd y band uchaf.

Cyngor

Wrth adolygu, ceisiwch ysgrifennu ymateb estynedig sy'n rhoi sylw i bob un o'r pwyntiau 'cynnwys dangosol' hyn.

➤➤ Sut i ateb geiriau gorchymyn gwahanol

Gweithiwch drwy'r cwestiynau ysgrifennu estynedig canlynol, sy'n edrych ar y prif eiriau gorchymyn ymateb estynedig. Bydd hyn yn eich helpu chi i ddeall yn well sut i ysgrifennu ateb hir da.

Ar gyfer pob gair gorchymyn mae:

- cwestiwn 'sylwadau ar atebion' sy'n rhoi ymateb enghreifftiol gan fyfyriwr, ynghyd â dadansoddiad o'r hyn sy'n dda a'r hyn sy'n wan amdano

- cwestiwn 'asesu ateb myfyriwr' lle byddwch chi wedyn yn cael y cyfle i gymhwyso'r hyn rydych chi wedi'i ddysgu i farcio ateb enghreifftiol eich hun

- cwestiwn 'gwella'r ateb' lle bydd gofyn i chi wella ymateb myfyriwr arall i geisio cael marciau llawn.

Ymatebion estynedig: Disgrifiwch

Mae cwestiwn 'Disgrifiwch' yn gofyn am ddisgrifiad ysgrifenedig manwl o'r ffeithiau a'r nodweddion sy'n berthnasol i'r testun dan sylw. Cofiwch nad yw disgrifio yr un peth ag esbonio, sy'n air gorchymyn lefel uwch. Does dim angen i chi ganolbwyntio ar achosion a rhesymau mewn cwestiynau disgrifio.

Byddai arholwr sy'n edrych ar y darn hwn o waith yn cael ei synnu ar unwaith ei fod mor fyr. Mae'r cwestiwn hwn yn werth chwe marc, ond dim ond rhai llinellau o destun mae'r myfyriwr wedi'u hysgrifennu a does dim disgrifiad manwl.

Mae dau derm gwyddonol wedi'u sillafu'n anghywir hefyd – y gair cywir yw amedr (ac yn ddiweddarach mae'r myfyriwr yn sillafu gwrthiant yn anghywir; gwrthiant yw'r term cywir).

Camgymeriad yw hyn wrth ddisgrifio sut i gyfrifo gwrthiant – mae angen i ni rannu'r folltedd â'r cerrynt, nid y ffordd arall o gwmpas.

Yn olaf, mae'r myfyriwr yn dweud bod y gwrthiant mewn cyfrannedd â'r wifren. Ond, mae'r cwestiwn yn ei gwneud hi'n glir mai pwrpas yr arbrawf yw dangos sut mae gwrthiant y wifren yn dibynnu ar ei hyd.

A Sylwadau ar atebion

1 Disgrifiwch, yn fanwl, sut byddech chi'n gwneud arbrawf i ymchwilio i sut mae gwrthiant gwifren yn dibynnu ar ei hyd. Dylai eich disgrifiad gynnwys manylion am y canlynol:

- y gylched mae angen i chi ei chydosod
- beth byddech chi'n ei wneud
- pa ganlyniadau byddech chi'n eu cofnodi
- sut byddech chi'n defnyddio eich canlyniadau i lunio casgliad. [6]

Ateb myfyriwr

Mae angen i chi gael gafael ar ddarn o wifren. Ei chysylltu mewn cylched gydag ampmedr a foltmedr. Mesurwch yr amperau a'r foltiau. Rhannwch yr amperau gyda'r foltiau i gael y gwrthiant. Yna, ailadroddwch yr arbrawf gyda darn arall o wifren, ac yn y blaen nes byddwch chi wedi gwneud hyn ar gyfer chwe hyd. Yna, mae angen plotio graff. Bydd y graff yn llinell syth. Mae hyn yn dweud wrthym ni bod y gwerthiant mewn cyfrannedd â'r wifren.

Mae'n debyg y byddai'r darn hwn o waith yn sgorio un marc yn unig, a hynny am y syniad bod yr arbrawf yn gofyn i'r myfyriwr ddod o hyd i'r folltedd a'r cerrynt er mwyn mesur y gwrthiant.

Dydy hi ddim yn glir pa gylched sydd i fod i gael ei chydosod yma.

Dydy hi ddim yn glir sut mae'r canlyniadau'n cael eu cofnodi.

Dydy'r myfyriwr ddim yn glir beth sy'n cael ei blotio yn erbyn beth yn y graff.

89

B Asesu ateb myfyriwr

2 Disgrifiwch broses triniaeth ffrwythloniad in vitro (IVF). [6]

Ateb myfyriwr

Mae wyau yn cael eu casglu o'r fam. Yna, mae'r rhain yn cael eu cymysgu â sberm o'r tad yn y labordy, ac mae ffrwythloniad yn digwydd. Mae'r wyau wedi'u ffrwythloni yn datblygu i ffurfio embryonau, sydd yna'n cael eu tyfu mewn tiwbiau profi. Ar y dechrau, maen nhw'n rhoi FSH i'r fam - mae'r rhain yn ensym sy'n symbylu llawer o wyau i aeddfedu.

Defnyddiwch y cynllun marcio a'r cynnwys dangosol isod i roi lefel a marc i'r ateb hwn.

Cynllun marcio

Disgrifydd lefel	Marciau
Lefel 3: Ateb clir, strwythuredig a rhesymegol, a'r deunydd i gyd yn berthnasol. Mae'r ateb yn amlinellu proses IVF yn glir, gan gynnwys defnyddio FSH ac LH, echdynnu wyau, creu embryonau a mewnblannu'r embryonau yn y fam.	5–6
Lefel 2: Ateb rhesymol glir a rhesymegol â rhywfaint o strwythur, a'r rhan fwyaf o'r deunydd yn berthnasol. Dydy rhai rhannau o'r broses ddim yn hollol fanwl.	3–4
Lefel 1: Prinder pwyntiau perthnasol, diffyg strwythur clir neu resymu rhesymegol. Mae'r myfyriwr yn rhoi disgrifiad cyfyngedig o IVF sy'n cynnwys camgymeriadau.	1–2
Dim cynnwys perthnasol.	0

Cynnwys dangosol:
- Mae FSH ac LH yn cael eu rhoi i'r fam i symbylu llawer o wyau i aeddfedu.
- Mae'r wyau'n cael eu casglu o'r fam.
- Mae'r wyau'n cael eu ffrwythloni yn y labordy â sberm sydd wedi'i gymryd o'r tad.
- Mae'r wyau sydd wedi'u ffrwythloni'n datblygu i ffurfio embryonau.
- Cyn gynted â bod yr embryonau'n belen fach o gelloedd, mae un neu ddau yn cael eu rhoi yng nghroth y fam.

Byddwn i'n rhoi lefel .... a .... marc i'r ateb hwn.

Mae hyn oherwydd

....

....

....

Cyngor

I ddyfarnu lefel, edrychwch yn gyntaf ar yr ateb a phenderfynwch a yw'n gyfres resymegol o gamau y byddai modd eu defnyddio i gynnal IVF. Oes unrhyw gamau pwysig ar goll?

C Gwella'r ateb

3 Disgrifiwch arbrawf a allai gael ei ddefnyddio i electroleiddio sinc clorid tawdd. Yn eich ateb, enwch y cyfarpar byddech chi'n ei ddefnyddio a nodwch unrhyw arsylwadau. [6]

Ateb myfyriwr

Byddwn i'n pwyso 10 g o sinc clorid ac yn cofnodi'r màs. Byddwn i'n ei roi mewn dysgl anweddu. Byddwn i'n rhoi dau electrod yn y sinc clorid ac yn eu cysylltu nhw â phecyn pŵer. Pan gaiff y trydan ei roi ymlaen, dylai fod sylwedd llwyd wrth un electrod a byddai nwy i'w weld wrth y llall. Dylai cwpwrdd gwyntyllu gael ei ddefnyddio.

Ailysgrifennwch yr ateb hwn er mwyn ei wella i ennill y chwe marc llawn.

Ymatebion estynedig: Esboniwch

Mae 'Esboniwch' yn golygu nodi'r rhesymau pam mae rhywbeth yn digwydd. Mae'n rhaid cysylltu'r pwyntiau yn yr ateb yn rhesymegol. Er enghraifft, yn y cwestiwn isod, dylech chi roi'r rheswm pam mae pob sylwedd yn dargludo trydan drwy enwi'r cludyddion gwefr.

A Sylwadau ar atebion

1 Esboniwch a yw'r sylweddau canlynol yn dargludo trydan drwy gyfeirio at adeileddau'r sylweddau.

- metel copr
- hydoddiant copr clorid
- nwy clorin. [6]

Ateb myfyriwr

Metel yw copr ac mae'n cael ei ddefnyddio mewn gwifrau ac offer plymio yn y rhan fwyaf o gartrefi. Mae ganddo lawer o electronau dadleoledig sy'n gallu symud o gwmpas yr haenau ac felly mae'n dargludo trydan. Dyma pam mae'n ddargludydd da. Mae gan gopr clorid hefyd fetel ynddo, felly mae ganddo electronau dadleoledig. Nid yw'n gallu dargludo pan fydd yn solid ond pan fydd yn solid, ond pan gaiff ei hydoddi mewn hydoddiant, mae'r electronau dadleoledig yn gallu symud a chludo'r wefr. Moleciwl yw clorin a does ganddo ddim plws na minws. Oherwydd nad oes ganddo wefr, nid yw'n gallu dargludo trydan.

Ateb Lefel 3 yw hwn ac mae'n werth 5 marc.

Mae hwn yn ddisgrifiad cywir o sut mae metelau'n dargludo.

Mae'r myfyriwr wedi nodi'r gronyn anghywir ar gyfer dargludo, ond mae'r syniad mai dim ond mewn hydoddiant (neu'n dawdd) y gall gronynnau symud i ddargludo trydan, yn gywir.

Mae'r wybodaeth ychwanegol hon yn amherthnasol ac mae ei chynnwys yn gwastraffu amser. Gall hefyd achosi gwallau yn eich ateb.

Nid yw metel copr yn bresennol mewn copr clorid, felly does dim electronau dadleoledig. Mae copr clorid yn cynnwys ïonau copr ac ïonau clorid sy'n symud ac yn cludo gwefr.

Mae'r myfyriwr yn sylweddoli, yn gywir, fod angen gwefrau i ddargludo trydan a does dim gwefr gan glorin.

B Asesu ateb myfyriwr

2 Mae lipidau yn gydran bwysig mewn deiet cytbwys. Esboniwch bwysigrwydd lipas a bustl i dreulio lipidau. [6]

Ateb myfyriwr

Mae lipas yn ensym treulio sy'n torri lipidau i lawr i ffurfio asidau amino. Mae bustl yn secretiad alcali sy'n cael ei storio yng nghoden y bustl. Mae'n cael ei ryddhau i'r coluddyn bach lle mae'n niwtralu asid hydroclorig, sydd wedi'i ryddhau o'r stumog. Ei brif swyddogaeth yw emwlsio lipidau. Mae hyn yn golygu achosi i'r lipidau droi'n ddefnynnau bach, sy'n cynyddu'r arwynebedd arwyneb. Mae hyn yn cyflymu treuliad gan lipas drwy roi arwynebedd arwyneb mwy i'r ensym weithio arno. Mae'r amodau alcaliaidd hefyd yn cynyddu torri i lawr y lipidau gan lipas.

Defnyddiwch y cynllun marcio a'r cynnwys dangosol canlynol i roi lefel a marc i'r ateb hwn.

Cynllun marcio

Disgrifydd lefel	Marciau
Lefel 3: Ateb clir, strwythuredig a rhesymegol, a'r deunydd i gyd yn berthnasol. Mae'r ateb yn rhoi esboniad clir o bwysigrwydd bustl a lipas i dreulio lipidau heb hepgor dim byd allweddol na gwneud unrhyw gamgymeriadau allweddol.	5–6
Lefel 2: Ateb rhesymol glir a rhesymegol â rhywfaint o strwythur, a'r rhan fwyaf o'r deunydd yn berthnasol. Mae'n esbonio pwysigrwydd bustl a hefyd lipas, ond gan hepgor rhai pethau a gwneud rhai camgymeriadau clir.	3–4
Lefel 1: Prinder pwyntiau perthnasol; diffyg strwythur clir neu resymu rhesymegol. Dim ond esboniad cyfyngedig o bwysigrwydd lipas neu fustl, a chamgymeriadau amlwg.	1–2
Lefel 0: Dim cynnwys perthnasol.	0

Cynnwys dangosol:

- Mae lipas yn ensym treulio sy'n torri lipidau i lawr i gynhyrchu glyserol ac asidau brasterog.
- Yna, mae'r glyserol a'r asidau brasterog sy'n cael eu ffurfio yn gallu cael eu defnyddio i gynhyrchu lipidau newydd.
- Mae bustl yn secretiad alcalïaidd sy'n cael ei gynhyrchu yn yr iau/afu, ei storio yng nghoden y bustl a'i ddefnyddio yn y coluddyn bach.
- Mae bustl yn niwtralu asid y stumog wrth fynd i mewn i'r dwodenwm.
- Mae bustl yn emwlsio brasterau i ffurfio defnynnau bach, sy'n cynyddu arwynebedd arwyneb y braster.
- Mae'r amodau alcalïaidd a'r arwynebedd arwyneb mawr yn cynyddu cyfradd torri i lawr y braster gan lipas.

Byddwn i'n rhoi lefel .... a .... marc i'r ateb hwn.

Mae hyn oherwydd

....

....

....

C Gwella'r ateb

3 Defnyddiwch ddiffiniad gwasgedd i esbonio sut mae'r gwasgedd oherwydd colofn o hylif mewn silindr mesur yn dibynnu ar uchder h y golofn. [6]

Ateb myfyriwr

Gwasgedd yw'r grym sy'n gweithredu ar arwyneb wedi'i rannu gan arwynebedd yr arwyneb.

Mae'r golofn o hylif yn brism ag arwynebedd trawstoriadol A ac uchder h.

Mae hyn yn golygu mai pwysau'r hylif yw $A \times h$.

Felly, mae'r gwasgedd yn dibynnu ar yr uchder, oherwydd bod y pwysau'n dibynnu ar yr uchder.

Ailysgrifennwch yr ateb hwn er mwyn ei wella i ennill y chwe marc llawn.

Ymatebion estynedig: Lluniwch, Cynlluniwch neu Amlinellwch

Mae'r geiriau gorchymyn hyn yn cael eu defnyddio mewn ffordd debyg, felly rydyn ni wedi eu grwpio nhw gyda'i gilydd yma. Byddai cwestiwn 'Lluniwch', 'Cynlluniwch' neu 'Amlinellwch' yn gofyn i chi ddisgrifio sut byddech chi'n cynnal ymchwiliad neu astudiaeth.

Ddylech chi ddim poeni am roi cyfeintiau na masau manwl gywir fel rhan o unrhyw ddull, ond dylech chi sicrhau bod eich dull yn ddiogel ac yn briodol yn y cyd-destun sydd wedi'i roi. Mae hyn yn golygu peidio â chynnwys unrhyw gyfarpar na fyddai ar gael, na defnyddio dull rhy gymhleth.

Cyngor

Dydy'r geiriau gorchymyn 'lluniwch', 'cynlluniwch' ac 'amlinellwch' ddim yn golygu'n union yr un peth â'i gilydd, ond maen nhw'n cael eu defnyddio'n aml mewn ffordd debyg ym mhwnc TGAU Gwyddoniaeth. Hynny yw, byddan nhw'n gofyn i chi greu arbrawf i brofi rhagdybiaeth.

A Sylwadau ar atebion

1 Mae haint bacteriol yn gallu gwrthsefyll gwrthfiotigau cyffredin fel penisilin. Byddai cwmni fferyllol yn hoffi profi effaith y gwrthfiotig tigecyclin ar y bacteria. Eu rhagdybiaeth yw y bydd tigecyclin yn gwneud mwy na phenisilin i leihau twf y bacteria.

Cynlluniwch arbrawf, gan ddefnyddio disgiau wedi'u mwydo mewn gwrthfiotigau, i brofi'r rhagdybiaeth hon. [6]

Cyngor

Mewn ymchwiliadau microbioleg yn yr ysgol, caiff tymheredd magu o 25°C ei ddefnyddio fel arfer i atal twf pathogenau dynol. Gan mai cwmni fferyllol sy'n cynnal yr ymchwiliad hwn ar bathogen dynol, mae 37°C yn dymheredd priodol i'w ddefnyddio.

Ateb myfyriwr

Mae manylion yr ymchwiliad wedi'u dangos yn glir.

Dylai hydoddiant gwrthfiotig â chrynodiad a chyfaint hysbys gael ei ychwanegu at gyfres o ddisgiau. Dylai'r disgiau hyn gael eu rhoi ar blatiau agar sy'n cynnwys meithriniad bacteria. Mae angen rhoi'r disgiau yng nghanol y plât agar. Yna, dylai'r platiau gael eu magu ar 37°C am 24 awr. Ar ddiwedd y cyfnod hwn, dylai'r rhan glir lle does dim bacteria'n tyfu gael ei fesur.

Yn rhan olaf yr ateb, mae angen manylion am gymharu canlyniadau'r ddau wrthfiotig, ac felly ffurfio casgliad ynghylch a yw'r rhagdybiaeth yn gywir. Y gwrthfiotig sy'n cynhyrchu'r rhan glir fwyaf yw'r un sydd wedi lleihau twf bacteria fwyaf.

Mae hwn yn ateb lefel 2 a byddai'n debygol o gael tri marc.

Y broblem allweddol gyda'r ateb hwn yw nad yw'n sôn am y rhagdybiaeth a'r ddau wrthfiotig gwahanol o gwbl. Mae angen nodi ar ddechrau'r ateb y bydd y dull hwn yn cael ei ddefnyddio ar gyfer penisilin a tigecyclin, er mwyn gallu cymharu'r canlyniadau.

B Asesu ateb myfyriwr

2 Amlinellwch arbrawf i fesur yr ongl blygiant mewn bloc gwydr petryal pan fydd yr ongl drawiad yn yr aer yn 30°.

Yn eich ateb, rhaid i chi nodi'r cyfarpar a'r dull y byddwch yn eu defnyddio. Dylech chi luniadu diagram pelydrau i ddangos eich cynllun hefyd, a dangos yr ongl drawiad a'r ongl blygiant. [6]

Ateb myfyriwr

Gosodwch floc gwydr petryal ar fwrdd lluniadu, a thynnwch linell o amgylch ei amlinell gyda phensil. Symudwch y bloc a thynnwch y normal i un o'r ochrau hir.

Tynnwch linell, L_1, ar 30° i'r normal hwn ar y pwynt, P, lle mae'n cyfarfod â'r gwydr.

Rhowch y bloc yn ôl, a chyfeirio pelydryn o olau ar hyd y llinell L_1 gan arsylwi ar y golau sy'n gadael y gwydr ar yr ochr gyferbyn ar hyd llinell L_3.

Lluniadwch ddwy groes fach ar linell L_3 a thynnwch linell yn eu cysylltu nhw ac yn mynd yn ôl i'r pwynt Q lle mae'r golau'n gadael y gwydr.

Symudwch y gwydr, a thynnwch linell syth L_2 rhwng pwyntiau P a Q.

Mesyrwch yr ongl rhwng llinell L_2 a'r gwydr. Dyma'r ongl blygiant.

Diagram o'r cyfarpar:

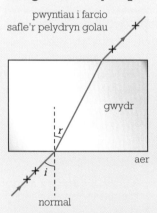

pwyntiau i farcio
safle'r pelydryn golau

gwydr

aer

i

r

normal

Defnyddiwch y cynllun marcio a'r cynnwys dangosol isod i roi lefel a marc i'r ateb hwn.

Cynllun marcio

Disgrifydd lefel	Marciau
Lefel 3: Cynllun manwl, wedi'i strwythuro'n dda, o ddull fyddai'n gweithio. Mae o leiaf chwech o bwyntiau'r cynnwys dangosol yn cael sylw, ac mae'r sillafu, yr atalnodi a'r gramadeg yn gywir ar y cyfan.	5–6
Lefel 2: Efallai fod y dull yn brin o fanylion a strwythur, ond gyda mân newidiadau yn unig, byddai'n gweithio. Mae o leiaf pedwar o bwyntiau'r cynnwys dangosol yn cael sylw, ac mae'r sillafu, yr atalnodi a'r gramadeg yn gywir fel arfer.	3–4
Lefel 1: Mae angen addasu'r cynllun yn sylweddol os yw'n mynd i weithio. Efallai y bydd cryn dipyn o wybodaeth sy'n amherthnasol neu'n anghywir. Mae o leiaf dau o bwyntiau'r cynnwys dangosol yn cael sylw. Gallai fod camgymeriadau sillafu, atalnodi a gramadeg.	1–2
Dim cynnwys perthnasol	0

Cynnwys dangosol:
- gosod bloc gwydr petryal ar bapur, amlinellu â phensil
- defnyddio onglydd i luniadu'r normal ar un ochr
- tynnu llinell ar 30° i'r normal ar bwynt y trawiad
- cyfeirio pelydryn o olau o'r blwch pelydru ar hyd y llinell hon
- dull o ddilyn y pelydryn allddodol i'r pwynt lle mae golau'n gadael y gwydr
- lluniadu'r pelydryn plyg yn y gwydr, a mesur yr ongl rhwng y pelydryn plyg yn y gwydr a'r normal
- diagram i ddangos y normal, yr ongl drawiad yn yr aer a'r ongl blygiant yn y gwydr

Byddwn i'n rhoi lefel .... a .... marc i'r ateb hwn.

Mae hyn oherwydd

....

....

....

C Gwella'r ateb

3 Mae trefn adweithedd yr halogenau i'w gweld isod.

clorin

bromin   cynnydd mewn adweithedd

ïodin

Gallwn ni ddarganfod y drefn adweithedd hon drwy gynnal adweithiau dadleoli gan ddefnyddio hydoddiannau dyfrllyd. Cynlluniwch arbrawf i ddarganfod trefn adweithedd y tri halogen hyn drwy ddefnyddio adweithiau dadleoli. Cynhwyswch fanylion am sut gall y canlyniadau gael eu defnyddio i ddarganfod y drefn. [6]

Ateb myfyriwr

Yn gyntaf, rhowch hydoddiant potasiwm ïodid mewn tiwb profi ac ychwanegu clorin dyfrllyd. Os oes adwaith, mae clorin yn fwy adweithiol ac mae'n dadleoli ïodin o'r hydoddiant. Mewn ail diwb profi, dylech chi roi hydoddiant potasiwm ïodid ac ychwanegu bromin dyfrllyd. Os oes adwaith, yna mae bromin yn fwy adweithiol nag ïodin.

Ailysgrifennwch yr ateb hwn er mwyn ei wella i ennill y chwe marc llawn.

Ymatebion estynedig: Cyfiawnhewch

Mae 'Cyfiawnhewch' a 'Gwerthuswch' (gweler tudalennau 143–144) yn ddau air gorchymyn sydd ychydig yn wahanol i'w gilydd, ond mae'r ddau yn gofyn i chi ddefnyddio tystiolaeth i wneud dadl. Gall y ddau air gorchymyn gael eu defnyddio gyda'i gilydd yn yr un cwestiwn.

Mae 'Gwerthuswch' yn gofyn i chi ddefnyddio'r wybodaeth sy'n cael ei rhoi yn y cwestiwn, yn ogystal ag unrhyw wybodaeth berthnasol arall, i ystyried tystiolaeth o blaid ac yn erbyn dadl. Mae 'Cyfiawnhewch', ar y llaw arall, yn golygu bod angen i chi ddefnyddio'r dystiolaeth sy'n cael ei rhoi i gefnogi ac i symud un ddadl yn ei blaen. Y prif wahaniaeth rhwng y ddau air hyn, felly, yw gydag un, mae'n rhaid i chi asesu dadleuon o blaid ac yn erbyn casgliad, ond gyda'r llall, dim ond y ddadl o blaid casgliad sydd ei hangen.

Cyngor

Os oes rhifau'n cael eu rhoi mewn cwestiwn 'gwerthuswch' neu 'cyfiawnhewch', mae disgwyl i chi eu defnyddio nhw. Mae hyn yn golygu y gall eich cyfiawnhad (neu'r gwerthusiad) fod yn fathemategol mewn rhannau.

A Sylwadau ar atebion

1   Mae'r tabl isod yn rhoi manylion am strategaethau i drin y frech goch. Cyfiawnhewch y strategaethau triniaeth hyn.   [6]

Brechu	Brechu pob plentyn ifanc rhag y frech goch.
Triniaeth	Ni ddylai gwrthfiotigau gael eu defnyddio i drin y frech goch. Dylai cleifion gael digonedd o hylifau a dylen nhw orffwys. Dylai cleifion sy'n dioddef o'r frech goch gael eu cadw draw o fannau cyhoeddus.

Ateb myfyriwr

Mae brechu yn bwysig iawn oherwydd ei fod yn atal pobl rhag dal y frech goch, clefyd niweidiol iawn. Ni ddylai gwrthfiotigau gael eu defnyddio oherwydd firws yw'r frech goch ac nid yw'n bosibl defnyddio gwrthfiotigau i drin clefyd firol, a dyna'r driniaeth orau. Dylai cleifion sy'n dioddef o'r frech goch gael eu cadw draw o fannau cyhoeddus gan fod y frech goch yn lledaenu'n hawdd iawn, a bydd cadw pobl gartref yn lleihau'r lledaeniad.

Mae hwn yn ateb lefel 2 a byddai'n debygol o gael tri marc.

Mae angen llawer mwy o fanylder wrth ddisgrifio sut caiff y brechiad ei ddefnyddio.

Byddai modd rhoi mwy o fanylion am sut mae'r frech goch yn niweidiol, er enghraifft mae'n gallu achosi marwolaeth, sut mae'r frech goch yn lledaenu, yn ogystal â'r cysylltiad rhwng y syniadau hyn a phwysigrwydd cadw dioddefwyr draw o fannau cyhoeddus.

Mae'r myfyriwr yn rhoi cyfiawnhad da ar gyfer pam na ddylai gwrthfiotigau gael eu defnyddio i drin y frech goch.

B Asesu ateb myfyriwr

2 Mae cyfaint deunyddiau'n newid gyda thymheredd. Mae'r graff yn dangos sut mae cyfaint màs sefydlog o ddŵr hylif yn newid wrth i'w dymheredd godi o 0 °C i 4 °C ac yna i 100 °C.

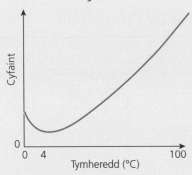

Astudiwch y graff hwn sy'n dangos newidiadau yng nghyfaint y dŵr hylif dros amrediad tymheredd penodol. Nodwch beth sy'n digwydd i briodweddau ffisegol y dŵr. Cyfiawnhewch eich rhesymu.

Yn eich ateb rhaid i chi gyfeirio at yr hyn sy'n digwydd i'r newidiadau canlynol:

- gwahaniad y moleciwlau
- dwysedd y dŵr
- y grymoedd atynnol rhwng moleciwlau dŵr. [6]

Cyngor

Edrychwch yn ofalus ar graffiau bob amser a nodi eu prif nodweddion cyn dechrau eich ateb.

Ateb myfyriwr

1 Wrth i'r tymheredd godi o 0 °C i 4 °C, mae'r cyfaint yn lleihau. Mae hyn yn awgrymu bod gwahaniad cyfartalog y moleciwlau dŵr yn lleihau.

2 Wrth i'r tymheredd godi o 4 °C i 100 °C, mae'r cyfaint yn cynyddu. Mae hyn yn awgrymu bod gwahaniad cyfartalog y moleciwlau dŵr yn cynyddu.

3 Ar 100 °C mae'r dŵr yn newid yn ager. Mae gan nwyon ddwysedd is na hylifau, felly rhaid bod y dwysedd yn lleihau.

4 Ar 0 °C mae'r dŵr yn newid yn rhew solid. Mae gan solidau ddwysedd uwch na hylifau, felly rhaid bod y dwysedd yn cynyddu.

5 Rhwng 0 °C a 4 °C mae'r cyfaint yn lleihau, felly mae'r grymoedd atynnol sy'n tynnu'r moleciwlau at ei gilydd yn cynyddu.

6 Rhwng 4 °C a 100 °C mae'r cyfaint yn cynyddu, felly mae'r grymoedd atynnol sy'n tynnu'r moleciwlau at ei gilydd yn lleihau.

Defnyddiwch y cynllun marcio a'r cynnwys dangosol canlynol i roi lefel a marc i'r ateb hwn.

Cynllun marcio

Disgrifydd lefel	Marciau
Lefel 3: Cyflwyno dadl fanwl sydd wedi'i strwythuro'n dda. Mae o leiaf chwech o bwyntiau'r cynnwys dangosol yn cael sylw, ac mae'r sillafu, yr atalnodi a'r gramadeg yn gywir ar y cyfan.	5–6
Lefel 2: Efallai fod y ddadl yn brin o fanylion a strwythur. Mae o leiaf pedwar o bwyntiau'r cynnwys dangosol yn cael sylw, ac mae'r sillafu, yr atalnodi a'r gramadeg yn gywir fel arfer.	3–4

Disgrifydd lefel	Marciau
Lefel 1: Mae'r ddadl yn weddol gywir. Efallai y bydd cryn dipyn o wybodaeth sy'n amherthnasol neu'n anghywir. Mae o leiaf dau o bwyntiau'r cynnwys dangosol yn cael sylw. Gallai fod camgymeriadau sillafu, atalnodi a gramadeg.	1–2
Dim cynnwys perthnasol	0
Cynnwys dangosol: Mae'r lleihad yn y cyfaint o 0 °C i 4 °C yn awgrymu: <ul><li>lleihad yng ngwahaniad y moleciwlau</li><li>cynnydd yn y dwysedd oherwydd bod y màs yn gyson</li><li>cynnydd yn y grymoedd atynnol rhwng y moleciwlau</li></ul> Mae'r cynnydd yn y cyfaint o 4 °C i 100 °C yn awgrymu: <ul><li>cynnydd yng ngwahaniad y moleciwlau</li><li>lleihad yn y dwysedd oherwydd bod y màs yn gyson</li><li>lleihad yn y grymoedd atynnol rhwng y moleciwlau</li></ul> Mae gan y dŵr: <ul><li>ei ddwysedd mwyaf ar 4 °C</li></ul>	

Byddwn i'n rhoi lefel .... a .... marc i'r ateb hwn.

Mae hyn oherwydd

....

....

....

C Gwella'r ateb

3 Mae ffermwr eisiau cynyddu cynnyrch y cnydau sy'n tyfu yn ei dŷ gwydr. Mae'r graff isod yn dangos effaith arddwysedd golau ar gyfradd ffotosynthesis. Mae'r ffermwr yn penderfynu cynyddu'r tymheredd yn y tŷ gwydr, yn ogystal â chynyddu'r arddwysedd golau yn y tŷ gwydr.

Defnyddiwch y graff i gyfiawnhau penderfyniad y ffermwr. [6]

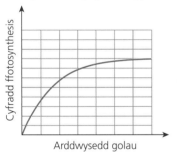

Ateb myfyriwr

Mae cynyddu arddwysedd golau'n cynyddu cyfradd ffotosynthesis. Drwy gynyddu'r arddwysedd golau yn y tŷ gwydr, bydd y ffermwr yn achosi i'r cnydau gyflawni mwy o ffotosynthesis, felly byddan nhw'n tyfu mwy a bydd y ffermwr yn cynyddu eu cynnyrch. Mae tymheredd hefyd yn effeithio ar gyfradd ffotosynthesis, felly bydd y ffermwr hefyd yn cynyddu'r cynnyrch drwy gynyddu'r tymheredd.

Ailysgrifennwch yr ateb hwn er mwyn ei wella i ennill y chwe marc llawn.

Ymatebion estynedig: Gwerthuswch

Mewn cwestiwn 'Gwerthuswch', dylech chi ddefnyddio'r wybodaeth sy'n cael ei rhoi a'r hyn rydych chi'n ei wybod a'i ddeall i ystyried y dystiolaeth o blaid ac yn erbyn a ffurfio casgliadau.

Mae disgwyl i'ch ateb fynd ymhellach na chwestiwn 'Cymharwch', gan fod angen i chi roi sylw terfynol neu gasgliad.

A Sylwadau ar atebion

1 Diesel yw'r tanwydd sy'n cael ei ddefnyddio gan y rhan fwyaf o lorïau. Mae ymchwil i'r defnydd o hydrogen yn lle diesel fel tanwydd ar gyfer lorïau yn cael ei gynnal. Gwerthuswch y defnydd o hydrogen yn lle diesel, fel tanwydd ar gyfer lorïau. [6]

Ateb myfyriwr

Mae hwn yn nodi'n glir un rheswm pam mae hydrogen yn dda fel tanwydd.

Byddai gwerthusiad gwell yma yn mynd ymlaen i ddweud mai cyflenwad cyfyngedig o olew crai sydd ar gael a'i fod yn anadnewyddadwy.

Y defnydd crai i wneud hydrogen yw dŵr, ac mae digonedd o ddŵr yn y môr. Mae diesel yn dod o olew crai. Pan mae hydrogen yn llosgi, dim ond dŵr mae'n ei gynhyrchu ac felly nid yw'n achosi unrhyw lygredd aer. Fodd bynnag, mae diesel yn cynhyrchu carbon deuocsid wrth losgi, sy'n gallu achosi'r effaith tŷ gwydr. Mae'r effaith tŷ gwydr yn achosi cynhesu byd-eang ac yn gwneud i'r capiau iâ ymdoddi. Gall hylosgiad anghyflawn diesel gynhyrchu carbon monocsid, sy'n wenwynig. Gall hefyd gynhyrchu carbon sy'n gallu achosi mwrllwch (*smog*) sy'n achosi problemau anadlu. Mae hydrogen yn cael ei gynhyrchu o ddŵr, ond gan fod angen trydan, mae hyn hefyd yn gallu achosi llygredd.

Mae hwn yn dda gan ei fod yn dod i gasgliad sy'n gyson â'r rhesymu yn yr ateb.

I gloi, mae'n well defnyddio hydrogen oherwydd bod cyflenwad da ar gael a nid yw'n achosi llygredd, ond mae'n nwy fflamadwy sy'n ddrud i'w storio'n ddiogel.

Mae hwn yn ateb Lefel 3 ac mae'n cael 5 marc.

Cyngor

Ceisiwch ffurfio casgliad ar ddiwedd unrhyw gwestiwn 'Gwerthuswch'.

Mae'r myfyriwr wedi rhoi gwerthusiad manwl, da o'r ddau danwydd o ran y problemau amgylcheddol maen nhw'n eu hachosi.

Byddai'n ddefnyddiol cael mwy o fanylion am y llygredd sy'n cael ei gynhyrchu wrth eneradu trydan.

B Asesu ateb myfyriwr

2 Mae'r graff isod yn dangos sut mae canran cynnyrch amonia yn newid gyda gwasgedd a thymheredd.

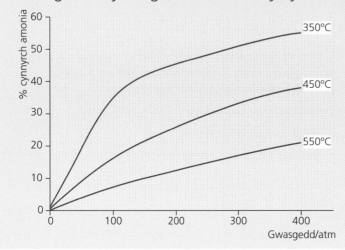

Defnyddiwch y graff a'r hyn rydych chi'n ei wybod i werthuso'r amodau sy'n cael eu defnyddio mewn diwydiant i gynhyrchu amonia. [6]

Ateb myfyriwr

Mae tymheredd isel yn rhoi cynnyrch uchel o amonia ond mae tymheredd isel yn gwneud yr adwaith hwn yn araf iawn. Felly, mewn diwydiant, dylai tymheredd sy'n gyfaddawd gael ei ddefnyddio, sef tymheredd sy'n gymedrol ac sy'n rhoi cyfradd dda a chynnyrch rhesymol. Dydy cynyddu'r gwasgedd ddim yn cael llawer o effaith ar y cynnyrch.

Defnyddiwch y cynllun marcio a'r cynnwys dangosol isod i roi lefel a marc ar gyfer yr ateb hwn.

Cynllun marcio

Disgrifydd lefel	Marciau
Lefel 3: Mae'r myfyriwr yn rhoi gwerthusiad manwl a chlir sy'n ystyried gwahanol amodau ac yn dod i gasgliad o ran tymheredd a gwasgedd sy'n gyson â'r rhesymu.	5–6
Lefel 2: Ymgais i ddisgrifio rhai amodau gan ddod i gasgliad. Gall y rhesymeg fod yn anghyson ar brydiau ond mae'n adeiladu at ddadl glir.	3–4
Lefel 1: Gwneud datganiadau syml. Gall y rhesymeg fod yn aneglur ac efallai nad yw'r casgliad, os oes un, yn gyson â'r rhesymu.	1–2
Dim cynnwys perthnasol	0
Cynnwys dangosol: <ul><li>mae'r graff yn dangos bod cynyddu'r gwasgedd yn cynyddu'r cynnyrch</li><li>mae gwasgedd uchel yn ddrud oherwydd bod angen peipiau trwchus</li><li>mae gwasgedd sy'n gyfaddawd, sef 250 atm, yn cael ei ddefnyddio</li><li>mae hyn yn rhoi cynnyrch rhesymol am gost resymol</li><li>mae'r graff yn dangos bod lleihau'r tymheredd yn cynyddu'r cynnyrch</li><li>mae tymheredd is yn lleihau'r gyfradd</li><li>mewn diwydiant, mae tymheredd sy'n gyfaddawd, sef 450 °C, yn cael ei ddefnyddio</li><li>mae'n gyfaddawd rhwng cyfradd resymol a chynnyrch rhesymol</li></ul>	

Byddwn i'n rhoi lefel .... a .... marc i'r ateb hwn.

Mae hyn oherwydd

....

....

....

C Gwella'r ateb

3 Mae clorosis yn gyflwr mewn planhigion sy'n gallu cael ei achosi gan ddiffyg cloroffyl a phroteinau. Mae garddwr yn gweld bod niferoedd mawr o'i blanhigion yn dioddef o'r cyflwr hwn. Mae'n trin y planhigion drwy ychwanegu gwrtaith nitrad.

Gwerthuswch pa mor addas yw'r driniaeth hon i'r planhigion. [6]

Ateb myfyriwr

Dylai hyn fod yn driniaeth addas i'r planhigion oherwydd diffyg proteinau sy'n achosi'r cyflwr, ac mae planhigion yn defnyddio nitradau i syntheseiddio proteinau. Drwy ychwanegu nitradau at y pridd, bydd y planhigion yn gallu derbyn y rhain a'u defnyddio nhw i syntheseiddio proteinau.

Ailysgrifennwch yr ateb hwn er mwyn ei wella i ennill y chwe marc llawn.

Ymatebion estynedig: Defnyddiwch

Mae'r gair gorchymyn 'Defnyddiwch' yn golygu bod yn rhaid i'ch ateb fod yn seiliedig ar y wybodaeth yn y cwestiwn. Os nad ydych chi'n defnyddio'r wybodaeth yn y cwestiwn, nid oes modd rhoi marciau. Fodd bynnag, mewn rhai achosion, efallai y bydd angen i chi ddefnyddio'r hyn rydych chi'n ei wybod a'i ddeall.

A Sylwadau ar atebion

1 Mae'r diagram yn dangos rhai o'r tonnau sain mewn neuadd ymgynnull mewn ysgol. Mae rhai o'r gynulleidfa'n cwyno nad ydyn nhw'n clywed y sain yn glir iawn.

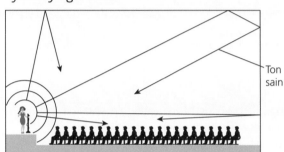

Ton sain

Mae'r rhan fwyaf o'r ateb hwn yn ddilys ac yn haeddu clod.

Mae'r rhan fwyaf o farciau wedi cael eu colli am roi ateb anghyflawn. Dydy'r myfyriwr ddim wedi defnyddio'r wybodaeth yn y diagram i ddweud mai adlewyrchiadau yw atseiniau, bod hydoedd llwybrau'r atseiniau yn wahanol a sut gallwn ni leihau'r atseiniau drwy ddefnyddio arwynebau meddalach, ac enwi'r arwynebau hyn.

Dim ond un gwall sillafu sydd. Ar ddau achlysur, mae'r ymgeisydd wedi ysgrifennu nennfwd yn hytrach na nenfwd. Byddai'r un camgymeriad hwn yn cael ei anwybyddu.

Defnyddiwch eich gwybodaeth am sain a'r wybodaeth sydd wedi'i rhoi yn y diagram i awgrymu pam nad yw rhai pobl yn clywed y sain yn glir. Mae'n rhaid i chi sôn am beth sy'n achosi'r broblem, beth fydd y gynulleidfa'n ei glywed a pham, a sut i gywiro'r broblem. [6]

Ateb myfyriwr

Mae rhai pobl yn y gynulleidfa yn clywed yr un sain fwy nag unwaith oherwydd atseiniau. Mae'r atseiniau'n cyrraedd ar adegau gwahanol.

I gywiro'r broblem, mae angen cael gwared ar yr atseiniau sy'n dod o arwynebau caled y waliau a'r nennfwd. Byddai'n bosibl gwneud hyn drwy wneud y waliau a'r nennfwd yn wrthsain.

Mae hwn yn ateb lefel 2 a byddai'n debygol o gael tri marc.

Mae'r myfyriwr yn nodi'n gywir mai atseiniau'n cyrraedd ar adegau gwahanol sy'n achosi'r broblem, ac yn dweud beth mae'n rhaid ei wneud i ddatrys hyn.

Mae'n bosibl bod y myfyriwr ychydig bach yn ddryslyd am ynysu rhag sain (sound proofing). Mae defnydd gwrthsain yn atal sain rhag mynd drwodd, ac rydyn ni'n gwneud hyn drwy ddefnyddio arwynebau sy'n adlewyrchu sain yn dda (y gwrthwyneb i'r hyn sydd ei angen yma). Dylai fod yn argymell arwynebau sy'n amsugno sain i ddatrys y broblem hon.

B Asesu ateb myfyriwr

2 Mewn arbrawf, mae lithiwm bromid, sodiwm bromid a photasiwm bromid yn cael eu hydoddi mewn dŵr. Mae'r newid tymheredd sy'n cael ei weld ar gyfer pob solid yn cael ei fesur. Yr un swm o bob cyfansoddyn a dŵr sy'n cael ei ddefnyddio bob tro.

Defnyddiwch y tabl data i'ch helpu chi i nodi ac esbonio'r canlyniadau y byddech chi'n disgwyl eu cael. [6]

Cyfansoddyn	Newid egni wrth hydoddi/kJ
Lithiwm bromid	−48.8
Sodiwm bromid	−0.8
Potasiwm bromid	+19.9

Ateb myfyriwr

Ar gyfer lithiwm bromid a sodiwm bromid, mae'r newid egni yn negatif. Mae newid egni negatif yn golygu bod y newid yn ecsothermig, mae gwres yn cael ei ryddhau ac mae'r tymheredd wedi cynyddu yn yr adwaith. Ar gyfer potasiwm bromid, mae'r newid egni yn bositif. Mae hyn yn golygu bod y tymheredd wedi mynd yn oerach yn yr adwaith wrth i wres gael ei gymryd i mewn. Mae'r canlyniadau hyn ar gyfer tri o gyfansoddion metelau grŵp 1, ac maen nhw'n dangos tuedd wrth i chi fynd i lawr y grŵp o lithiwm i botasiwm. Y duedd yw bod y tymheredd yn mynd yn oerach. Bydd lithiwm bromid yn dangos newid tymheredd mwy na sodiwm bromid. Efallai y bydd hefyd yn hydoddi'n gyflymach.

Defnyddiwch y cynllun marcio a'r cynnwys dangosol isod i roi lefel a marc i'r ateb hwn.

Cynllun marcio

Disgrifydd lefel	Marciau
Lefel 3: Mae'r myfyriwr yn rhoi esboniad manwl a chlir sy'n dangos gwybodaeth a dealltwriaeth dda ac yn cyfeirio at newidiadau egni a newidiadau tymheredd ar gyfer pob un o'r tri sylwedd.	5–6
Lefel 2: Mae'r myfyriwr yn rhoi esboniad sy'n dangos gwybodaeth a dealltwriaeth resymol ac yn cyfeirio at newidiadau egni neu newidiadau tymheredd ar gyfer y tri sylwedd.	3–4
Lefel 1: Mae'r myfyriwr yn gwneud rhai datganiadau syml sy'n cyfeirio at o leiaf un newid egni neu newid tymheredd.	1–2
Dim cynnwys perthnasol	0
Cynnwys dangosol: • mae lithiwm bromid a sodiwm bromid yn rhyddhau egni/gwres/yn ecsothermig wrth hydoddi • dylai'r tymheredd gynyddu pan fydd lithiwm bromid a sodiwm bromid yn hydoddi • mae potasiwm bromid yn cymryd egni/gwres i mewn ac mae'n endothermig wrth hydoddi • dylai'r tymheredd leihau pan fydd potasiwm bromid yn hydoddi • mae'r egni sy'n cael ei ryddhau pan fydd lithiwm bromid yn hydoddi yn llawer mwy na phan fydd sodiwm bromid yn hydoddi • mae'r newid tymheredd pan fydd lithiwm bromid yn hydoddi yn llawer mwy na phan fydd sodiwm bromid yn hydoddi	

Byddwn i'n rhoi lefel .... a .... marc i'r ateb hwn.

Mae hyn oherwydd

....

....

....

....

C Gwella'r ateb

3 Mae'r diagram yn dangos canfodydd mwg ïoneiddiad. Mae lled y bwlch aer rhwng y ffynhonnell a'r canfodydd o gwmpas 1 cm. Os nad oes mwg, mae ïoneiddiad yn digwydd yn yr aer rhwng y ffynhonnell a'r canfodydd. Cyn belled â bod digon o ïonau'n cyrraedd y canfodydd, does dim cerrynt yn mynd i gylched y larwm ac mae'r larwm yn ddistaw.

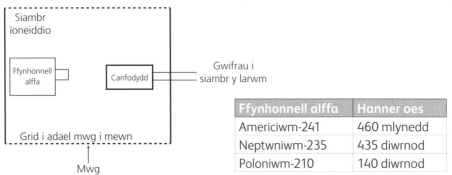

Ffynhonnell alffa	Hanner oes
Americiwm-241	460 mlynedd
Neptwniwm-235	435 diwrnod
Poloniwm-210	140 diwrnod

Defnyddiwch y wybodaeth sydd wedi'i rhoi uchod i ddisgrifio sut mae canfodydd mwg yn gallu seinio larwm. Yn eich ateb rhaid i chi wneud y canlynol:

- nodi'n llawn beth yw ystyr ïoneiddiad yn y cyd-destun hwn
- nodi sut mae mwg yn achosi i'r larwm seinio drwy fynd rhwng y ffynhonnell alffa a'r canfodydd alffa
- nodi a fyddai'r canfodydd mwg yn gweithio pe bai ffynhonnell beta neu gama yn cael ei rhoi yn lle'r ffynhonnell alffa
- defnyddio'r wybodaeth yn y tabl ffynhonnell i awgrymu pa ffynhonnell fyddai'r mwyaf addas i ganfodydd mwg domestig a pham. [6]

Ateb myfyriwr

1 Mae ïoneiddiad yn digwydd pan gaiff atom neu foleciwl ei wefru. Mae hyn yn digwydd wrth iddo ennill electron a chael gwefr negatif.

2 Os yw mwg yn cyrraedd y siambr ïoneiddio, mae'n atal y gronynnau alffa rhag cyrraedd y canfodydd.

3 Mae hyn yn achosi i gerrynt gael ei anfon i gylched y larwm, ac mae'r larwm yn seinio.

4 Mae'r gronynnau beta yn rhy fach i fynd i mewn i'r canfodydd a seinio'r larwm. Mae'r gronynnau gama mor dreiddiol, bydden nhw'n mynd yn syth drwy'r canfodydd heb seinio'r larwm.

5 Y neptwniwm-235 yw'r mwyaf addas oherwydd bod 460 mlynedd ar gyfer americiwm yn rhy hir mewn canfodydd mwg domestig. Byddai pobl wedi marw cyn iddo gael ei ddefnyddio i gyd. Mae poloniwm-210 yn anaddas gan ei fod yn wenwyn peryglus.

Ailysgrifennwch yr ateb hwn er mwyn ei wella i ennill y chwe marc llawn.

Cyngor

Mae cwestiwn sy'n gofyn i chi roi ateb 'yn y cyd-destun hwn' yn gofyn i chi gymhwyso eich gwybodaeth a'ch dealltwriaeth i'r union sefyllfa sy'n cael ei thrafod.

3 Gweithio'n wyddonol

Mae gweithio'n wyddonol yn faes sydd wedi'i gynnwys fel rhan ofynnol o TGAU Gwyddoniaeth, ond fydd yr arholiad byth yn gofyn cwestiynau penodol sydd wedi'u labelu â 'gweithio'n wyddonol'. Sgìl a ffordd o feddwl yw gallu gweithio'n wyddonol – hynny yw, meddwl fel gwyddonydd. Mae'n gallu bod yn anodd meddwl fel hyn, ond ar ôl i chi ddechrau, bydd hwn yn sgìl anhygoel o ddefnyddiol ar gyfer TGAU, ac os ydych chi'n parhau â gwyddoniaeth hyd at Safon Uwch a thu hwnt.

Bydd y rhan fwyaf o'r sgiliau gweithio'n wyddonol yn cael sylw wrth i chi weithio drwy eich cwrs. Bwriad y bennod hon yw eich gwneud chi'n ymwybodol o'r sgiliau hyn, er mwyn i chi allu gweld ble maen nhw'n codi yn eich astudiaethau, a defnyddio'r cyfleoedd hyn i ddatblygu eich meddwl.

Mae gweithio'n wyddonol yn cynnwys sawl sgìl wahanol, sy'n perthyn yn fras i'r meysydd canlynol:

1   Datblygu meddwl gwyddonol

2   Sgiliau a strategaethau arbrofol

3   Dadansoddi a gwerthuso

4   Geirfa, unedau, symbolau a dulliau enwi.

Bydd yr adran hon yn ymdrin â'r tri maes cyntaf yn unig, gan fod y pedwerydd maes – geirfa, unedau, symbolau a dulliau enwi – wedi'i gynnwys yn adrannau Mathemateg a Llythrennedd y llyfr hwn (gweler tudalennau 1–83 ac 84–102).

≫ Cyfarpar a thechnegau

Fel rhan o'ch cwrs, mae angen i chi ddangos eich gallu i ddefnyddio amrywiaeth o gyfarpar a thechnegau. Byddwch chi'n datblygu'r technegau hyn yn ystod eich cwrs, wrth i chi gwblhau'r tasgau ymarferol gofynnol.

Sgiliau TGAU Bioleg

Rhestr cyfarpar a thechnegau
Defnyddio cyfarpar priodol i wneud a chofnodi amrediad o fesuriadau yn fanwl gywir, gan gynnwys hyd, arwynebedd, màs, amser, tymheredd, cyfaint hylifau a nwyon, a pH.
Defnyddio dyfeisiau a thechnegau gwresogi priodol yn ddiogel, gan gynnwys defnyddio llosgydd Bunsen a baddon dŵr neu wresogydd trydanol.
Defnyddio cyfarpar a thechnegau priodol i arsylwi ac i fesur newidiadau a/neu brosesau biolegol.
Defnyddio organebau byw (planhigion neu anifeiliaid) mewn modd diogel a moesegol i fesur gweithrediadau ffisiolegol ac ymatebion i'r amgylchedd.
Mesur cyfraddau adwaith gan ddefnyddio amrywiaeth o ddulliau, gan gynnwys cynhyrchu nwy, mewnlifiad dŵr a newid lliw dangosydd.
Cymhwyso technegau samplu priodol i ymchwilio i ddosbarthiad a thoreithrwydd organebau mewn ecosystem drwy eu defnyddio nhw'n uniongyrchol yn y maes.

Rhestr cyfarpar a thechnegau

Defnyddio cyfarpar, technegau a chwyddhad priodol – gan gynnwys microsgopau – i arsylwi sbesimenau biolegol a chynhyrchu lluniadau gwyddonol wedi'u labelu.

(Gwyddorau sengl yn unig) Defnyddio technegau priodol ac adweithyddion ansoddol i adnabod moleciwlau a phrosesau biolegol mewn cyd-destunau mwy cymhleth a chyd-destunau datrys problemau, gan gynnwys samplu parhaus mewn ymchwiliad.

Sgiliau TGAU Cemeg

Rhestr cyfarpar a thechnegau

Defnyddio cyfarpar priodol i wneud a chofnodi amrediad o fesuriadau yn fanwl gywir, gan gynnwys màs, amser, tymheredd a chyfaint hylifau a nwyon.

Defnyddio dyfeisiau a thechnegau gwresogi priodol yn ddiogel, gan gynnwys defnyddio llosgydd Bunsen a baddon dŵr neu wresogydd trydanol.

Defnyddio cyfarpar a thechnegau priodol i gynnal a monitro adweithiau cemegol, gan gynnwys adweithyddion a/neu dechnegau priodol ar gyfer mesur pH mewn gwahanol sefyllfaoedd.

Defnyddio nwyon, hylifau a solidau mewn modd diogel a gofalus, gan gynnwys cymysgu adweithyddion yn ofalus dan amodau rheoledig, gan ddefnyddio cyfarpar priodol i ymchwilio i newidiadau cemegol a/neu gynhyrchion.

Defnyddio amrywiaeth o offer i buro a/neu wahanu cymysgeddau cemegol yn ddiogel, gan gynnwys anweddu, hidlo, grisialu, cromatograffaeth a distyllu.

Gwneud a chofnodi arsylwadau priodol yn ystod adweithiau cemegol, gan gynnwys newidiadau mewn tymheredd a mesur cyfraddau adwaith drwy amrywiaeth o ddulliau fel cynhyrchu nwy a newid lliw.

Defnyddio cyfarpar a thechnegau priodol i luniadu, gosod a defnyddio celloedd electrocemegol i wahanu a chynhyrchu elfennau a chyfansoddion.

Sgiliau TGAU Ffiseg

Rhestr cyfarpar a thechnegau

Defnyddio cyfarpar priodol i wneud a chofnodi amrediad o fesuriadau yn fanwl gywir, gan gynnwys hyd, arwynebedd, màs, amser, cyfaint a thymheredd. Defnyddio mesuriadau o'r fath i ddarganfod dwyseddau gwrthrychau solid a hylif.

Defnyddio cyfarpar priodol i fesur ac arsylwi effeithiau grymoedd, gan gynnwys ymestyniad sbringiau.

Defnyddio cyfarpar a thechnegau priodol i fesur mudiant, gan gynnwys darganfod buanedd a chyfradd newid buanedd (cyflymiad/arafiad).

Gwneud arsylwadau o effeithiau rhyngweithiad tonnau electromagnetig â mater.

Defnyddio cyfarpar priodol yn ddiogel mewn amrywiaeth o gyd-destunau i fesur newidiadau/trosglwyddiadau egni a gwerthoedd cysylltiedig (e.e. gwaith sy'n cael ei wneud).

Defnyddio cyfarpar priodol i fesur cerrynt, foltedd a gwrthiant, ac i archwilio nodweddion amrywiaeth o gydrannau cylched.

Defnyddio diagramau cylched i lunio a gwirio cylchedau cyfres a pharalel sy'n cynnwys amrywiaeth o gydrannau cylched cyffredin.

Chwiliwch am gyfleoedd i gysylltu'r sgiliau hyn â'ch gwaith ymarferol.

» Datblygu meddwl gwyddonol

Mae'r maes hwn o weithio'n wyddonol yn ymwneud â deall sut mae damcaniaethau gwyddonol yn cael eu datblygu a'u mireinio, yn ogystal â chydnabod pwysigrwydd gweithio'n ddiogel a chyfyngiadau'r hyn y gallwn ni ei ddarganfod.

Sut mae damcaniaethau'n datblygu dros amser

Efallai eich bod wedi clywed am y dull gwyddonol o'r blaen – rydyn ni'n defnyddio'r term hwn i ddisgrifio'r broses o ffurfio rhagdybiaeth ac yna ei phrofi hi drwy gynnal ymchwiliadau. Yna, gallwn ni ddefnyddio canlyniadau'r ymchwiliadau hyn i wirio'r rhagdybiaeth, a naill ai ei gwrthod neu ei mireinio. Gallwn ni wedyn ddefnyddio rhagdybiaethau llwyddiannus i ddatblygu damcaniaethau sy'n esbonio ffenomenau naturiol.

Termau allweddol

Dull gwyddonol: Ffurfio, profi ac addasu rhagdybiaethau drwy arsylwi, mesur ac arbrofi mewn modd systematig.

Rhagdybiaeth: Esboniad sy'n cael ei gynnig ar gyfer ffenomen; rydyn ni'n ei defnyddio hi fel man cychwyn ar gyfer profion pellach.

Efallai bydd cwestiwn yn gofyn i chi am enghreifftiau o sut mae dulliau a damcaniaethau gwyddonol penodol wedi datblygu dros amser. Gallai hyn gynnwys sut mae data newydd o arbrofion neu arsylwadau wedi arwain at y datblygiadau hyn. Mae'n bosibl hefyd bydd y cwestiwn yn cyflwyno data i chi, ac yn gofyn os yw'r data hynny'n cefnogi damcaniaeth benodol.

Un enghraifft allweddol o'r datblygiad hwn yw damcaniaeth esblygiad dros amser, sydd wedi'i hamlinellu isod:

Defnyddiodd Charles Darwin ei arsylwadau ei hun, arbrofion a gwybodaeth newydd am ddaeareg a ffosiliau i ddatblygu ei ddamcaniaeth esblygiad. Roedd damcaniaeth Darwin yn ddadleuol dros ben, a dim ond wrth i dystiolaeth newydd ddod i'r golwg – gan gynnwys mecanweithiau etifeddiad – y cafodd hi ei derbyn yn gyffredinol. Fe wnaeth y dystiolaeth helpu i wrthbrofi damcaniaethau eraill gan wyddonwyr eraill fel Jean-Baptiste Lamarck, a oedd yn credu y byddai newidiadau yn ystod oes un organeb yn gallu cael eu hetifeddu gan ei hepil. Mae darganfyddiadau newydd, er enghraifft ym maes epigeneteg, yn golygu y bydd ein dealltwriaeth o esblygiad yn parhau i ddatblygu.

Defnyddio modelau gwyddonol

Mae sawl math o fodel yn cael ei ddefnyddio i wneud rhagfynegiadau ac i ddatblygu esboniadau. Dyma'r modelau y mae angen i chi wybod amdanyn nhw:

- Disgrifiadol
- Mathemategol
- Cynrychiadol
- Gofodol
- Cyfrifiannol

Mae *model disgrifiadol* fel llun yn eich meddwl am y byd ffisegol. Mae enghreifftiau yn cynnwys y model gronynnau ar gyfer atomau mewn hylifau, neu ddisgrifiad o'r gylchred garbon.

Mae *model mathemategol* yn disgrifio ffenomenau fel cyfres o hafaliadau. Byddwch chi'n aml yn cymhwyso modelau mathemategol ym mhwnc Ffiseg. Er enghraifft, mae'r holl hafaliadau rydych chi'n eu defnyddio i ddatrys cwestiynau am drydan yn seiliedig ar y model mathemategol o electronau symudol.

Mae *model cynrychiadol* yn cynrychioli rhywbeth na allwn ni ei weld, drwy ddefnyddio rhywbeth y gallwn ni ei weld. Er enghraifft, mae sbringiau 'slinci' yn aml yn cael eu defnyddio i ddangos tonnau arhydol a thonnau ardraws. Rydych chi'n gwybod bod sain yn don arhydol, a bod golau yn don ardraws, er nad ydych chi erioed wedi *gweld* y dirgryniadau sy'n eu hachosi nhw. Yn hytrach, mae'r mudiant yn cael ei gynrychioli gan y mudiant yn y slinci. Dyma rai enghreifftiau eraill: model o adeiledd moleciwl DNA, neu ddefnyddio diagramau dotiau a chroesau ym mhwnc Cemeg.

Mae *model gofodol* yn debyg i fodelau disgrifiadol a chynrychiadol. Er enghraifft, gallwn ni ddisgrifio atom Rutherford mewn termau sy'n debyg i'n disgrifiad o fudiant planedol, a gallwn ni ei gynrychioli ar ddiagram dau ddimensiwn.

Model mathemategol sy'n cael ei redeg ar gyfrifiadur yw *model cyfrifiannol*. Er enghraifft, gallai model cyfrifiadurol gael ei ddefnyddio i ddangos lledaeniad clefyd heintus mewn poblogaeth.

Cyngor

Efallai bydd cwestiwn yn gofyn i chi beth yw cyfyngiadau model penodol. Mae gan bob model rai cyfyngiadau; does dim un yn cynrychioli realiti'n berffaith. Er mwyn i fodel fod yn llwyddiannus, mae angen iddo fod yn ddigon cynrychiadol heb fod yn rhy gymhleth.

Cyfyngiadau gwyddoniaeth a materion moesegol

Mae gwyddoniaeth yn arf anhygoel o bwerus i'n helpu ni i ddeall ein byd a hefyd i wella bywydau pobl. Fodd bynnag, dim ond arf ydyw, sy'n golygu bod iddo gyfyngiadau – rhai sy'n cael eu gosod gan y byd naturiol a'r hyn sy'n realistig i'w gyflawni, a hefyd cyfyngiadau rydyn ni'n eu gosod ein hunain.

Cyn defnyddio datblygiad gwyddonol newydd, mae'n rhaid ystyried y ffactorau sydd wedi'u rhestru isod:

- cost

- yr effaith ar yr amgylchedd

- yr effaith ar bobl

- moeseg.

O ran pryderon moesegol, mae angen i ni werthuso'n gyson sut rydyn ni'n defnyddio gwyddoniaeth a phenderfynu a yw darn penodol o ymchwil gwyddonol yn beth 'iawn' i'w wneud.

Mae un penderfyniad moesegol allweddol yn ymwneud â defnyddio organebau byw mewn ymchwiliadau. Efallai bydd cwestiynau arholiad yn gofyn i chi feddwl am y materion moesegol sy'n codi o ddarn penodol o ymchwil sy'n cynnwys lladd yr anifail. Wrth ateb y mathau hyn o gwestiynau, efallai y byddwch chi'n trafod syniadau am 'hawl i fyw' yr organeb ac yn cydbwyso hyn â manteision posibl yr ymchwil.

Mae materion moesegol dadleuol eraill yn cynnwys bwyd wedi'i addasu'n enynnol, clonio, IVF, 'babanod labordy', neu ddefnyddio bôn-gelloedd. Mae llawer o'r materion hyn yn ymwneud â syniadau am hawliau embryo – mae rhai pobl yn credu bod gan embryo hawl i fyw, ond mae pobl eraill yn credu nad yw embryo cynnar wir yn fyw gan na fyddai'n gallu goroesi y tu allan i'w fam, ac felly bod manteision ei ddefnyddio yn drech na'r materion moesegol yn erbyn ei ddefnyddio.

Mae meysydd fel y rhain yn cael eu rheoli gan y gyfraith, sy'n rhoi arweiniad o ran beth sy'n foesegol a beth sydd ddim yn foesegol (er bod rhai pobl yn dadlau bod y cyfreithiau hyn yn cyfyngu ar yr hyn mae gwyddonwyr yn gallu'i wneud). Ar gyfer datblygiadau gwyddonol newydd mewn meysydd sy'n symud yn gyflymach na'r gyfraith, mae'n rhaid i wyddonwyr wneud y penderfyniadau moesegol anodd eu hunain.

Term allweddol

Moeseg: Ystyried a yw gweithred yn gywir neu'n anghywir yn foesol.

Sut mae gwyddoniaeth yn cael ei chymhwyso bob dydd ac yn dechnolegol

Gallwch chi weld effaith gwyddoniaeth o'ch cwmpas bob dydd ac ym mhobman rydych chi'n edrych, er mai'r cymwysiadau technolegol sydd fwyaf amlwg i ni – mae'n anodd dychmygu bywyd modern heb gyfrifiaduron, peiriannau na thrydan. Yn yr arholiad, efallai y bydd gofyn i chi ddisgrifio enghreifftiau o gymhwyso gwyddoniaeth yn dechnolegol o fewn y fanyleb.

Gallai rhai o'r cymwysiadau enghreifftiol yn y fanyleb gynnwys:

- trin clefyd coronaidd y galon a methiant y galon, sef defnyddio stentiau i gadw'r rhydwelïau coronaidd ar agor, a statinau i ostwng lefelau colesterol y gwaed

- brechiadau i leihau lledaeniad pathogenau, a phwysigrwydd imiwneiddio cyfran fawr o'r boblogaeth

- canfod, adnabod a thrin clefydau mewn planhigion fel firws dail brith tybaco a'r smotyn du

- goblygiadau amgylcheddol datgoedwigo, cynhesu byd-eang a cholli cynefinoedd sy'n arwain at leihau bioamrywiaeth

- technegau pysgota, a sut maen nhw'n gallu helpu i adfer stociau pysgod drwy reoli maint rhwyd a chyflwyno cwotâu pysgota.

Efallai bydd cwestiynau arholiad am y maes hwn yn gofyn i chi werthuso dulliau y mae modd eu defnyddio i roi sylw i'r materion sy'n cael eu disgrifio yn y cwestiwn.

Gwerthuso risgiau mewn gwyddoniaeth

Pan fydd gwyddonwyr yn gwneud gwaith ymarferol, mae angen iddyn nhw werthuso risgiau – gallai'r risgiau hyn fod yn fach a chyfyngedig, neu gallen nhw fod yn drychinebus.

Byddwch chi'n gyfarwydd â'r angen i werthuso risg, a dylech chi gynnal asesiadau risg wrth wneud gwaith ymarferol. Mae asesiadau risg yn ymgais i'ch diogelu eich hun, eich cyd-fyfyrwyr a'r cyfarpar. Mae rhyw risg ym mhob arbrawf – hyd yn oed os mai dim ond y risg y bydd rhywun, er enghraifft, yn llyncu rhywbeth.

I gwblhau asesiad risg, mae angen i chi wneud y canlynol:

1 Meddwl *beth* allai fynd o'i le, o fewn rheswm

2 Penderfynu *pa mor debygol* yw hyn o fynd o'i le

3 Ystyried *yr effeithiau* ar bobl ac offer os yw'r broblem yn digwydd.

Dyma sut i gwblhau asesiad risg.

① Ystyried y peryglon ffisegol yn y labordy. Er enghraifft, y pethau y gallech chi faglu drostyn nhw, lidiau trydanol yn llusgo o un fainc i'r llall, ac yn y blaen. Gwnewch yn siŵr eich bod chi'n rhoi sylw i'r rhain cyn gwneud unrhyw weithgaredd ymarferol.

② Adnabod peryglon penodol sy'n perthyn i'r arbrawf. Gallai'r rhain fod yn drydanol (llosgi a sioc), dod i gysylltiad ag ymbelydredd, tymheredd uchel neu isel (llosgi a sgaldio), golau (laserau'n niweidio llygaid) ac yn y blaen. Y peryglon hyn sy'n benodol i'r arbrawf yw'r rhai y mae angen i chi eu hadnabod mewn arholiad TGAU.

③ Meddwl am oblygiadau'r peryglon hyn. Dylech chi restru'r peryglon yn nhrefn eu pwysigrwydd.

   – Marwolaeth neu anabledd parhaol

   – Salwch hirdymor neu anaf difrifol

   – Angen sylw meddygol

   – Angen cymorth cyntaf

Mae'n bwysig eich bod chi'n ymwybodol o'r holl risgiau posibl, ac yn cymryd camau i'w hosgoi nhw. Y mwyaf yw'r perygl, y pwysicaf yw hi i gymryd camau i ddileu neu leihau'r risg.

Mewn arbrofion Cemeg, dylai fod rhybudd perygl COSHH ar gynhwysydd cemegyn. Mae'r rhai y dylech chi eu hadnabod i'w gweld isod.

Cyngor

Mae manylion ynghylch sut i ateb cwestiynau 'Gwerthuswch' ar dudalennau 98-99.

Yn beryglus i'r amgylchedd	Gwenwynig	Nwy dan wasgedd
Cyrydol	Ffrwydrol	Fflamadwy
Gofal – yn achos peryglon llai difrifol fel cosi poenus	Ocsidio	Peryglon iechyd tymor hir fel carsinogenigrwydd *(carcinogenicity)*

▲ Ffigur 3.1 Symbolau rhybudd perygl

Mae rhai enghreifftiau o beryglon, risgiau a mesurau rheoli i'w gweld yn Nhabl 3.1.

Tabl 3.1 Peryglon, risgiau a mesurau rheoli

Perygl	Risg	Rhagofal diogelwch
Asid crynodedig	Cyrydol i'r llygaid a'r croen	Gwisgo sbectol ddiogelwch Gwisgo menig Defnyddio symiau bach
Ethanol	Fflamadwy	Cadw oddi wrth losgydd Bunsen a fflamau Defnyddio baddon dŵr neu wresogydd trydanol i'w wresogi
Bromin	Gwenwynig	Gwisgo menig Gwisgo sbectol ddiogelwch Defnyddio symiau bach Defnyddio cwpwrdd gwyntyllu
Potasiwm/sodiwm	Ffrwydrol	Defnyddio symiau bach Eu storio dan olew Gwisgo sbectol ddiogelwch a defnyddio sgrin
Llestri gwydr wedi cracio	Gallu torri'r croen	Gwirio rhag craciau cyn eu defnyddio
Cyfarpar poeth	Gallu achosi llosgiadau	Gadael iddo oeri cyn ei gyffwrdd Defnyddio gefel
Gwresogi cemegion mewn tiwbiau profi	Gallai'r cemegyn boeri allan	Gwisgo sbectol ddiogelwch Pwyntio'r tiwb profi i ffwrdd wrth bobl eraill
Gwallt hir	Gallai fynd ar dân	Clymu gwallt hir yn ôl

Cyngor

Mae'n rhaid gwisgo sbectol ddiogelwch i wneud *pob* tasg ymarferol Cemeg gan gynnwys pob un yn Nhabl 3.1.

Pwysigrwydd adolygu gan gymheiriaid

Yn aml, caiff ymchwil gwyddonol newydd ei gyhoeddi mewn cylchgronau gwyddonol, ond mae'n anarferol iawn i gyhoeddiadau uchel eu parch argraffu ymchwil oni bai ei fod wedi'i adolygu gan gymheiriaid. Mae adolygu gan gymheiriaid yn broses lle bydd gwyddonwyr eraill yn gwirio (ac yn dilysu) ymchwil gwyddonol.

Fel rhan o'r broses hon, fel arfer bydd papur yn amlinellu beth roedd y gwyddonwyr yn gobeithio ei gyflawni, eu dulliau, eu canlyniadau a'u casgliadau. Yna, bydd cymheiriaid, sy'n arbenigwyr annibynnol, yn adolygu'r papur hwn i sicrhau bod yr ymchwil wedi cael ei wneud yn gywir, bod y canlyniadau'n rhesymegol a'u bod nhw'n cytuno ag unrhyw gasgliadau. Mae'r broses hon yn sicrhau bod darn o ymchwil yn ddilys, a'i fod hefyd yn hanfodol i ddatblygiad gwybodaeth wyddonol. Mae'n golygu bod yr ymchwil yn cael ei gydnabod gan eraill a'i fod wedi nodi honiadau anghywir.

Yn y rhan fwyaf o achosion, dydy adroddiadau'r cyfryngau ar wyddoniaeth ddim wedi'u hadolygu gan gymheiriaid, ac mae hyn yn gallu cyflwyno safbwynt anghywir neu un â thuedd sydd weithiau'n gallu arwain at broblemau difrifol.

Term allweddol

Adolygu gan gymheiriaid: Y broses lle mae arbenigwyr yn yr un maes astudio yn gwerthuso canfyddiadau gwyddonydd arall cyn ystyried cynnwys yr ymchwil mewn cyhoeddiad gwyddonol.

Cyngor

Gallwch chi weld proses adolygu gan gymheiriaid ar raddfa fach yn eich dosbarth – mae rhannu canlyniadau gwaith ymarferol gyda myfyrwyr eraill yn rhoi cyfle i chi weld os yw eich canlyniadau'n gyson, ac felly'n atgynyrchadwy (mae manylion am atgynyrchioldeb ar dudalen 119).

Cwestiynau

1. Beth yw'r dull gwyddonol?
2. Sut mae gwyddonwyr yn profi rhagdybiaeth fel arfer?
3. Esboniwch sut mae damcaniaeth esblygiad wedi datblygu dros amser.
4. Pam mae modelau'n bwysig?
5. Yn ystod IVF, caiff rhai embryonau eu dinistrio. Esboniwch pam gallai rhai pobl wrthwynebu IVF.
6. Sut mae cymhwysiad technegol Bioleg yn helpu i leihau effaith gorbysgota?
7. Mae myfyriwr ar fin gwneud arbrawf i ddod o hyd i'r egni sydd ei angen i droi dŵr hylif yn ager. Beth fyddai'r perygl mwyaf yn yr arbrawf hwn?
8. Mae myfyriwr yn dymuno defnyddio llosgydd Bunsen i wresogi bicer o ethanol. Esboniwch un rhagofal addas, heblaw gwisgo cyfarpar amddiffyn llygaid, i leihau'r risg o niwed yn y dull gweithredu hwn.
9. Mae rhagdybiaeth arbrawf yn nodi bod hydoddedd potasiwm nitrad yn dibynnu ar dymheredd y dŵr.
   a. Ysgrifennwch ddau gam gwyddonol cyffredinol sy'n rhaid eu cymryd ar ôl ysgrifennu'r rhagdybiaeth.
   b. Mae potasiwm nitrad yn llidydd. Cwblhewch yr asesiad risg ar gyfer defnyddio potasiwm nitrad yn yr arbrawf hwn.

Risg	Mesur rheoli
Mae powdr potasiwm nitrad yn llidydd	

10. Mae ymchwil gwyddonol wedi dangos cydberthyniad rhwng nanoronynnau arian a pha mor gyflym mae briw, neu doriad yn y croen yn gwella. Esboniwch sut byddai'r gymuned wyddonol yn dilysu'r canlyniad hwn.

≫ Sgiliau a strategaethau arbrofol

Fel rydyn ni wedi'i weld eisoes, fel arfer bydd ymchwiliadau wedi'u llunio i brofi rhagdybiaeth fel rhan o'r dull gwyddonol. Y dull yw, cynnal yr ymchwiliad, casglu canlyniadau a gwerthuso'r rhagdybiaeth. Mae'r adran hon yn rhoi sylw i'r meysydd allweddol sy'n bwysig er mwyn cwblhau ymchwiliad llwyddiannus.

Datblygu rhagdybiaethau

Mae gwyddoniaeth yn ymwneud ag arsylwi a gofyn cwestiynau.

Er enghraifft, dychmygwch eich bod yn sylwi bod cloc pendil yn colli amser. Efallai y byddwch chi'n gofyn i ddechrau, 'pam mae hyn yn digwydd?'. Rydych chi'n dyfalu bod yr amser mae'n ei gymryd i'r pendil wneud osgiliad (ei gyfnod) yn dibynnu ar y pwysau ar ben isaf y pendil. Dyma'ch rhagdybiaeth gyntaf. I brofi'r rhagdybiaeth hon, rydych chi'n cynnal arbrawf.

Fel mae'n digwydd, mae'ch syniad cyntaf yn anghywir. Felly, rydych chi'n cyflwyno syniad arall – bod y cyfnod yn dibynnu ar hyd y pendil. Dyma'ch ail ragdybiaeth. Rydych chi'n gwneud arbrawf arall, ac yn darganfod eich bod chi'n gywir.

Y peth pwysig am ragdybiaeth dda yw bod arbrawf yn gallu cael ei gynllunio i'w brofi – nid a yw'n rhagdybiaeth gywir neu beidio yn y lle cyntaf.

Yn yr arholiad ac mewn tasg ymarferol ofynnol hefyd, gallai'r cwestiwn roi data i chi a gofyn i chi awgrymu rhagdybiaeth i esbonio'r duedd sydd i'w gweld. Edrychwch yn ofalus ar y data, ystyriwch pa ran o'ch gwybodaeth wyddonol mae'n ymwneud â hi a defnyddiwch y wybodaeth wyddonol hon i awgrymu'r rhagdybiaeth fwyaf tebygol.

Cynllunio arbrofion i brofi rhagdybiaethau

Yn yr arholiad, efallai bydd cwestiwn yn gofyn i chi gynllunio neu amlinellu gweithdrefn ymarferol i brofi rhagdybiaeth benodol. I wneud hyn, bydd angen i chi ddefnyddio eich gwybodaeth eich hun am y tasgau ymarferol rydych chi wedi'u cwblhau ac unrhyw wybodaeth sydd wedi'i rhoi yn y cwestiwn. Dylech chi hefyd allu esbonio pam mae'r dull rydych chi wedi'i ddewis yn addas i brofi'r rhagdybiaeth benodol honno, a gwybod pam mae angen cymryd pob cam.

Wrth lunio ymchwiliad ymarferol, mae angen i chi wneud yn siŵr mai dim ond un peth rydych chi'n ei newid ar y tro fel rhan o'ch profion. Os newidiwch chi fwy nag un peth ar unwaith, bydd hi'n amhosibl gwybod pa un o'r pethau rydych chi wedi'u newid sy'n achosi i'r canlyniadau fod yn wahanol, neu hyd yn oed os yw'r ddau beth yn cael effaith. 'Newidynnau' yw'r pethau gallwch chi eu newid. Mae tri math gwahanol:

- Newidyn annibynnol – hwn yw'r newidyn sy'n cael ei newid gan yr unigolyn sy'n gwneud y dasg ymarferol.

- Newidyn dibynnol – hwn yw'r newidyn sy'n cael ei fesur yn ystod yr ymchwiliad. Rydyn ni'n meddwl bod y newidyn hwn yn cael ei newid gan (neu'n ddibynnol ar) newidiadau i'r newidyn annibynnol.

- Newidynnau rheolydd – newidynnau a allai effeithio ar y newidyn dibynnol. Mae angen cadw'r rhain yn gyson i sicrhau mai dim ond y newidyn annibynnol sy'n achosi unrhyw newidiadau i'r newidyn dibynnol.

Bydd gwybod pa ragdybiaeth rydych chi'n ei phrofi yn effeithio ar ba newidyn rydych chi'n penderfynu ei newid, pa un y mae angen i chi ei fesur a pha rai y mae angen i chi eu cadw'n gyson i'w wneud yn brawf teg. Dyna pam bydd gwybod beth yw ystyr pob newidyn yn eich helpu chi i gynllunio arbrofion.

Yn enghraifft y pendil uchod, roedd yr ail ragdybiaeth yn awgrymu y byddai newid hyd y pendil yn newid ei gyfnod. Rydyn ni'n galw'r cyfnod yn newidyn dibynnol, oherwydd ei fod yn dibynnu ar rywbeth. Rydyn ni'n *meddwl* ei fod yn dibynnu ar hyd y pendil – felly hyd y pendil yw'r newidyn annibynnol.

Cyngor

Cofiwch, ddylai eich rhagdybiaeth ddim bod yn rhy rhyfedd nac annisgwyl – gwnewch yn siŵr eich bod chi'n ysgrifennu rhywbeth sy'n gwneud synnwyr. Ar lefel TGAU, mae'r cwestiynau'n debygol o'ch arwain chi at ateb eithaf amlwg.

Cyngor

Mae'r mathau hyn o gwestiynau fel arfer yn cynnwys y geiriau gorchymyn 'Lluniwch' neu 'Cynlluniwch'. Mae mwy o fanylion am y geiriau gorchymyn hyn ar dudalennau 92–95.

Termau allweddol

Newidyn annibynnol: Y newidyn mae ymchwilydd yn penderfynu ei newid.

Newidyn dibynnol: Y newidyn sy'n cael ei fesur yn ystod ymchwiliad.

Newidynnau rheolydd: Newidynnau, heblaw'r newidyn annibynnol, a fyddai'n gallu effeithio ar y newidyn dibynnol, ac sydd felly'n cael eu cadw'n gyson a heb eu newid.

Prawf teg: Prawf lle mae un newidyn annibynnol, un newidyn dibynnol, ac mae pob newidyn arall yn cael ei reoli.

Cyngor

Efallai bydd cwestiwn arholiad hefyd yn gofyn i chi enwi'r gwahanol fathau o newidyn.

Gallai newid mwy nag un peth bob tro roi canlyniadau camarweiniol. Er enghraifft, os ydyn ni'n meddwl y gallai'r cyfnod hefyd ddibynnu ar fàs y pendil, ni ddylai'r màs newid pan fyddwn ni'n profi'r hyd. Mae'r màs, felly, yn newidyn rheolydd.

Mewn unrhyw arbrawf gwyddoniaeth, dim ond *un* newidyn dibynnol ac *un* newidyn annibynnol ddylai fod. Rhaid rheoli'r holl newidynnau eraill.

Mae angen i chi wybod am ddau fath arall o newidyn. Mae gan newidyn di-dor werthoedd sy'n rhifau. Mae màs, tymheredd a chyfaint yn enghreifftiau o newidynnau di-dor. Mae'r newidynnau sy'n cael eu defnyddio mewn arbrofion Ffiseg bron bob amser yn newidynnau di-dor.

Mae newidyn categorïaidd yn cael ei ddisgrifio orau drwy eiriau penodol. Mae newidynnau fel lliw, siâp a math o gar, yn gategorïaidd.

Dewis technegau, cyfarpar a defnyddiau priodol

Wrth gwblhau arbrofion neu gwestiynau ymarferol, efallai y bydd angen i chi ddewis y dechneg, offeryn, cyfarpar neu ddefnydd gorau ar gyfer pwrpas penodol. Ym mhob achos, mae angen i chi gyfiawnhau pam mai eich dewis chi yw'r dewis gorau.

Dyma rai cwestiynau i'w hystyried wrth ddewis techneg:

● Fydd y dechneg hon yn casglu'r data sydd eu hangen ar gyfer yr ymchwiliad?

● Ydy'r dechneg yn ddigon trachywir?

● Ydy hi'n realistig defnyddio'r dechneg hon yn y cyd-destun hwn?

Er enghraifft:

● Mewn ymchwiliadau sy'n ymwneud â ffotosynthesis mewn planhigion dyfrol, gallwn ni fesur cyfradd y nwy sy'n cael ei gynhyrchu drwy gyfrif y swigod sy'n cael eu cynhyrchu mewn amser penodol. Fodd bynnag, dydy hyn ddim yn ffordd drachywir o fesur cyfaint y nwy. Techneg well fyddai newid y cyfarpar a defnyddio chwistrell nwy i roi mesuriad cyfaint llawer mwy trachywir.

● Wrth fesur cyfeintiau bach iawn o hylif, byddai pibed wedi'i graddnodi neu chwistrell yn fwy priodol na defnyddio silindr mesur.

● Mae defnyddio cyfarpar cymhleth, fel dyfeisiau mesur laser neu ficrosgopau electronau, yn annhebygol o fod yn realistig yng nghyd-destun cwestiwn sy'n gofyn i chi lunio ymchwiliad i'w gynnal mewn labordy ysgol.

Yn enghraifft y pendil, efallai y byddech chi'n ystyried y canlynol:

Bydd angen i chi fesur hyd, amser a phwysau. Felly, mae angen i chi ddewis yr offer i fesur y mesurau hyn, yn ogystal â phenderfynu ar y ffordd orau o ddefnyddio'r offer.

Er enghraifft, mae ffon fetr yn briodol i fesur yr hyd gan nad yw'n debygol o fod yn hirach na hyn, a gallwch chi weld yr hyd i tua 1 mm. I ddefnyddio'r ffon fetr yn gywir a sicrhau bod y prawf yn deg, mae'n rhaid i chi fesur yr hyd yn yr un ffordd bob tro. I wneud hyn, dylech chi sicrhau bod y gwrthrych rydych chi'n mesur ei hyd yn cael ei osod yn union wrth ochr y ffon fetr, a bod y gwrthrych a'r ffon fetr yn syth.

Termau allweddol

Newidynnau di-dor: Y newidynnau a all fod ag unrhyw werth rhifiadol (fel màs, hyd).

Newidynnau categorïaidd: Newidynnau sydd ddim yn rhifiadol (fel lliw, siâp).

Cyngor

Efallai bydd rhai tasgau ymarferol, yn enwedig ym maes Bioleg, yn cynnwys arbrawf cymharu i'ch helpu chi i weld effaith newid newidyn annibynnol. Er enghraifft, wrth adnabod yr amodau sydd eu hangen ar gyfer ffotosynthesis, efallai y byddech chi'n defnyddio planhigyn rheolydd lle dydych chi ddim yn newid unrhyw newidynnau er mwyn cymharu.

111

Mae angen i chi ystyried a oes unrhyw rwystrau eraill i fesur teg. Er enghraifft, mae angen gwneud yn siŵr nad oes unrhyw glymau yn y pendil.

Mae'n rhaid i chi wneud penderfyniadau am wahanol dechnegau hefyd, fel dewis yr hyd gorau i'w fesur. Gallech chi fesur o'r pwynt crogiant i waelod y gwrthrych, neu o'r pwynt crogiant i ganol y gwrthrych. Unwaith eto, mae angen i chi feddwl yn wyddonol. Mae pwysau yn gweithredu o'r craidd disgyrchiant, sydd yn y canol, felly y dechneg orau yw mesur i ganol y gwrthrych.

Mae mesur amser yn llai manwl gywir, oherwydd bydd elfen o amser ymateb o hyd. Er mwyn sicrhau bod yr effaith hon yn cael ei lleihau, mae angen i chi feddwl yn wyddonol unwaith eto. Gallech chi ddewis stopwatsh mwy manwl gywir (byddai un sy'n gallu mesur i o leiaf 0.1 s yn addas), neu gallech chi arafu osgiliad y pendil drwy amseru'r cyfnod ar ôl gadael i'r pendil wneud ychydig o osgiliadau yn gyntaf – gan ddechrau'r stopwatsh pan fydd yn cyrraedd pen yr osgiliad. Mae hefyd yn arfer da i ailadrodd yr amseru ychydig o weithiau, a dod o hyd i'r cyfnod cyfartalog.

Mae Tabl 3.2 yn amlinellu rhai darnau cyffredin o gyfarpar y gallech chi eu defnyddio.

Tabl 3.2 **Cyfarpar cyffredin**

Cyfarpar	Beth mae'r cyfarpar yn cael ei ddefnyddio i'w fesur
silindr mesur / pibed ddiferu / chwistrell / pibed wedi'i graddnodi	cyfaint hylif Noder: Yn gyffredinol, pibed wedi'i graddnodi fyddai'r mwyaf trachywir o'r darnau hyn o gyfarpar, a'r bibed ddiferu fyddai'r lleiaf trachywir.
clorian	màs
chwistrell nwy	cyfaint nwy
potomedr	cyfradd mewnlifiad dŵr i blanhigyn
stopwatsh digidol	amser
mesurydd newton	grym
onglydd	onglau
thermomedr	tymheredd
amedr	cerrynt
foltmedr	foltedd

Cynnal arbrofion yn briodol ac yn gywir

Mae cynllunio yn bwysig er mwyn cynnal arbrofion yn briodol. Os nad ydych chi'n cynllunio arbrawf yn iawn, efallai na fydd y canlyniadau'n ddigon manwl gywir neu drachywir i ffurfio casgliadau rhesymegol. 'Cyfeiliornad methodoleg' yw hyn, ac mae'n wahanol i wneud y technegau arbrofol yn anghywir.

I sicrhau eich bod chi'n osgoi'r mathau hyn o gyfeiliornadau, mae angen i chi feddwl am broblemau posibl mewn arbrofion penodol. Er enghraifft:

- Os ydych chi'n defnyddio baddon dŵr â rheolydd thermostatig, gwnewch yn siŵr bod digon o amser i'r sampl yn y baddon dŵr gyrraedd yr un tymheredd â'r baddon dŵr. Yn aml, bydd myfyrwyr yn rhoi tiwbiau profi mewn baddon dŵr ac yn dechrau casglu canlyniadau ar unwaith. Mae hyn yn anghywir, oherwydd bydd yn cymryd amser i gynnwys y tiwb profi gyrraedd y tymheredd iawn.

- Wrth gynnal ymchwiliad sy'n cynnwys organebau byw, dylech chi adael i unrhyw organebau ymgyfarwyddo â'u hamgylchoedd cyn dechrau cymryd mesuriadau. Gallai organebau deimlo straen am eu bod nhw wedi cael eu symud neu eu rhoi mewn amgylchoedd newydd, a gallai hyn effeithio ar y newidyn rydych chi'n ceisio ei fesur.

Mae hefyd yn bwysig iawn sicrhau eich bod chi'n dewis cyfarpar sy'n ddigon manwl gywir i gasglu'r data gofynnol; er enghraifft, os yw'r gwahaniaethau màs rhwng dau sampl yn debygol o fod yn fach iawn, dylech chi sicrhau eich bod chi'n defnyddio clorian ddigon trachywir i fesur y newid bach hwn. Wrth ddewis eich cyfarpar, mae'n ddefnyddiol meddwl am y gwahaniaethau rhwng manwl gywirdeb, dibynadwyedd, trachywiredd a chydraniad.

Manwl gywirdeb

Manwl gywirdeb yw pa mor agos ydyn ni at wir werth mesuriad. Er enghraifft, dychmygwch fod pump o fyfyrwyr yn mesur twf yr un planhigyn dros gyfnod penodol mewn amodau normal. Maen nhw'n cael y canlyniadau canlynol: 15 mm, 17 mm, 16 mm, 17 mm a 12 mm. Rydyn ni'n gwybod mai dim ond un gwir werth sy'n bosibl, gan eu bod nhw i gyd wedi mesur twf yr un planhigyn.

Mae'n debygol mai'r cymedr (gweler tudalen 26) yw ein gwerth gorau (mwyaf manwl gywir) ar gyfer cyfanswm y twf, oherwydd ei bod yn debygol bod rhai myfyrwyr wedi cael gwerth sy'n rhy uchel a rhai wedi cael gwerth sy'n rhy isel. Mae'r cymedr yn gadael i'r gwerthoedd sy'n rhy uchel gydbwyso'r rhai sy'n rhy isel. Yn yr enghraifft hon, bydden ni'n gallu diystyru'r canlyniad 12 mm, sy'n edrych fel allanolyn, i roi cymedr o 16 mm. Er mwyn gwella manwl gywirdeb, cofiwch ailadrodd ac yna cyfrifo'r cyfartaledd.

Ffordd arall o wella manwl gywirdeb yw defnyddio offeryn mesur gwell. Mae foltmedr digidol da, er enghraifft, yn debygol o fod yn fwy manwl gywir na mesurydd analog rhad.

Cydraniad

Cydraniad yw pa mor fanwl gallwn ni ddarllen offeryn. Er enghraifft, yn achos stopwatsh â bys sy'n troi, efallai bydd ganddo gydraniad o $\frac{1}{10}$ eiliad, ond gallai stopwatsh digidol fod â chydraniad o $\frac{1}{100}$ eiliad. Ond mae gan y ddau stopwatsh yr un trachywiredd, oherwydd bydd y ffactor hwn yn dibynnu ar amser ymateb yr unigolyn sy'n ei ddefnyddio.

Trachywiredd

Mesuriadau trachywir yw rhai ag amrediad bach. Er enghraifft, tybiwch fod tri myfyriwr yn profi faint o egni sydd mewn bwyd ac yn mesur y newid tymheredd ar un thermomedr sydd wedi'i labelu'n 'A', ac yn cael y canlyniadau canlynol: 3 °C, 7 °C a 6 °C. Amrediad y mesuriadau hyn yw 7 − 3 = 4 °C, a'r cymedr yw 5 °C.

Tybiwch fod y tri myfyriwr hyn yn cynnal yr un arbrawf yn union gan ddefnyddio thermomedr arall sydd wedi'i labelu'n 'B' ac yn cael y canlyniadau canlynol: 4 °C, 6 °C a 6 °C. Amrediad y mesuriadau hyn yw 6 − 4 = 2 °C, ond mae'r cymedr yn dal i fod yn 5 °C, fel thermomedr 'A'. Mae'r darlleniadau yr un mor fanwl gywir â'i gilydd, ond mae'r rhai sy'n defnyddio thermomedr 'B' yn fwy trachywir.

Dibynadwyedd

Rydyn ni'n dweud bod prawf yn ddibynadwy os yw gwahanol wyddonwyr yn gallu ailadrodd yr un arbrawf a chael yr un canlyniadau yn gyson. Y dechneg i wella dibynadwyedd yw ailadrodd yr un prawf sawl gwaith.

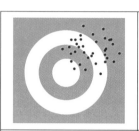

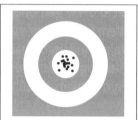

| Dydy'r canlyniadau hyn ddim yn fanwl gywir (maen nhw'n bell o lygad y tarw) nac yn drachywir (maen nhw'n bell oddi wrth ei gilydd). | Mae'r canlyniadau hyn yn drachywir (yn agos at ei gilydd), ond ddim yn fanwl gywir (maen nhw'n bell o lygad y tarw). | Mae'r canlyniadau hyn yn fanwl gywir ac yn drachywir. |

▲ **Ffigur 3.2** Diagram yn dangos ystyr manwl gywirdeb a thrachywiredd

Technegau samplu

Wrth gasglu data sampl, mae'n bwysig sicrhau bod y data'n gynrychiadol. Mae hyn yn golygu bod data'r sampl sydd wedi'i gasglu yn nodweddiadol o'r ardal gyffredinol sy'n cael ei samplu.

Mae'r sgìl hwn yn arbennig o bwysig wrth wneud gwaith samplu ecolegol. Wrth ymchwilio i doreithrwydd planhigyn mewn cae, byddwch chi'n samplu darn bach o'r cae ac yna'n defnyddio canlyniadau eich sampl i amcangyfrif cyfanswm toreithrwydd yn y cae. Felly, mae hi'n bwysig iawn bod y darn rydych chi'n ei samplu'n gynrychiadol o weddill y cae. Dylai'r dull posibl isod gynhyrchu canlyniadau cynrychiadol:

- Dewis ardal i'w samplu, er enghraifft 10 m wrth 10 m.
- Defnyddio generadur haprifau i eneradu cyfesurynnau ar gyfer ble i osod eich cwadradau.
- Samplu o leiaf 10 cwadrad yn yr ardal samplu.
- Ailadrodd y broses mewn ardaloedd samplu eraill yn y cae.

Mae cymryd llawer o hapsamplau ym mhob ardal samplu a defnyddio mwy nag un ardal samplu yn cynyddu'r siawns y bydd eich canlyniadau'n gynrychiadol o'r cae cyfan.

Gwneud a chofnodi arsylwadau

Mae hwn yn sgìl pwysig wrth wneud gweithgareddau ymarferol, ac mae'n bwysig eich bod chi'n gwneud mesuriadau ac yn eu cofnodi nhw'n ofalus, yn ogystal â'u gwirio nhw eto i sicrhau nad ydych chi wedi gwneud camgymeriad wrth ddarllen oddi ar raddfa.

Gwneud arsylwadau

Mae angen i chi wneud yn siŵr eich bod chi'n cynllunio i gasglu data mewn modd amserol. Os yw adwaith yn digwydd yn gyflym, gallai casglu data bob pum munud fod yn amhriodol gan fod y newidiadau rydych chi'n ceisio eu mesur yn digwydd yn rhy gyflym. Yn yr un modd, os yw proses yn digwydd yn eithaf araf, efallai y bydd mesur bob tri deg eiliad yn ffordd aneffeithlon o ddefnyddio amser, ac yn cynhyrchu llawer o bwyntiau data sydd ddim yn ddefnyddiol.

Dyma rai problemau cyffredin eraill i gadw golwg amdanyn nhw, wrth wneud arsylwadau a mesuriadau:

Term allweddol

Data cynrychiadol: Data sampl sy'n nodweddiadol o'r ardal gyffredinol neu'r boblogaeth sy'n cael ei samplu.

Cyngor

Mae mwy o fanylion am samplu o ran cyfrifiadau mathemategol ar dudalen 38.

Cyngor

Mae cyfeiliornad paralacs yn gallu achosi i chi gamddarllen graddfa. I osgoi'r math hwn o gyfeiliornad, gwnewch yn siŵr bod eich llygad yn lefel â'r cyfarpar mesur fel bod eich llinell weld yn gyson.

Term allweddol

Cyfeiliornad paralacs: Gwerth neu safle gwrthrych yn edrych yn wahanol oherwydd gwahanol linellau gweld.

- Methu â nodi'r mesuriad yn gywir – naill ai drwy gamddeall beth mae'r raddfa'n ei ddangos neu drwy gamddarllen. I osgoi hyn, gwnewch yn siŵr eich bod chi'n glir ynglŷn â beth mae'r raddfa'n ei ddangos, gan gynnwys beth mae'r graddnodau llai yn ei gynrychioli; er enghraifft, beth mae'r llinellau rhwng 10 cm³ a 20 cm³ ar silindr mesur yn ei gynrychioli.

- Peidio â defnyddio stopwatsh yn gywir – gwnewch yn siŵr eich bod chi'n gallu defnyddio'r stopwatsh sydd gennych chi yn hyderus – gan gynnwys ei gychwyn, ei stopio a'i glirio. Gwnewch yn siŵr eich bod chi'n gallu cychwyn y stopwatsh ar yr amser priodol a'i stopio yn union ar y diweddbwynt cywir.

- Peidio â gosod clorian ar sero cyn mesur màs – gwnewch yn siŵr bod y glorian yn rhoi darlleniad o sero cyn mesur màs. Mae hyn yn gallu golygu rhoi cynhwysydd ar y glorian, ei gosod hi ar sero ac yna rhoi'r sampl yn y cynhwysydd. Os na wnewch chi hyn, efallai y byddwch chi'n mesur màs y sampl yn ogystal â'r cynhwysydd mae'n cael ei bwyso ynddo.

- Peidio â darganfod newid lliw yn fanwl gywir – mae mesur newid lliw yn beth goddrychol, yn gyffredinol, oherwydd bod gwahanol bobl yn gallu barnu'r diweddbwynt terfynol ychydig bach yn wahanol i'w gilydd. I helpu gyda hyn, dylech chi ddefnyddio sampl cyfeirio sydd eisoes wedi cyrraedd diweddbwynt y newid lliw.

Cyngor

Mae lliw yn fath o newidyn categorïaidd.

Cofnodi arsylwadau

Yn ystod gweithgareddau arbrofol, byddwch chi fel arfer yn cofnodi canlyniadau mewn tabl. Wrth lunio tablau, gwnewch yn siŵr:

- Eich bod chi'n defnyddio pren mesur wrth lunio colofnau a rhesi mewn tabl.

- Bod penawdau ar gyfer pob colofn a/neu res.

- Bod unedau ar gyfer pob colofn a/neu res – fel arfer wedi'u nodi ar ôl y pennawd ar ôl blaen slaes (/) neu mewn cromfachau ( ), er enghraifft, 'Tymheredd / °C' neu 'màs (g)'. Ddylech chi ddim ysgrifennu unedau yng nghorff y tabl.

- Bod lle i roi mesuriadau wedi'u hailadrodd a chyfrifo cyfartaleddau – cofiwch, yr amlaf y byddwch chi'n ailadrodd, y mwyaf dibynadwy fydd y data.

- Eich bod chi'n cofnodi'r newidyn annibynnol yn y golofn gyntaf, a'ch bod chi'n gallu cofnodi'r newidyn dibynnol yn y colofnau nesaf.

- Dylech chi gofnodi data i'r un nifer o leoedd degol neu ffigurau ystyrlon.

Arsylwadau ansoddol yw'r pethau rydyn ni'n eu gweld a'u harogli yn ystod adweithiau. Mae mathau pwysig o arsylwadau mewn arbrofion, a nodiadau ar sut i'w cofnodi nhw, i'w gweld yn Nhabl 3.3.

Tabl 3.3 Mathau o arsylwadau

Math o arsylw	Nodiadau ar sut i gofnodi arsylwadau	Enghreifftiau
Newid lliw	Nodwch, bob amser, liw'r hydoddiant cyn yr adwaith ac ar ôl yr adwaith.	*Wrth yrru swigod o alcen i ddŵr bromin – mae'r lliw yn newid o hydoddiant lliw oren i hydoddiant di-liw.*
Swigod yn cael eu cynhyrchu	Os caiff nwy ei gynhyrchu, yna byddwn ni'n aml yn gweld swigod yn yr hylif a bydd yr adweithydd solet yn diflannu.	*Pan fydd sodiwm carbonad yn adweithio ag asid, yr arsylw yw bod swigod a'r adweithydd solet yn diflannu. (Sylwch, **nid** arsylw yw ysgrifennu 'mae carbon deuocsid yn ffurfio'.)*

Math o arsylw	Nodiadau ar sut i gofnodi arsylwadau	Enghreifftiau
Gwres yn cael ei gynhyrchu	Mewn llawer o adweithiau mae'r tymheredd yn newid.	*Pan fydd asidau yn adweithio ag alcalïau, bydd y tymheredd yn cynyddu.*
Gwaddod yn cael ei gynhyrchu	Pan fydd dau hydoddiant yn cymysgu, yn aml bydd gwaddod anhydawdd yn ffurfio. Sicrhewch eich bod yn defnyddio'r gair 'gwaddod' yn eich arsylw, gan ei bod yn gamgymeriad ysgrifennu bod yr hydoddiant yn cymylu. Hefyd, nodwch liw'r gwaddod a lliw'r hydoddiant cyn ychwanegu'r adweithydd.	*Pan fydd hydoddiant bariwm clorid yn cael ei ychwanegu at hydoddiant sy'n cynnwys ïonau sylffad, mae gwaddod gwyn yn ffurfio yn yr hydoddiant di-liw.*
Hydoddedd solidau	Pan fydd llond sbatwla o solid hydawdd yn cael ei ychwanegu at ddŵr, yr arsylw yn aml yw bod y solid yn hydoddi gan ffurfio hydoddiant. Gwnewch yn siŵr eich bod chi'n nodi lliw'r hydoddiant sy'n ffurfio hefyd.	*Mae grisialau copr(II) sylffad yn hydoddi mewn dŵr gan gynhyrchu hydoddiant glas.*
Hydoddedd hylifau	Pan fydd hylif yn cael ei ychwanegu at ddŵr, cofnodwch, bob amser, a yw'r hylif yn gymysgadwy neu'n anghymysgadwy â dŵr.	*Mae ethanol a dŵr yn gymysgadwy.*

Gwerthuso dulliau ac awgrymu gwelliannau posibl

Mae gwerthuso yn golygu asesu sut mae'n mynd wrth i chi ei wneud, ac ar y diwedd, meddwl am yr hyn sy'n bosibl ei wella pe bai'n cael ei wneud eto. Dylech chi fod yn gwerthuso drwy'r amser wrth wneud gwaith ymarferol.

Mae gwerthuso yn rhan bwysig o'r dull gwyddonol. Yn aml, mae angen gwerthusiad ysgrifenedig fel rhan o gasgliad.

Yn ystod arbrawf, efallai y byddwch chi'n gweld bod rhai syniadau, offer neu dechnegau heb weithio'n dda. Os oes angen i chi wneud newidiadau i wella eich dull, gwnewch hynny a chyfeiriwch ato yn eich gwerthusiad. Mae'n rhaid i wyddonwyr fod yn hyblyg – ond mae angen i chi esbonio *pam* y newidioch chi eich cynllun. Cofiwch y bydd angen i chi ailadrodd eich holl brofion unrhyw bryd y byddwch chi'n newid eich dull, er mwyn sicrhau ei fod yn deg.

Gall gwerthuso gynnwys asesu'r canlynol:

● a oes mesuriadau digon trachywir wedi'u cymryd mewn arbrawf – os nad yw dull arbrofol yn ddigon trachywir, gallai gynhyrchu canlyniadau annilys

● a oes modd gwella'r dull sy'n cael ei ddefnyddio yn yr ymchwiliad – dylech chi allu cyfiawnhau eich ateb ac awgrymu gwelliannau i sicrhau bod canlyniadau ymchwiliad yn ddilys.

Wrth ateb cwestiynau gwerthuso, dylech chi ystyried y canlynol:

● Ydy'r mesuriadau rydych chi wedi'u cymryd, yn darparu data y mae modd eu defnyddio i ateb y rhagdybiaeth dan sylw yn yr ymchwiliad, mewn ffordd argyhoeddiadol?

● Oes unrhyw wendidau yn y dull arbrofol neu yn y casgliad sy'n deillio o'r canlyniadau?

● Oes unrhyw ffordd o wella'r dull arbrofol fyddai wedi cynhyrchu data mwy manwl gywir neu drachywir?

● Fydd angen unrhyw arbrofion dilynol i roi sylw i unrhyw faterion pellach a gafodd eu codi gan yr ymchwiliad gwreiddiol?

Cyngor
Cofiwch nad yw 'clir' yn lliw – defnyddiwch y gair 'di-liw' yn ei le. Er enghraifft, mae asid hydroclorig yn *ddi-liw*. Mae hefyd yn glir, ond mae hyn yn cyfeirio at y ffaith ei fod yn dryloyw.

Term allweddol
Gwerthuswch: Mae hyn yn golygu pwyso a mesur y pwyntiau da a'r pwyntiau gwael.

Cyngor
Mae mwy o enghreifftiau o gwestiynau 'Gwerthuswch' ar dudalennau 98–99.

Cwestiynau

1 Nodwch y newidyn annibynnol, y newidyn dibynnol ac un newidyn rheolydd ar gyfer pob un o'r ymchwiliadau canlynol.

  a Mae arbrawf yn cael ei wneud i weld a oes unrhyw gysylltiad rhwng gwrthiant darn o wifren, a'i hyd.

  b Mae myfyriwr yn ymchwilio i Ail Ddeddf Newton. Mae'r myfyriwr eisiau dod o hyd i'r berthynas rhwng y grym sy'n gweithredu ar droli, a'i gyflymiad.

  c Yn yr adwaith rhwng copr carbonad ac asid hydroclorig, mae'r amser y mae màs copr carbonad yn ei gymryd i ddiflannu'n llwyr yn cael ei gofnodi. Mae'r arbrawf yn cael ei ailadrodd gan ddefnyddio gwahanol fasau o gopr carbonad.

  ch Mae cyfaint y nwy carbon deuocsid sy'n cael ei gynhyrchu dros amser wrth i galsiwm carbonad adweithio ag asid hydroclorig yn cael ei fesur, ac mae'r arbrawf yn cael ei ailadrodd gan ddefnyddio gwahanol fasau o galsiwm carbonad.

  d Mae ymchwiliad yn cael ei gynnal i effaith arddwysedd golau ar gyfradd ffotosynthesis mewn sampl dyfrllys. Mae golau'n cael ei roi ar amrywiaeth o bellteroedd oddi wrth y dyfrllys, ac ar bob pellter, mae nifer y swigod sy'n cael eu rhyddhau o'r dyfrllys mewn 5 munud yn cael ei gyfrif. Mae'r un rhywogaeth a'r un màs dyfrllys yn cael eu defnyddio drwy gydol yr ymchwiliad.

2 Mae ymchwiliad yn darganfod bod 2 g o risialau copr(II) sylffad yn hydoddi'n gyflymach mewn dŵr poeth nag mewn dŵr oer.

  a Ysgrifennwch ragdybiaeth i'r ymchwiliad hwn.

  b Nodwch arsylw a gafodd ei wneud yn yr ymchwiliad.

  c Enwch dri darn o gyfarpar a fyddai'n cael eu defnyddio yn yr ymchwiliad hwn.

3 Copïwch a chwblhewch y diagram i ddangos sut gallwch chi ddistyllu hydoddiant copr(II) sylffad a chasglu dŵr pur. Labelwch y dŵr pur a'r hydoddiant copr(II) sylffad.

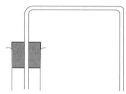

4 Enwch y cyfarpar mwyaf priodol i fesur pob un o'r mesurau canlynol.

  a màs tua 25 gram i drachywiredd o 0.1 gram

  b cyfaint 24.7 cm^3 o hylif

  c amser tua 45 s i'r 0.1 s agosaf

  ch cerrynt tua 0.050 A i'r 0.001 A agosaf

5 Sut mae cyfeiliornadau methodoleg yn wahanol i gyfeiliornadau sy'n digwydd wrth gynnal ymchwiliad?

6 Wrth ymchwilio i doreithrwydd planhigyn mewn cae, pam mae'n bwysig cymryd nifer o wahanol samplau?

7 Mewn arbrawf, mae myfyriwr yn pwyso grisialau magnesiwm sylffad hydradol, yn eu cynhesu nhw am 2 funud ac yn eu pwyso nhw eto. Mae'r tabl isod yn dangos y canlyniadau.

Màs y crwsibl a'r magnesiwm sylffad hydradol cyn gwresogi /g	Màs y crwsibl a'r magnesiwm sylffad ar ôl gwresogi /g
9.37	8.25

  a Beth yw cydraniad y glorian mae'r myfyriwr yn ei defnyddio?

  b Awgrymwch un gwelliant posibl i'r tabl canlyniadau.

8 Mae myfyriwr Ffiseg yn mesur pum cyfaint gwahanol o ethanol ac yn mesur màs pob un. Dyma'r canlyniadau mae'n eu cael:

20 cm^3 16 g; 35 cm^3 28 g; 45 cm^3 36 g; 50 cm^3 40 g; 55 cm^3 42 g

  a Cyflwynwch y canlyniadau hyn mewn tabl addas â phenawdau.

  b Pa ganlyniad gallai'r myfyriwr fod eisiau ei ailadrodd? Pam?

9 Mae 50 cm^3 o hydrogen perocsid ac 1.0 g o fanganîs deuocsid yn adweithio ar 25 °C. Dyma gyfaint yr ocsigen sy'n cael ei gasglu o'r adwaith fesul 10 eiliad: 8 cm^3 ar ôl 10 eiliad, 30 cm^3 ar ôl 20 eiliad, 49 cm^3 ar ôl 30 eiliad, 59 cm^3 ar ôl 40 eiliad a 63 cm^3 ar ôl 50 eiliad. Wrth ailadrodd yr arbrawf, cyfaint y nwy a gafwyd ar bob cyfwng amser oedd 32, 51, 59, 63, 65 cm^3, yn ôl eu trefn.

Cyflwynwch y canlyniadau hyn mewn tabl addas â phenawdau ac unedau. Cyfrifwch a chofnodwch gyfaint cyfartalog y nwy sy'n cael ei gynhyrchu.

10 Mae tri myfyriwr yn cynllunio arbrawf i fesur yr amser mae'n ei gymryd i droli rolio i lawr ramp. Maen nhw'n ystyried tri dull amseru:

  ● defnyddio stopgloc sy'n gallu mesur amser i'r eiliad agosaf

  ● defnyddio stopwatsh sy'n gallu mesur amser i $\frac{1}{100}$ fed o eiliadau

  ● defnyddio adwy golau a chofnodydd data, sy'n gallu mesur amser i $\frac{1}{100}$ fed o eiliadau

Y gwir amser i deithio i lawr y ramp yw 9.5 s.

a Pa offeryn sydd â'r cydraniad lleiaf?

b Mae'r myfyrwyr i gyd yn penderfynu defnyddio'r dull cofnodydd data ac, yn annibynnol, maen nhw'n cael yr amserau canlynol (i 1 ll.d.):

Myfyriwr	Amser (eiliadau)				
A	9.8	9.3	9.9	10.3	10.3
B	9.8	9.8	9.8	9.9	9.8
C	9.5	9.4	9.6	9.5	9.5

i Canlyniadau pa fyfyriwr sydd â'r trachywiredd mwyaf?

ii Canlyniadau pa fyfyriwr sydd ddim yn ddibynadwy nac yn drachywir?

c Mae myfyriwr A yn ailadrodd yr arbrawf. Pam mae hyn yn syniad da?

›› Dadansoddi a gwerthuso

Ar ôl casglu canlyniadau arbrofol, mae angen eu cyflwyno, eu dadansoddi ac yna eu gwerthuso er mwyn i chi allu ysgrifennu casgliad rhesymol.

Casglu, cyflwyno a dadansoddi data

Wrth wneud arbrofion, byddwch chi'n aml yn cofnodi eich canlyniadau mewn tabl. Ond mae'n gallu bod yn anodd sylwi ar dueddiadau wrth edrych ar dabl, felly efallai y byddwch chi'n penderfynu creu graff. Unwaith bydd y data ar ffurf graff, gall graddiant y llinell a'i rhyngdoriad ar yr echelin fertigol roi arwydd mwy amlwg o duedd. Mae mwy o fanylion am graffiau, tablau, dosraniadau a dadansoddi data yn y bennod Mathemateg yn y llyfr hwn.

Gwerthuso data

Mae'n bwysig iawn gwerthuso ansawdd data sydd wedi'u casglu mewn ymchwiliad, oherwydd bod data o ansawdd gwael yn gallu golygu y bydd unrhyw gasgliadau sy'n deillio ohonynt yn anghywir. Wrth werthuso ansawdd data sydd wedi'u casglu mewn ymchwiliad, gallwch chi sôn am fanwl gywirdeb, trachywiredd, ailadroddadwyedd ac atgynyrchioldeb, ond dylech chi hefyd ystyried ansicrwydd a chyfeiliornadau a allai ddigwydd yn yr arbrawf.

Ansicrwydd

Mae'r holl ddata sy'n cael eu casglu gan wyddonydd yn cynnwys elfen o ansicrwydd. Gall hyn fod oherwydd diffyg trachywiredd yr offeryn, neu oherwydd anghysondeb mesuriadau sy'n cael eu gwneud gan yr unigolyn.

Ansicrwydd mewn mesuriad yw'r gwahaniaeth mwyaf rhwng y gwerth cymedrig a'r gwerthoedd arbrofol.

Os yw myfyriwr yn gwneud tri mesuriad o ddwysedd hylif ac yn cael gwerthoedd (mewn g/cm^3) o 1.48, 1.53 ac 1.49, y cymedr yw 1.50 g/cm^3, a chaiff yr ansicrwydd ei gyfrifo fel $1.53 - 1.50 = 0.03$ g/cm^3. Mae ansicrwydd mawr yn golygu trachywiredd gwael. Gallwn ni ddefnyddio barrau amrediad i gynrychioli ansicrwydd ar graff. Y mwyaf yw'r barrau amrediad, y mwyaf ansicr yw'r canlyniadau.

Mae hyn yn broblem, oherwydd allwn ni ddim dweud pa un o'r gwerthoedd a gymerwyd sydd orau i'n mesuriad ni.

'Cyfeiliornad' sy'n achosi ansicrwydd arbrofol. Mae dau fath o gyfeiliornad – hapgyfeiliornad a chyfeiliornad systematig. Gwnewch yn siŵr eich bod chi'n ymwybodol ohonyn nhw, er mwyn i chi allu cymryd camau i ddileu neu leihau eu heffeithiau.

Termau allweddol

Hapgyfeiliornad: Cyfeiliornad sy'n achosi i fesuriad fod yn wahanol i'r gwir werth, a hynny o feintiau gwahanol bob tro.

Cyfeiliornad systematig: Cyfeiliornad sy'n achosi i fesuriad fod yn wahanol i'r gwir werth, a hynny yn ôl yr un maint bob tro.

Hapgyfeiliornad

Hapgyfeiliornad yw un sy'n achosi i fesuriad fod yn wahanol i'r gwir werth, ac mae'r gwahaniaeth hwn yn amrywio bob tro. Mae tri myfyriwr sy'n mesur cyfaint ciwb yn debygol o gael tri gwerth gwahanol. Mae hyn o ganlyniad i hapgyfeiliornad. Mae'r cyfeiliornad wedi'i wasgaru ar hap o amgylch y gwir werth. Drwy wneud mwy o fesuriadau a chyfrifo cymedr newydd, rydyn ni'n lleihau effeithiau hapgyfeiliornad.

Cyfeiliornad systematig

Mae cyfeiliornad systematig yn gyfeiliornad sy'n achosi i fesuriad fod yn wahanol i'r gwir werth, ond yn ôl yr un maint bob tro. Y cyfarpar sy'n cael ei ddefnyddio fydd yn gyfrifol am hyn fel arfer. Os ydych chi erioed wedi plotio graff a darganfod ei fod yn croesi'r echelin fertigol pan oeddech chi'n disgwyl iddo fynd drwy'r tarddbwynt, mae hyn yn debygol o fod oherwydd camgymeriad systematig, a hynny gan fod yr *holl* ganlyniadau yn wahanol o'r un maint. Nid yw'n bosibl delio â chyfeiliornadau systematig drwy wneud mwy o ailadroddiadau. Yn lle hynny, mae angen i chi ddefnyddio techneg neu gyfarpar gwahanol.

Ailadroddadwyedd, atgynyrchioldeb a dilysrwydd

Wrth ddadansoddi canlyniadau, yn ddelfrydol dylen nhw fod yn ailadroddadwy, yn atgynyrchadwy ac yn ddilys er mwyn sicrhau eu bod yn ddefnyddiol.

- Mae canlyniadau yn ailadroddadwy os yw'r un ymchwilydd yn cael canlyniadau tebyg wrth ailadrodd yr ymchwiliad dan yr un amodau.
- Mae canlyniadau yn atgynyrchadwy os yw ymchwilwyr gwahanol yn cael canlyniadau tebyg wrth ddefnyddio cyfarpar gwahanol.
- Rydyn ni'n ystyried bod canlyniadau yn ddilys os yw'r data yn fesur cywir o'r briodwedd sy'n destun yr ymchwiliad. Er enghraifft, dydy mesur pa mor uchel yw sain ddim yn ffordd ddilys o fesur ei fuanedd.

Rydyn ni'n dweud bod canlyniadau yn ddibynadwy os ydyn nhw'n bodloni'r amodau o fod yn ddilys, yn ailadroddadwy ac yn atgynyrchadwy. Mae canlyniadau dibynadwy yn bwysig i asesu a ydyn ni wedi darganfod rhywbeth ystyrlon ai peidio. Pe bai canlyniadau, er enghraifft, yn ailadroddadwy ond ddim yn atgynyrchadwy, neu'n atgynyrchadwy ond ddim yn ddilys, gallai'r canlyniadau fod yn anghywir. Mae canlyniadau sy'n ailadroddadwy ond ddim yn atgynyrchadwy nac yn ddilys yn arbennig o amheus, oherwydd ei bod yn bosibl bod y rhai sy'n gwneud yr arbrofion yn ailadrodd yr un camgymeriadau dro ar ôl tro. Mae canlyniadau atgynyrchadwy yn rhoi mwy o hyder eu bod nhw'n gywir, gan eu bod nhw'n cynnwys llawer o bobl neu lawer o dechnegau, ond os yw'r peth anghywir yn cael ei ymchwilio, ni fydd yn ddilys nac yn ystyrlon.

Cwestiynau

1. Beth yw canlyniadau afreolaidd?
2. Mae dau fyfyriwr yn cynnal arbrofion i ddod o hyd i ganran yn ôl màs y nitrogen mewn amoniwm sylffad. 21.2% yw'r gwir werth.

Myfyriwr A	21.4%	21.2%	21.1%	21.3%	21.4%
Myfyriwr B	22.5%	22.4%	22.6%	22.5%	22.5%

   a Cyfrifwch werth cymedrig pob myfyriwr. Nodwch ansicrwydd y cymedr.
   b Rhowch sylwadau am fanwl gywirdeb canlyniad cymedrig pob myfyriwr.
   c Rhowch sylwadau am ailadroddadwyedd canlyniad pob myfyriwr.
   ch Pam mae'r canlyniadau'n amrywio wrth i bob myfyriwr eu hailadrodd nhw?
   d Esboniwch os oedd gan unrhyw un o'r myfyrwyr gyfeiliornad systematig yn yr arbrawf.

3 Mewn arbrawf, mae calsiwm carbonad ac asid yn cael eu rhoi mewn fflasg gonigol ar glorian ac mae darlleniad y glorian yn cael ei gofnodi bob munud. Mae'r canlyniadau'n cael eu cofnodi, a'r graff isod yn cael ei luniadu.

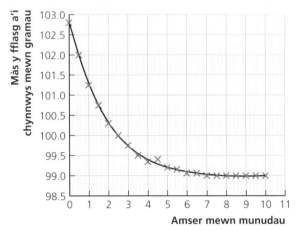

a Oes unrhyw ganlyniadau y byddech chi'n eu hanwybyddu wrth luniadu cromlin ffit orau?

b Ar amser 2 funud, beth yw màs y fflasg a'r cynnwys?

c Disgrifiwch y duedd yn y graff.

ch Sut gallwn ni leihau effaith hapgyfeiliornadau yn y dasg ymarferol hon?

d Sut bydden ni'n lleihau effaith cyfeiliornad systematig yn y dasg ymarferol hon?

4 Penderfynwch a fydd pob un o'r canlynol yn arwain at gyfeiliornad systematig, neu at hapgyfeiliornad.

a Defnyddio amedr analog â chyfeiliornad sero.

b Anghofio ailosod y glorian i sero mewn un arbrawf wedi'i ailadrodd.

c Dod o hyd i ddwysedd dŵr hallt pan mae angen canfod dwysedd ethanol.

5 Esboniwch y gwahaniaeth rhwng *cyfeiliornad* a *chamgymeriad* wrth wneud arbrawf.

6 Pa fath o gyfeiliornad y mae'r dechneg o *ailadrodd a chyfrifo cyfartaledd* yn ei leihau, a pham?

7 Hyd gwifren yw 98.4 cm. Mae myfyriwr yn mesur yr hyd â phedwar pren mesur metr gwahanol. Dyma'r canlyniadau: 96.8 cm, 97.1 cm, 97.7 cm, 97.9 cm

a Pa fath o gyfeiliornad y mae'r myfyriwr wedi'i wneud?
Rhowch reswm dros eich ateb.

b Mae tri myfyriwr arall yn mesur yr un hyd o wifren â phrennau metr gwahanol, ac maen nhw i gyd yn cael 98.4 cm.
Pa ddau o'r geiriau canlynol sy'n berthnasol i'r mesuriadau hyn?
atgynyrchadwy, ailadroddadwy, dilys

8 Pam mae canlyniadau atgynyrchadwy yn llai tebygol o gynnwys cyfeiliornadau systematig na chanlyniadau sydd ddim ond yn ailadroddadwy?

9 Beth mae barrau amrediad mawr ar graff yn ei ddangos?

» Geirfa, meintiau, unedau a symbolau gwyddonol

Geirfa wyddonol

Mae gan wyddoniaeth ei geirfa ei hun. Yn aml, mae ystyr penodol iawn i eiriau sy'n cael eu defnyddio. Felly, mae'n bwysig dysgu diffiniadau termau technegol i ddeall a chreu eich gwyddoniaeth ysgrifenedig eich hun. Camgymeriad cyffredin yw defnyddio geiriau fel maen nhw'n cael eu deall gan rywun sydd ddim yn wyddonydd. Er enghraifft, nodi mai pwysau gwrthrych yw 50 kg, pan ddylech chi fod yn siarad am y màs. Mae gwybodaeth am yr eirfa wyddonol sy'n cael ei defnyddio ym maes TGAU Gwyddoniaeth ar gael yn Nhablau 2.2, 2.3 a 2.4 ar dudalen 87.

Meintiau, unedau a symbolau gwyddonol

Mae gwybodaeth am y meintiau a'r unedau sy'n cael eu defnyddio ym maes gwyddoniaeth, a sut i drawsnewid rhwng y rhain, ar gael ym mhennod sgiliau Mathemateg y llyfr hwn.

4 Sgiliau adolygu

Mae'r adran hon yn sôn am bwysigrwydd adolygu a'r strategaethau allweddol a all eich helpu i elwa cymaint â phosibl ar eich adolygu. Un camsyniad cyffredin yw mai dim ond un ffordd o adolygu sydd, sef un sy'n golygu llawer o waith cymryd nodiadau, eu hailddarllen ac amlygu. Fodd bynnag, mae ymchwil yn dangos nad yw hon yn ffordd effeithiol o adolygu. Mae angen i chi amrywio'r technegau rydych chi'n eu defnyddio – a dod o hyd i'r rhai sy'n gweithio orau i *chi* – i gael y gorau o'ch adolygu.

Yn aml, bydd myfyrwyr yn meddwl eu bod nhw'n gallu newid y ffordd maen nhw'n adolygu, neu bod adolygu'n rhywbeth rydych chi naill ai'n gallu ei wneud neu'n methu ei wneud. Y gwir yw bod adolygu yn sgìl pwysig ac, fel unrhyw sgìl, gyda chymorth ac ymarfer, gallwch ei wella. Drwy ddweud 'gwella', rydyn ni'n golygu y gallwch chi adolygu'n fwy effeithlon (mewn geiriau eraill, cael mwy o fudd o'r un faint o amser adolygu) ac yn fwy effeithiol (cofio mwy o wybodaeth).

Bydd y bennod hon yn ymdrin â'r elfennau allweddol ar adolygu'n llwyddiannus:

- Cynllunio ymlaen
- Defnyddio'r offer cywir
- Creu'r amgylchedd cywir
- Technegau adolygu defnyddiol
- Ymarfer, ymarfer, ymarfer!

❯❯ Cynllunio ymlaen

Mae cynllunio yn allweddol i adolygu llwyddiannus. Mae nifer o bethau i'w cofio wrth gynllunio gwaith adolygu.

Bod yn realistig

Does dim byd gwaeth i'ch cymhelliant na gosod targedau afrealistig ac yna peidio â'u cyrraedd nhw. Mae angen i chi feddwl yn ofalus am faint o waith sy'n realistig i chi ei gwblhau a chaniatáu digon o amser i'w gwblhau.

Sicrhau eich bod chi'n rhoi sylw i bob testun yn y cwrs

Mae'n hawdd cael eich temtio i ganolbwyntio ar y meysydd rydych chi'n meddwl sydd bwysicaf, ac anghofio rhai eraill. Mae hyn yn risg oherwydd does neb yn gwybod beth fydd yn y cwestiynau arholiad. Mae'n deimlad ofnadwy gweld cwestiwn mewn arholiad a gwybod nad ydych chi wedi adolygu'r testun. Mae'r adran hon yn rhoi cyngor ar y mathau o strategaethau sy'n gwneud yn siŵr eich bod chi'n rhoi sylw i holl bwyntiau allweddol y fanyleb.

Dod yn ffrindiau â'r meysydd nad ydych chi'n eu hoffi

Mae'n demtasiwn i ganolbwyntio ar y meysydd rydych chi eisoes yn gyfarwydd â nhw ac yn eu deall. Mae'n gwneud i chi deimlo fel eich bod yn gwneud cynnydd da, pan fyddwch chi, mewn gwirionedd, yn gwneud cam â chi'ch hun. Dylech chi weithio'n galed ar y meysydd sy'n anodd i chi, i wneud yn siŵr eich bod chi'n rhoi'r cyfle gorau i chi eich hun. Mae hyn yn gallu bod yn anodd, a'r cynnydd yn teimlo'n araf, ond mae'n rhaid i chi ddal ati.

Cyngor

Treuliwch ychydig o amser bob nos yn ystod eich cwrs TGAU yn mynd dros yr hyn rydych chi wedi'i ddysgu yn y wers y diwrnod hwnnw – mae'n gallu bod yn fuddiol iawn. Mae'n eich helpu chi i gofio'r cynnwys pan fyddwch chi'n ei adolygu, ac mae'n ffordd dda o baratoi ar gyfer y wers nesaf.

Gofyn am help

Yn aml, y myfyrwyr mwyaf llwyddiannus yw'r rhai sy'n gofyn cwestiynau i athrawon, rhieni a myfyrwyr eraill. Os ydych chi'n ansicr am unrhyw beth ar y fanyleb, peidiwch ag aros yn dawel – gofynnwch gwestiwn! Bydd cynllunio'n iawn yn gwneud yn siŵr bod gennych chi amser i ofyn y cwestiynau hyn wrth weithio drwy eich gwaith adolygu.

Gosod targedau

Mae targedau yn rhan bwysig o gynllunio adolygu llwyddiannus. Efallai y byddwch am gynnwys targedau SMART yn eich amserlen adolygu.

Dyma enghraifft o darged SMART (mae'r acronym Saesneg yn cyfeirio at y nodweddion canlynol: *specific, measurable, achievable, realistic, timely;* hynny yw, penodol, mesuradwy, cyflawnadwy, realistig ac amserol)

Targed: Cyrraedd gradd B o leiaf wrth ymarfer Papur 1 Cemeg o dan amodau arholiad. Dylai hwn gael ei gwblhau erbyn diwedd yr wythnos.

- **Penodol** – mae'r targed hwn yn benodol gan ei fod yn enwi'r papur arholiad ac yn nodi sut mae angen ei gwblhau a pha radd sydd ei hangen.
- **Mesuradwy** – gan fod gradd isaf benodol yn cael ei rhoi (B), mae'r targed hwn yn fesuradwy.
- **Cyflawnadwy** – cyn belled â bod amser i gwblhau'r papur (a dylai hynny fod yn iawn os yw'n cael ei gwblhau o fewn yr 'amser sy'n cael ei ganiatáu'), yna byddai'n bosibl cyflawni'r targed hwn.
- **Realistig** – ddylech chi ddim disgwyl cael gradd A* mewn asesiadau yn syth, na dysgu symiau enfawr o gynnwys mewn amser byr iawn; felly mae gradd B yn ymddangos yn realistig ar gyfer y cynnig cyntaf.
- **Amserol** – mae amser penodol i gwblhau'r nod hwn, sef erbyn diwedd yr wythnos. Gan gymryd bod y myfyriwr wedi adolygu'r holl destunau ar y papur hwn erbyn hynny, mae hon yn amserlen synhwyrol.

Mae hefyd yn bosibl gosod targedau llai ar gyfer sesiynau adolygu unigol, er enghraifft:

- cwblhau tri chwestiwn ymarfer ar un sgìl mathemateg
- cael 75% ar brawf galw i gof
- dysgu camau proses, e.e. y gylchred garbon
- gwneud set o gardiau fflach geiriau allweddol ar Donnau Electromagnetig a Golau Gweladwy.

Bydd gosod targedau ar gyfer pob sesiwn adolygu yn eich helpu i sylweddoli pan fyddwch chi wedi gorffen, ac yn rhoi tystiolaeth o'ch cynnydd i chi – sydd bob amser yn sbardun da!

» Defnyddio'r offer cywir

I adolygu'n effeithiol, mae'n hanfodol bod gennych chi'r offer cywir. Dyma rai o'r offer 'ymarferol' y bydd eu hangen arnoch chi wrth adolygu:

- cynlluniwr neu ddyddiadur
- beiro a phensil
- papur
- amlygwyr (*highlighters*)
- cardiau fflach
- ac yn y blaen...

Os yw'r offer hyn ar gael wrth law, gallwch chi osgoi rhwystrau syml a fyddai'n eich atal chi rhag adolygu'n llwyddiannus – fel bod heb feiro!

> **Cyngor**
>
> Mae targedau yn gallu cynnwys pethau fel peidio defnyddio cyfryngau cymdeithasol neu eich ffôn am sesiwn adolygu gyfan, os yw hyn yn rhywbeth sy'n arbennig o anodd i chi.

Amserlenni adolygu

Mae amserlen adolygu yn offeryn defnyddiol i'ch helpu chi i drefnu a strwythuro eich gwaith. Cofiwch, mae'n bwysig bod yn realistig – peidiwch â chynllunio i wneud gormod, neu byddwch chi'n digalonni.

Mae adolygu'n gweithio orau mewn blociau byrrach. Felly, peidiwch â chynllunio i dreulio dwy awr gyfan yn adolygu un testun – mae'n annhebygol y gwnewch chi bara mor hir â hynny. Hyd yn oed os byddwch chi'n llwyddo i adolygu am ddwy awr, mae'n annhebygol y bydd y gwaith yn effeithiol erbyn diwedd yr amser.

Os ydych chi'n llunio amserlen adolygu ar gyfer ffug arholiadau (cyn i chi orffen eich cwrs), bydd angen i chi ganiatáu amser i wneud eich gwaith cartref, yn ogystal ag adolygu.

Sut i greu amserlen adolygu

Nodwch y nod tymor hir a'r targedau tymor byr rydych chi'n ceisio eu cyflawni (a gwnewch yn siŵr eu bod nhw'n rhai SMART). Gofynnwch i chi eich hun: a yw hon yn amserlen gyffredinol i'w defnyddio yn ystod y tymor, neu'n un sydd wedi'i hanelu at baratoi ar gyfer arholiad neu asesiad penodol. Bydd hyn yn effeithio ar sut rydych chi'n llunio eich cynllun, oherwydd bydd eich ymrwymiadau'n amrywio.

Beth bynnag yw'r nod terfynol, cynlluniwch fel bod ychydig o amser ar gael ar y diwedd. Gwnewch yn siŵr eich bod chi'n cynllunio i roi sylw i bob maes testun sydd ei angen ymhell cyn yr asesiad. Fel hyn, os cewch chi broblemau sy'n eich arafu chi, bydd gennych chi amser ar ôl.

Enghreifftiau o amserlenni adolygu

Enghraifft dda

Sesiynau adolygu wedi'u rhannu'n adrannau bach. Mae hyn yn helpu i gynnal eich sylw yn ystod y sesiwn.

Amser	Llun
8:30am–3:20pm	Ysgol
4:00pm–4:30pm	Cemeg (maint a màs atomau)
4:30pm–5:30pm	Pêl-droed
5:30pm–6:00pm	Swper
6:00pm–6:30pm	Ffiseg (ymbelydredd)
6:30pm–7:00pm	Chwarae gemau ar y we
7:00pm–7:30pm	Bioleg (meiosis)

Cymryd egwyl yn rheolaidd, a disgwyliadau realistig o ran faint o waith adolygu sy'n bosibl mewn diwrnod.

Testunau penodol wedi'u nodi ar gyfer adrannau adolygu – er nad oes angen i chi gadw'n gaeth at hyn, mae'n dda cael ffocws ar y testun ar gyfer pob sesiwn adolygu. Yna gallwch chi osod targedau ar gyfer y sesiwn yn seiliedig ar y maes testun penodol hwn.

Enghraifft wael

Disgwyliadau afrealistig – amserlennu fel bod adolygu yn ddechrau am 6:30 am ac yn gorffen am 11:00 pm yn y nos – mae hyn yn afrealistig ac o bosibl yn niweidiol. Gall methu â chyflawni nodau penodol fod yn siom fawr.

Amser	Llun
6:30am–7:20am	Ffiseg
8:30am–3:30pm	Ysgol
3:30pm–5:00pm	Ffiseg
5:00pm–7:30pm	Cemeg
7:30pm–11:00pm	Bioleg

Gall gweithio gormod o oriau hir heb ddigon o amser i gysgu ac ymlacio fod yn niweidiol i'ch iechyd.

Dim sôn am destunau penodol – mae 'Ffiseg' yn rhy amwys o lawer; pa feysydd penodol sy'n mynd i gael sylw?

Cyfnodau hir o un pwnc – mae'r myfyriwr yn annhebygol o allu canolbwyntio am y cyfnod hwn i gyd.

Dim egwyl wedi'i drefnu – mae'n bwysig iawn cynllunio cymryd egwyl yn rheolaidd, fel gorffwys ac fel gwobr, os ydych chi am adolygu'n effeithiol.

Cyngor

Dylech chi gynnwys eich ymrwymiadau eraill mewn amserlen adolygu, er enghraifft gwersi cerddoriaeth, chwaraeon, ymarfer corff neu waith rhan-amser. Bydd hyn yn rhoi darlun cliriach o faint o amser sydd gennych chi i adolygu. Gallai'r ymrwymiadau hyn fod yn wobrau – rhywbeth i chi edrych ymlaen ato. Neu efallai y daw hi'n glir bod gennych chi ormod i'w wneud a bod angen i chi roi'r gorau i rywbeth (dros dro).

Cyngor

Gwnewch yn siŵr eich bod chi'n cynllunio'n ofalus faint o amser sydd ar gael i chi cyn pob arholiad. Gallech chi achosi problemau drwy gyfrifo hyd yn oed un wythnos allan ohoni.

Rhestr wirio adolygu

Mae rhestr wirio adolygu yn bwysig i sicrhau eich bod yn rhoi sylw i holl gynnwys gofynnol y fanyleb. Efallai bydd eich athro yn rhoi rhestr wirio adolygu i chi, ond gall llunio un eich hun fod yn weithgaredd dysgu defnyddiol.

Sut i wneud rhestr wirio adolygu

1 Darllenwch y fanyleb; dyma bopeth mae angen i chi ei wybod.
2 Rhannwch y fanyleb yn adrannau byr, a'u gosod mewn grid.
3 Gweithiwch drwy'r grid, gan roi tic wrth gwblhau pob cam ar gyfer testun penodol. Defnyddiwch gwestiynau arholiad enghreifftiol i wirio eich bod wedi adolygu'n effeithiol.
4 Ewch yn ôl at eich meysydd gwannach, a chanolbwyntio ar wella'r rhain.

Rhestr wirio adolygu enghreifftiol

Dyma ddatganiad enghreifftiol sy'n dod o fanyleb TGAU Ffiseg. Mae'r datganiad hwn wedi cael ei ddefnyddio fel sail i restr wirio adolygu enghreifftiol.

Dylai dysgwyr fod yn ymwybodol o fanteision ac anfanteision technolegau egni adnewyddadwy (e.e. trydan dŵr, pŵer gwynt, pŵer tonnau, pŵer llanw, gwastraff, solar, pren) ar gyfer cynhyrchu trydan. Dylai dysgwyr allu esbonio manteision ac anfanteision technolegau egni anadnewyddadwy, gan gynnwys tanwyddau ffosil a niwclear ar gyfer cynhyrchu trydan.

Rhestr wirio adolygu

Datganiad y fanyleb	Wedi'i drafod yn y dosbarth	Wedi'i adolygu	Cwestiynau enghreifftiol wedi'u cwblhau	Cwestiynau i'w gofyn i'r athro
Manteision ac anfanteision adnoddau egni adnewyddadwy ar gyfer cynhyrchu trydan 1 – trydan dŵr, pŵer gwynt, pŵer tonnau, pŵer llanw.				
Manteision ac anfanteision adnoddau egni adnewyddadwy ar gyfer cynhyrchu trydan 2 – gwastraff, solar, pren.				
Manteision ac anfanteision tanwyddau ffosil ar gyfer cynhyrchu trydan.				
Manteision ac anfanteision pŵer niwclear ar gyfer cynhyrchu trydan.				

Posteri

Gallech chi greu posteri o brosesau, diagramau a phwyntiau allweddol a'u rhoi nhw o gwmpas y tŷ er mwyn i chi allu adolygu drwy gydol y dydd. Cofiwch newid y posteri'n rheolaidd – byddan nhw'n colli eu heffaith os ewch chi'n rhy gyfarwydd â nhw. Edrychwch ar yr adran nesaf i gael mwy o wybodaeth am wneud y gorau o'ch amgylchedd dysgu.

Technoleg

Mae sawl ffordd o ddefnyddio technoleg i'ch helpu chi i adolygu. Er enghraifft, gallwch chi wneud sioeau sleidiau o bwyntiau allweddol, gwylio fideos byr neu wrando ar bodlediadau. Mantais creu eich adnodd eich hun yw ei fod yn eich gorfodi chi i feddwl am destun penodol yn fanwl. Bydd hyn yn eich helpu chi i gofio pwyntiau allweddol ac yn gwella eich dealltwriaeth. Dylech chi gadw'r gwaith yn ddiogel er mwyn gallu edrych arno eto yn nes at yr arholiad. Gallech chi fenthyg eich adnoddau i ffrindiau a chael benthyg eu rhai nhw, i rannu'r llwyth gwaith.

Cyngor

Mae rhai canllawiau adolygu (fel *Fy Nodiadau Adolygu*) hefyd yn darparu rhestri gwirio i chi eu defnyddio.

Cyngor

Peidiwch â gwastraffu amser drwy ganolbwyntio gormod ar sut mae eich nodiadau'n edrych. Mae'n gallu bod yn demtasiwn i dreulio llawer o amser yn gwneud amserlenni adolygu a nodiadau sy'n edrych yn dda, ond bydd hyn yn tynnu eich sylw oddi ar y gwaith go iawn, sef adolygu.

Gwneud eich fideo a'ch podlediad eich hun

Os byddwch chi'n recordio eich hun yn esbonio cysyniad neu syniad penodol, naill ai fel fideo neu bodlediad, gallwch chi wrando arno unrhyw bryd. Er enghraifft, wrth deithio i'r ysgol neu ar y ffordd adref. Ond gwnewch yn siŵr bod eich esboniad yn gywir, neu gallech chi atgyfnerthu gwybodaeth anghywir.

Sioe sleidiau adolygu

Gall sioe sleidiau gynnwys diagramau, fideos ac animeiddiadau o'r rhyngrwyd i'ch helpu chi i ddeall prosesau cymhleth. Gallwch chi eu troi'n ffeiliau fideo, eu hargraffu fel posteri, neu edrych arnyn nhw ar sgrin. Mae'n bwysig canolbwyntio ar gynnwys y sioe sleidiau, nid ar sut mae'n edrych.

Cyfryngau cymdeithasol

Mae'r cyfryngau cymdeithasol yn cynnwys amrywiaeth eang o adnoddau adolygu. Ond mae'n bwysig gwneud yn siŵr bod yr adnoddau'n gywir. Os yw'r cynnwys wedi cael ei gynhyrchu gan y defnyddiwr, does dim sicrwydd bod y wybodaeth yn gywir.

Mae blogiau fideo am adolygu, yn ogystal â myfyrwyr eraill ar gyfryngau cymdeithasol, yn gallu rhoi cymorth gwerthfawr i chi a chreu teimlad o fod yn rhan o gymuned ehangach sy'n wynebu'r un pwysau â chi. Ond peidiwch â chymharu eich hun â phobl eraill, rhag ofn i hynny wneud i chi deimlo ar ei hôl hi.

» Creu'r amgylchedd cywir

Cofiwch bwysigrwydd amgylchedd addas ar gyfer adolygu. Gallwch chi gael y cynllun a'r bwriadau gorau yn y byd, ond os ydych chi'n gwylio'r teledu ar yr un pryd, neu'n methu dod o hyd i'r llyfr sydd ei angen, neu'n teimlo'n sychedig, cyn bo hir bydd hi'n anodd canolbwyntio. Sicrhewch eich bod yn creu man gweithio call.

Ardal waith a chadw trefn

Mae'n anodd canolbwyntio os oes ardal waith flêr yn tynnu eich sylw – felly cadwch y lle'n daclus! Mae hefyd yn aneffeithlon, oherwydd efallai y byddwch chi'n treulio amser yn chwilio am bethau.

Mae'n bwysig cadw trefn ar eich llyfrau ysgrifennu a'ch ffolderi adolygu hefyd. Bydd gennych chi werth o leiaf ddwy flynedd o waith i'w adolygu a'i astudio. Gall colli gwaith gael effaith negyddol ar eich adolygu.

Gwnewch ffolder adolygu gyda'ch holl nodiadau, cwestiynau ymarfer, rhestri gwirio, amserlenni ac ati. Gallech chi drefnu'r ffolder yn ôl testun i'w gwneud hi'n hawdd dod o hyd i wybodaeth benodol a gweld y gwaith sydd wedi'i gwblhau.

Edrych ar ôl eich hun

Marathon, nid ras can metr, yw adolygu. Dydych chi ddim eisiau blino'n llwyr cyn cyrraedd yr arholiadau. Cadwch yn iach ac yn hapus wrth adolygu. Mae hyn yn bwysig ar gyfer eich lles, ac mae'n eich helpu i adolygu'n effeithiol.

Bwyta'n iawn

Ceisiwch fwyta deiet iach, cytbwys. Cadwch fyrbrydau iach gerllaw, fel nad yw chwant bwyd yn tynnu'ch sylw wrth adolygu. Dydy bwyd llawn siwgr ddim yn ddelfrydol wrth ganolbwyntio, felly byddwch yn synhwyrol wrth ddewis byrbrydau.

Cyngor

Mae rhai myfyrwyr yn gweld gwrando ar gerddoriaeth yn ddefnyddiol wrth adolygu, a hyd yn oed yn cysylltu rhai artistiaid neu ganeuon â thestunau penodol. Fodd bynnag, mae cerddoriaeth hefyd yn gallu tynnu eich sylw, felly peidiwch â'i defnyddio oni bai bod hynny'n gweithio i chi.

Cyngor

Cofiwch, mae'r cyfryngau cymdeithasol hefyd yn gallu tynnu eich sylw. Mae'n hawdd gwastraffu amser os nad ydych chi'n canolbwyntio. Mae cyngor ar osgoi pethau a allai dynnu eich sylw ar dudalen 126.

Yfed digon o ddŵr

Gwnewch yn siŵr bod gyda chi ddigon o ddŵr wrth law ar gyfer eich sesiwn adolygu. Mae'n hanfodol osgoi mynd yn rhy sychedig. Ond os byddwch chi'n codi i nôl diod ac yn pasio'r teledu ar eich ffordd, gallai hynny dynnu eich sylw.

Ystyried pryd rydych chi'n gweithio fwyaf effeithiol

Mae gwahanol bobl yn gweithio'n well ar wahanol adegau (y bore, y prynhawn, neu'n gynnar gyda'r nos). Ceisiwch adolygu pan rydych chi ar eich mwyaf cynhyrchiol. Arbrofwch, i weld beth sydd orau i chi.

Gwneud yn siŵr eich bod chi'n cael digon o gwsg

Mae diffyg cwsg yn gallu arwain at broblemau iechyd difrifol. Dydy adolygu'n hwyr yn y nos ar y funud olaf ddim yn dechneg adolygu effeithiol.

Osgoi pethau sy'n tynnu eich sylw

Mae cyfryngau cymdeithasol a thechnoleg o bob math yn gallu eich temtio'n ddiangen wrth astudio. Dyma rai atebion posibl i hyn:

Cynllunio gweithgareddau penodol yn ystod egwyl

Gallai hyn olygu treulio amser ar gyfryngau cymdeithasol, gwylio fideos neu chwarae gemau. Gall hyn hefyd roi rhywbeth i chi edrych ymlaen ato wrth i chi weithio. Ceisiwch sicrhau eich bod yn cadw at yr amser seibiant rydych chi wedi'i ganiatáu, a pheidiwch â syrthio i'r trap o wylio neu chwarae 'dim ond un fideo neu gêm arall'.

Diffodd technoleg

Mae diffodd y rhyngrwyd yn gallu gwella eich gallu i weithio yn sylweddol. Diffoddwch eich ffôn ac ystyriwch osgoi'r we wrth astudio, a'u gadael nhw wedi'u diffodd tan ddiwedd y sesiwn astudio neu tan amser egwyl. Mae hyn yn cael gwared ar y demtasiwn i edrych ar eich ffôn neu eich negeseuon yn gyson. Os oes rhaid defnyddio dyfais am reswm arall wrth astudio, mae nifer o apiau a gwasanaethau blocio sy'n gallu cyfyngu ar yr hyn sydd ar gael i chi.

Dweud wrth eich teulu a'ch ffrindiau

Gwnewch yn siŵr bod pobl yn gwybod eich bod yn bwriadu astudio am gyfnod penodol. Byddan nhw'n deall pam nad ydych chi'n ateb negeseuon ac yn eich helpu chi drwy gadw allan o'ch ffordd. Gallwch chi siarad â nhw wedyn yn hyderus am lwyddiant y sesiwn adolygu.

➤➤ Technegau adolygu defnyddiol

Mae llawer o fyfyrwyr yn dechrau astudio ar gyfer TGAU heb lawer o syniad sut i adolygu'n effeithiol. Mae'n werth rhoi cynnig ar nifer o dechnegau adolygu effeithiol. A chofiwch, mae adolygu'n sgìl y mae angen ei ddysgu ac yna ei ymarfer. Gall gymryd amser i ddod i arfer â rhai o'r strategaethau hyn, ond bydd hyn yn werth chweil os byddwch chi'n gwneud yr ymdrech.

Cymhorthion cof

Cyn troi at y technegau adolygu eu hunain, dyma rai awgrymiadau am sut i gofio gwybodaeth sy'n arbennig o gymhleth. Rhowch y technegau hyn ar waith.

Ymhelaethu

Ymhelaethu yw gofyn cwestiynau newydd am y pethau rydych chi wedi'u dysgu'n barod. Wrth wneud hyn, byddwch chi'n dechrau cysylltu syniadau â'i gilydd gan ddatblygu eich dealltwriaeth gyfannol o'r pwnc. Y mwyaf o gysylltiadau rhwng testunau y mae'ch ymennydd yn eu gwneud yn awtomatig, yr hawsaf fydd hi i chi gofio'r wybodaeth berthnasol yn yr arholiad.

Er enghraifft, os ydych chi newydd gyfnerthu eich nodiadau am adeiledd system cludiant planhigion, gallech chi herio'ch hun i wneud rhestr o bethau sy'n debyg ac yn wahanol rhwng systemau cludiant planhigion a bodau dynol.

Mae hyn yn ddefnyddiol, oherwydd wrth ateb y math hwn o gwestiwn, bydd eich ymennydd yn ffurfio cysylltau rhwng y testunau ac yn cryfhau eich gallu i gofio, a byddwch chi hefyd yn gwella eich dealltwriaeth o systemau cludiant planhigion a bodau dynol.

Fel rhan o'r 'ymhelaethu', gallwch chi geisio cysylltu syniadau ag enghreifftiau o'r byd go iawn. Bydd rhain yn datblygu'ch dealltwriaeth ac yn help i gofio ffeithiau allweddol. Er enghraifft, wrth adolygu adeiledd polymer, gallech chi gysylltu hyn ag enghreifftiau o bolymerau a sut maen nhw'n cael eu defnyddio.

Cofeiriau

Cymhorthion cof yw cofeiriau; maen nhw'n defnyddio patrymau o eiriau neu syniadau i'ch helpu chi i gofio ffeithiau neu wybodaeth. Y math mwyaf cyffredin yw creu brawddeg gan ddefnyddio geiriau sydd â'r llythrennau cyntaf yn cyfateb i'r gair neu'r syniad rydych chi'n ceisio ei ddysgu.

Er enghraifft, gallwn ni ddosbarthu pethau byw yn lefelau tacsonomaidd:

- **Te**yrnas
- **Ff**ylwm
- **D**osbarth
- **U**rdd
- **Te**ulu
- **Ge**nws
- **Rh**ywogaeth.

Dyma gofair posibl i gofio trefn y lefelau hyn:

Tri **Ff**lamingo **D**u **U**ngoes **T**ew'n **G**wrthod **Rh**edeg

Gall mathau eraill o gofeiriau gynnwys rhigymau, caneuon byr a chynlluniau gweledol anarferol o'r wybodaeth rydych chi'n ceisio ei chofio.

Palas cof

Techneg yw 'palas cof' sy'n cael ei defnyddio'n aml gan arbenigwyr cof i gofio symiau enfawr o wybodaeth. Yn y dechneg hon, rydych chi'n dychmygu lle penodol (gallai fod yn balas, fel enw'r dechneg, ond gallech chi ddefnyddio eich cartref neu rywle arall sy'n gyfarwydd i chi), ac yn y lleoliad hwn rydych chi'n rhoi ffeithiau penodol mewn ystafelloedd neu ardaloedd penodol. Yn ddelfrydol, dylai fod cysylltiad rhwng y ffeithiau hyn a'r man lle rydych chi'n eu rhoi nhw, a dylen nhw aros yn yr un lleoliad ac ymddangos yn yr un drefn bob amser.

Efallai y bydd hi o gymorth i chi 'wisgo' pob ffaith mewn modd gweledol hefyd. Er enghraifft, efallai y gallech chi ddychmygu'r wybodaeth 'mae cyflymiad oherwydd disgyrchiant yn ~$10\,m/s^2$' wedi'i 'gwisgo' fel yr afal a syrthiodd ar ben Newton. Yna, gallech chi roi'r afal hwn yn y gegin yn eich palas cof, ar uchder o 10 metr ar ben un o'ch cypyrddau.

Drwy'r broses o gysylltu ffeithiau â'u lleoliad dychmygol, byddwch chi'n fwy tebygol o gofio'r ffaith yn gywir wrth ailymweld â'r 'palas' a'r lleoliadau hyn yn eich meddwl.

Adolygu gweithredol

Er mwyn adolygu'n effeithiol, mae'n rhaid i chi *wneud rhywbeth* â'r wybodaeth. Yr allwedd i adolygu effeithiol yw ei wneud yn weithredol. Mae ailddarllen nodiadau yn broses oddefol ac yn eithaf aneffeithiol o ran helpu i gadw gwybodaeth. Mae angen meddwl yn weithredol am y wybodaeth rydych chi'n ei hadolygu. Mae hyn yn gwella'ch siawns o'i chofio, gan adael i chi weld cysylltiadau rhwng gwahanol feysydd testun. Mae datblygu dealltwriaeth gyfannol, ddofn o'r cwrs yn allweddol i gael y marciau uchaf.

Mae technegau gweithredol gwahanol yn gweithio i wahanol bobl. Rhowch gynnig ar amrywiaeth o weithgareddau i weld pa rai sy'n gweithio i chi. Peidiwch â chadw at un gweithgaredd wrth adolygu; bydd amrywio yn helpu i gynnal eich diddordeb.

➤➤ Ymarfer adalw

Fel arfer, bydd ymarfer adalw yn cynnwys y camau canlynol.

Cam 1 Cyfnerthu eich nodiadau

Cam 2 Profi eich hun

Cam 3 Gwirio eich atebion

Cam 4 Ailadrodd

Cam 1: Cyfnerthu eich nodiadau

Mae cyfnerthu nodiadau yn golygu cymryd gwybodaeth o'ch nodiadau a'i chyflwyno ar ffurf wahanol. Gall hyn fod mor syml ag ysgrifennu pwyntiau allweddol testun penodol fel pwyntiau bwled ar ddarn o bapur ar wahân. Ond gyda thechnegau cyfnerthu mwy effeithiol, byddech chi'n cymryd y wybodaeth hon ac yn ei throi'n dabl neu'n ddiagram, neu gallech chi fod yn fwy creadigol a'i throi'n fapiau meddwl neu'n gardiau fflach.

Nodiadau pwyntiau bwled

Dyma enghraifft o sut gallech chi gyfnerthu nodiadau pwyntiau bwled o ddarn o destun sy'n bodoli.

Testun gwreiddiol

Dydy bodau dynol ddim yn gallu clywed tonnau uwchsain oherwydd eu hamledd uchel iawn. Mae'r tonnau hyn yn cael eu hadlewyrchu'n rhannol ar ffin rhwng dau gyfrwng gwahanol. Gallwn ni ddefnyddio'r amser mae'n ei gymryd i'r adlewyrchiadau atseinio'n ôl at ganfodydd i ddarganfod pa mor bell i ffwrdd yw'r ffin hon, cyn belled â'n bod ni'n gwybod buanedd y tonnau yn y cyfrwng hwnnw. Mae hyn yn caniatáu i ni ddefnyddio tonnau uwchsain ar gyfer delweddu meddygol a diwydiannol.

Mae daeargrynfeydd yn cynhyrchu tonnau seismig. Mae tonnau P seismig yn arhydol ac yn teithio ar fuaneddau gwahanol drwy solidau a hylifau. Mae tonnau S seismig yn ardraws, felly ni allant deithio drwy hylif. Mae tonnau P a thonnau S yn rhoi tystiolaeth o adeiledd a maint craidd y Ddaear. Mae astudio tonnau seismig wedi darparu tystiolaeth am rannau o'r Ddaear sy'n bell o dan yr arwyneb.

★ **Nid yw tonnau uwchsain yn rhan o fanyleb CBAC. Mae'r deunydd hwn wedi'i gynnwys yma fel enghraifft o nodiadau cyffredinol.**

Nodiadau wedi'u cyfnerthu

- Amledd uwchsain > 20 000, felly dydy bodau dynol ddim yn gallu eu clywed
- Mae uwchsain yn adlewyrchu, a gallwn ni ddefnyddio'r amser mae'n ei gymryd i atsain ddod yn ôl i ddarganfod pellter rhwng targed a ffynhonnell
- Defnyddir uwchsain ym meysydd meddygaeth a diwydiant i gael delweddau

- Mae dau fath o don seismig mewn daeargrynfeydd: tonnau P arhydol a thonnau S ardraws
- Mae tonnau P yn gallu teithio drwy solidau a hylifau, mae tonnau S yn teithio drwy solidau yn unig
- Mae'r ddau fath yn rhoi gwybodaeth am adeiledd mewnol y Ddaear, e.e. maint y craidd.

Diagramau llif

Mae diagramau llif yn ffordd wych o gynrychioli'r camau mewn proses.
Maen nhw'n eich helpu chi i gofio'r camau yn y drefn gywir. Mae enghraifft o ddiagram llif Cemeg, ar gyfer proses Haber, i'w gweld yn Ffigur 4.1.

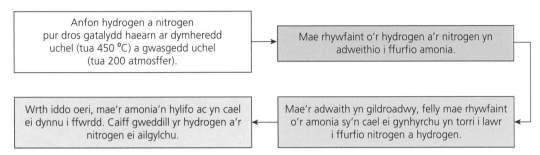

▲ Ffigur 4.1 **Proses Haber**

Mapiau meddwl

Crynodebau sy'n dangos cysylltiadau rhwng testunau yw mapiau meddwl. Mae datblygu'r cysylltiadau hyn yn sgìl lefel uwch – mae'n allweddol i ddatblygu dealltwriaeth lawn a dwfn o gynnwys y fanyleb.

Weithiau, does dim llawer o fanylder mewn mapiau meddwl, felly mae'n fwy defnyddiol eu gwneud nhw ar ôl i chi astudio'r testunau'n fanylach.

Edrychwch ar adran **Ymhelaethu** (tudalen 127) am fwy o wybodaeth am bwysigrwydd cysylltu syniadau wrth wneud gwaith adolygu gweithredol.

> **Term allweddol**
>
> Sgìl lefel uwch: **Sgìl heriol sy'n anodd ei feistroli ond sy'n rhoi llawer o fudd i chi ar draws gwahanol bynciau.**

Enghraifft dda o fap meddwl

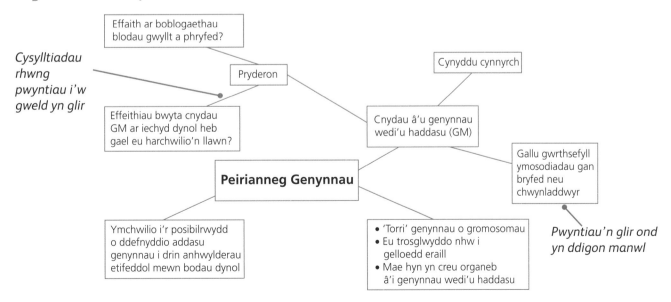

▲ Ffigur 4.2 **Enghraifft o fap meddwl da**

Enghraifft wael o fap meddwl

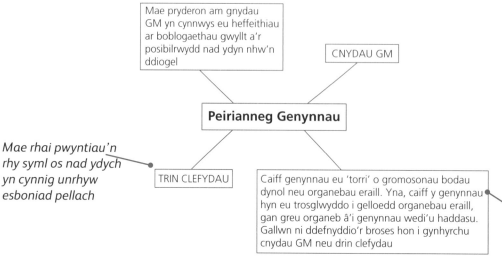

Mae pryderon am gnydau GM yn cynnwys eu heffeithiau ar boblogaethau gwyllt a'r posibilrwydd nad ydyn nhw'n ddiogel

CNYDAU GM

Does dim tystiolaeth o gysylltu'r pwyntiau gyda'i gilydd

Peirianneg Genynnau

Mae rhai pwyntiau'n rhy syml os nad ydych yn cynnig unrhyw esboniad pellach

TRIN CLEFYDAU

Caiff genynnau eu 'torri' o gromosonau bodau dynol neu organebau eraill. Yna, caiff y genynnau hyn eu trosglwyddo i gelloedd organebau eraill, gan greu organeb â'i genynnau wedi'u haddasu. Gallwn ni ddefnyddio'r broses hon i gynhyrchu cnydau GM neu drin clefydau

Mae pwyntiau fel y rhain yn rhy gymhleth ac yn cynnwys gormod o destun

▲ Ffigur 4.3 Enghraifft o fap meddwl gwael

Cardiau fflach

Mae cardiau fflach yn wych ar gyfer pethau fel diffinio geiriau allweddol – ysgrifennwch air allweddol ar un ochr o'r cerdyn a'r diffiniad ar yr ochr arall.

Defnyddiwch gardiau fflach hefyd i grynhoi pwyntiau allweddol proses neu destun.

Yn debyg i fapiau meddwl, dylen nhw gael eu defnyddio ar y cyd â dulliau adolygu eraill sy'n rhoi sylw llawn i'r manylion angenrheidiol.

Cam 2: Profi eich hun

Gallwch chi wneud amrywiaeth o weithgareddau profi â'r nodiadau rydych chi wedi'u cyfnerthu, gan gynnwys:

- gwneud eich cwisiau eich hun
- gofyn i ffrindiau neu deulu eich profi chi
- dewis cardiau fflach ar hap o bentwr
- rhoi cynnig ar hen gwestiynau arholiad

Os ydych chi wedi creu prawf, neu'n gofyn i bobl eraill eich profi, mae'n bwysig gadael digon o amser rhwng cyfnerthu'ch nodiadau a chael eich profi arnyn nhw. Fel arall, dydych chi ddim yn profi'ch gallu i gofio yn effeithiol.

Cam 3: Gwirio eich atebion

Ar ôl profi eich hun, gwiriwch eich atebion drwy ddefnyddio eich nodiadau neu eich gwerslyfrau. Byddwch yn galed arnoch chi eich hun wrth farcio atebion. Efallai na fydd ateb sydd *bron* yn gywir yn ennill marciau llawn mewn arholiad. Dylech chi geisio bob amser i roi'r ateb gorau posibl.

Os bydd unrhyw beth yn anghywir, cywirwch eich atebion ar bapur (nid dim ond yn eich pen). Anodwch eich atebion gydag unrhyw beth rydych chi wedi'i golli ynghyd â phethau ychwanegol i'w gwella, fel defnyddio iaith fwy technegol.

Cam 4: Ailadrodd

Ailadroddwch y broses gyfan, ar gyfer pob testun, yn rheolaidd. Bydd ailedrych ar weithgareddau yn eich helpu i gofio agweddau allweddol a sicrhau eich bod yn dysgu o'ch camgymeriadau blaenorol. Mae'n arbennig o ddefnyddiol ar gyfer testunau heriol.

Cyngor

Fel gyda mapiau meddwl, peidiwch â rhoi gormod o wybodaeth ar gerdyn fflach.

Cyngor

Mae nifer o wahanol apiau defnyddiol ar gael i helpu i greu cwisiau. Mae rhai o'r apiau hefyd yn eich galluogi chi i rannu'r cwisiau â ffrindiau, er mwyn i chi allu helpu eich gilydd.

Cyngor

Er bod gwahanu a chymysgu testunau yn isadrannau ar wahân yma, dylen nhw gael eu cynnwys yn eich ymarfer adalw.

Peidiwch ag ailedrych ar yr un testun *yn syth*. Mae adolygu yn fwy effeithiol os gadewch chi amser cyn mynd yn ôl at destunau diweddar, a defnyddio'r amser hwn i droi eich sylw at destunau eraill.

Gwahanu testunau

Ar ôl mynd drwy destun cyfan, symudwch ymlaen ac aros cyn dod yn ôl ato a phrofi'r cof. Dychwelwch at destun yn rheolaidd, gan adael mwy a mwy o amser rhwng pob tro. Does dim angen treulio gormod o amser wrth ddychwelyd at destun – gall ailadrodd rhai profion yn gyflym fod yn ddigon.

Wrth ddychwelyd, gofynnwch i chi eich hun:

● ydych chi mor gyfarwydd â'r testun â'r tro cyntaf i chi ei adolygu?
● ydych chi'n dal i wneud yr un camgymeriadau?
● beth allwch chi ei wella?

Nodwch y meysydd allweddol y mae angen i chi edrych arnyn nhw eto.

Rhowch amser i'r broses hon yn eich amserlen. Dydy gadael pethau tan y funud olaf a cheisio gwneud popeth bryd hynny ddim yn ffordd effeithiol o adolygu.

Cymysgu testunau

Mae cymysgu testunau (rhoi sylw i gymysgedd o destunau yn ystod eich amserlen adolygu, yn hytrach na threulio cyfnodau hir ar un testun) yn strategaeth adolygu effeithiol. Mae'n cyd-fynd â'r angen i ailedrych ar destunau yn rheolaidd. Mae cymysgu gwahanol feysydd adolygu yn siŵr o olygu y bydd bwlch rhwng adolygu testun am y tro cyntaf, a dod yn ôl ato'n ddiweddarach.

Mae astudiaethau wedi dangos, er bod symud ymlaen i destunau gwahanol yn fwy rheolaidd yn ymddangos yn anodd, y gallai wella eich adolygu'n sylweddol. Felly mae'n werth dal ati.

> **Cyngor**
> Weithiau, caiff hyn ei alw'n 'Ymarfer gyda Bylchau'.

> **Cyngor**
> Weithiau, caiff hyn ei alw'n 'Rhyngblethu'.

» Ymarfer, ymarfer, ymarfer

Mae cwblhau cwestiynau ymarfer, yn enwedig cwestiynau enghreifftiol, yn rhoi cyfle i chi ddefnyddio'ch gwybodaeth a gwirio bod eich adolygu'n gweithio. Os ydych chi'n treulio llawer o amser yn adolygu ond yn methu ateb y cwestiynau arholiad, yna mae rhywbeth o'i le â'ch techneg adolygu, a dylech chi roi cynnig ar un wahanol. Mae enghreifftiau o gwestiynau ymarfer ar dudalennau 150–160. Mae sawl ffordd wahanol o geisio ateb cwestiynau arholiad ymarfer.

Defnyddio nodiadau i gwblhau'r cwestiynau

Efallai fod hyn yn teimlo ychydig bach fel twyllo, ond mae'n astudio gweithredol da a bydd yn dangos i chi os oes angen gwella eich nodiadau yn unrhyw le.

Cwblhau cwestiynau ar destun penodol

Ar ôl adolygu maes testun, cwblhewch hen gwestiynau arholiad ar y testun heb ddefnyddio eich nodiadau. Os ydych chi'n ateb yn anghywir, ewch yn ôl dros eich nodiadau cyn dychwelyd i gwblhau cwestiynau ar y testun hwn yn nes ymlaen. Ailadroddwch y broses hon nes eich bod yn ateb pob cwestiwn yn gywir yn gyson. Anodwch eich nodiadau gyda phwyntiau o'r cynlluniau marcio. Mae mwy o fanylion am ddefnyddio cynlluniau marcio ar dudalennau 90–101.

Cwblhau cwestiynau ar destun dydych chi ddim wedi'i adolygu'n llawn eto

Bydd hyn yn dangos i chi pa feysydd yn y testun rydych chi'n eu gwybod yn barod, a pha rai y mae angen i chi weithio arnyn nhw. Yna, gallwch chi adolygu'r testun a mynd yn ôl a chwblhau'r cwestiwn eto i wirio eich bod chi wedi llwyddo i lenwi'r bylchau yn eich gwybodaeth.

Cwblhau cwestiynau o dan amodau arholiad

Tuag at ddiwedd eich cyfnod adolygu, pan fyddwch chi'n gyfforddus â'r testunau, cwblhewch amrywiaeth o gwestiynau o dan amodau arholiad wedi'u hamseru. Mae hyn yn golygu: mewn tawelwch, heb ddim byd i dynnu eich sylw a heb ddefnyddio nodiadau na gwerslyfrau.

Mae'n bwysig cwblhau o leiaf rhai gweithgareddau wedi'u hamseru o dan amodau arholiad. Pwrpas hyn yw eich paratoi chi ar gyfer yr arholiad. Cofiwch, os byddwch chi'n treulio amser yn chwilio am atebion, yn siarad, yn edrych ar eich ffôn ac ati, ni fyddwch chi'n cael syniad cywir o'r amseru.

Gwnewch yn siŵr eich bod chi'n gadael digon o amser i ailedrych ar eich holl atebion. Yn aml, bydd myfyrwyr yn colli llawer o farciau drwy wneud camgymeriadau gwirion, yn enwedig wrth gyfrifo. Gallwch chi osgoi'r rhain drwy wneud yn siŵr eich bod chi'n gwirio pob ateb yn drylwyr.

Wrth weithio tuag at gwblhau arholiad o dan amodau wedi'i amseru, gall fod yn ddefnyddiol dechrau drwy amseru un neu ddau gwestiwn, er mwyn dod i arfer â pha mor gyflym y dylech chi fod yn eu hateb nhw. Yna, gallwch chi weithio eich ffordd i fyny'n araf at gwblhau papurau llawn yn yr amser fyddai gennych chi yn yr arholiad go iawn. Nodwch unrhyw feysydd lle rydych chi'n gweld eich bod chi'n treulio gormod o amser a chwiliwch am ffyrdd o wella.

Mae adolygu effeithiol yn gwbl hanfodol os ydych chi am lwyddo mewn TGAU Gwyddoniaeth. Dim ond drwy adolygu'n effeithiol ac yn drylwyr y gallwch chi sicrhau bod gennych chi ddealltwriaeth gyflawn o'r holl gynnwys.

Cyngor

Fel canllaw i'r amseru, gallwch chi gyfrifo faint o farciau, yn ddelfrydol, y dylech chi fod yn eu hennill bob munud. I wneud hyn, rhannwch gyfanswm nifer y marciau sydd ar gael gyda'r amser sydd gennych chi yn yr arholiad. Bydd hyn yn eich helpu i gael syniad o ba gwestiynau sydd angen mwy o amser. Ond nid yw hwn yn ganllaw perffaith oherwydd bydd rhai cwestiynau'n cymryd mwy o amser nag eraill, yn enwedig y cwestiynau mwy cymhleth sydd i'w cael yn aml tua diwedd y papur arholiad.

5 Sgiliau arholiad

Byddwch chi wedi treulio o leiaf blwyddyn yn dysgu TGAU Gwyddoniaeth erbyn amser yr arholiad. O ystyried eich holl waith yn ystod eich astudiaethau, mae'n bwysig eich bod yn gwybod sut i gymhwyso eich gwybodaeth o dan amodau arholiad.

Dim ond rhan o fod yn llwyddiannus yw dysgu cynnwys y fanyleb. Mae'n rhaid i chi hefyd ddatblygu eich sgiliau arholiad i sicrhau eich bod yn cael y marciau uchaf posibl. Mae hyn yn cynnwys paratoi'n llawn cyn yr arholiad, gwybod pa fathau o gwestiynau a geiriau gorchymyn sy'n cael eu defnyddio er mwyn gwybod beth i'w wneud, a phethau syml fel gwirio eich atebion.

Mae'r adran hon yn dangos sut i baratoi ar gyfer yr arholiad, sut i ddeall beth mae pob cwestiwn yn ei ofyn, a sut i benderfynu ar lefel y cynnwys y mae angen i chi ei ysgrifennu er mwyn cael y marciau uchaf posibl.

» Cyngor cyffredinol ar arholiadau

Cyn yr arholiad
Manylion yr arholiad

Er mwyn gwneud yn siŵr nad oes unrhyw beth annisgwyl yn yr arholiad, dylech chi ddarllen i weld sut bydd y bwrdd arholi yn eich profi. Os nad ydych chi'n gwybod sut i ddod o hyd i wefan neu fanyleb CBAC, sef y bwrdd arholi, holwch eich athro.

Dyma'r mathau o bethau y mae angen i chi chwilio amdanyn nhw:

- sawl papur byddwch chi'n eu sefyll
- sut caiff y papurau eu rhannu (o ran marciau a chynnwys)
- pa mor hir mae pob papur yn para
- oes unrhyw asesiadau eraill (mae CBAC yn arholi gwaith ymarferol yn annibynnol).

Mae prif adran y fanyleb yn dangos cynnwys y pwnc, sy'n nodi'r hyn y mae'n rhaid i chi ei wybod, ei ddeall, a gallu ei wneud. Bydd gan lawer o ganllawiau adolygu, fel *Fy Nodiadau Adolygu*, restri gwirio sy'n nodi beth y mae angen i chi ei ddysgu, er mwyn i chi allu eu ticio wrth ddod i adnabod pob maes.

Deunyddiau asesu enghreifftiol

Mae deunyddiau asesu enghreifftiol a hen bapurau arholiad yn adnodd anhygoel o ddefnyddiol. Bydd hen bapurau yn dangos arddull y cwestiynau gallwch chi eu disgwyl. Ar gyfer pob papur, dylech chi hefyd wirio'r cynllun marcio i weld sut mae pob cwestiwn yn cael ei farcio. Byddwch chi eisoes yn gyfarwydd â sut caiff

> **Cyngor**
>
> Ysgrifennwch rif a hyd pob papur ar *post-it* a'i osod wrth ymyl eich desg i'ch atgoffa beth rydych chi'n gweithio tuag ato. Mae'n ddefnyddiol cael rhestr o'r testunau ar bob papur hefyd.

rhai cwestiynau eu marcio os ydych chi wedi gweithio drwy bennod Ymatebion Estynedig y llyfr hwn (mae'n dechrau ar dudalen 84).

Mae'r deunyddiau hyn ar gael drwy wefan CBAC, ond efallai na fydd y rhai mwyaf diweddar ar gael i'r cyhoedd gan eu bod nhw ar ran ddiogel o'r safle. Gallwch chi ofyn i'ch athro eu llwytho nhw i lawr i chi, ond efallai y byddan nhw am eu cadw nhw i'w gwneud yn y dosbarth neu eu gosod fel gwaith cartref.

Bydd angen i chi ymarfer ateb cyn-bapurau llawn i'ch helpu chi i ddod i arfer â hyd y papur ac arddull arholiadau y bwrdd arholi. Astudiwch y cynlluniau marcio yn ofalus a gwnewch yn siŵr eich bod chi'n nodi pa bwyntiau marcio y methoch chi eu cynnwys yn eich ateb. Mae cynlluniau marcio'n dangos beth mae'r arholwr yn chwilio amdano, a byddan nhw'n eich galluogi i ddilyn dull mwy manwl, trachywir a phwrpasol a fydd yn help i wella'ch techneg arholiad.

Mae cwestiynau ar gael o ffynonellau eraill hefyd:

- Cwestiynau arholiad o hen fanylebau – mae'r rhain fel arfer am ddim, a bydd nifer mawr ohonynt. Maen nhw'n gallu bod yn ddefnyddiol iawn oherwydd eu bod yn rhoi sylw i destunau a sgiliau sy'n cael eu hasesu yn y manylebau presennol. Ond byddwch yn ofalus oherwydd bydd peth o'r cynnwys wedi newid, ac efallai bydd arddull y cwestiynau'n wahanol.

- Cwestiynau byrddau arholi eraill – mae'r rhain yn gallu bod yn ddefnyddiol os ydych chi eisoes wedi cwblhau'r cwestiynau sydd ar gael gan CBAC. Bydd papurau arholiad y manylebau diweddar yn cynnwys mwy o gwestiynau cymhwyso sy'n gyffredin yn y manylebau newydd. Fel gyda'r hen fanylebau, byddwch yn ofalus i beidio â dibynnu gormod ar yr adnoddau hyn, a dim ond ateb cwestiynau sy'n cyfateb i gynnwys manyleb CBAC.

Cynllunio ymlaen llaw

Mae arholiadau'n gallu achosi straen, felly mae'n bwysig iawn lleihau straen gymaint â phosibl ar y diwrnod. Gallwch chi wneud hyn mewn sawl ffordd:

- Bydd eich ysgol yn rhoi'ch amserlen i chi yn nhymor yr haf, ond gallwch chi lwytho'r amserlen lawn o wefan CBAC ymhell cyn hynny, os dymunwch. Bydd hyn yn eich helpu chi i gynllunio ymlaen llaw a llunio amserlenni adolygu.

- Gwnewch yn siŵr bod yr holl gyfarpar sydd ei angen yn barod gennych chi mewn da bryd. Gallai fod yn werth pacio'r noson gynt, hyd yn oed. Mae hyn yn golygu trefnu'ch beiros, pensiliau, pren mesur, cyfrifiannell, ac ati. Gwnewch yn siŵr bod gennych chi un sbâr o bopeth, rhag ofn i unrhyw beth orffen neu dorri yn ystod yr arholiad. Chewch chi ddim dod â'ch ffôn symudol i'r ystafell arholiad, felly mae'n well ei adael gartref.

- Gwnewch yn siŵr eich bod chi'n gwybod ble mae eich arholiad yn digwydd, a rhif eich sedd. Dylech chi hefyd ddod â'ch datganiad cofrestru. Bydd hyn yn lleihau unrhyw siawns o fynd i'r lleoliad anghywir, a bydd hefyd yn gwneud pethau'n llawer haws pan gyrhaeddwch chi'r arholiad.

- Sicrhewch eich bod yn gwybod sut rydych chi'n mynd i'ch arholiad, a chynlluniwch i gyrraedd mewn da bryd. Bydd cael eich dal mewn traffig yn eich gwneud yn fwy pryderus a bydd yn anoddach perfformio ar eich gorau.

- Bydd cael digon o gwsg y noson cyn yr arholiad yn gwella'ch gallu i ganolbwyntio yn yr arholiad. Dydy ceisio astudio popeth yn hwyr y noson gynt ddim yn effeithiol fel arfer (mae mwy o awgrymiadau adolygu yn Adran 4).

Cyngor

Mae cwestiynau ymarfer ar gyfer yr arholiad hefyd ar gael ar dudalennau 150–160 y canllaw hwn.

Yn ystod yr arholiad

Deall beth i'w wneud

Unwaith y byddwch chi yn yr ystafell arholiad, ac wedi cael y papur cwestiwn, darllenwch y cyngor a'r cyfarwyddiadau ar y clawr blaen. Cwblhewch fanylion yr ymgeisydd pan gewch chi orchymyn i wneud hynny.

Wrth i chi weithio drwy'r papur, darllenwch bob cwestiwn yn ofalus. Edrychwch ar eiriau gorchymyn, sy'n dweud beth mae'n rhaid i chi ei wneud.

Os yw'n gwestiwn hir, cynlluniwch eich ateb yn ofalus cyn dechrau ysgrifennu.

Os yw'n gwestiwn mathemategol, meddyliwch: fformiwla, amnewid, cyfrifo, ateb gydag uned.

Edrychwch yn ofalus ar y lle gwag sydd ar gael i'ch ateb. Bydd maint y lle gwag yn rhoi awgrym o faint mae disgwyl i chi ei ysgrifennu i gael marciau llawn.

Rheoli amser

Mae rheoli amser mewn arholiadau'n hollbwysig. Fel rhan o'ch paratoadau, dylech chi fod eisoes wedi ymarfer cwblhau papurau arholiad yn yr amser sydd ar gael, a dylech chi wybod bod dyraniad amser eich papurau TGAU yn rhoi tua 1 munud i chi am bob marc – ceisiwch gadw at yr amseriadau hyn. Dyma fwy o gyngor ar reoli amser yn yr arholiad:

- Cadwch lygad ar yr amser – peidiwch â phoeni gormod am y cloc, ond gwnewch yn siŵr eich bod chi'n edrych arno'n rheolaidd i weld os ydych chi'n cadw'n agos at eich amseriadau. Mae angen i chi fod ychydig yn hyblyg, rhag ofn i rai cwestiynau gymryd mwy neu lai o amser, ond os dechreuwch chi fynd ar ei hôl hi, ceisiwch gyflymu.

- Bydd angen mwy o amser ar gyfer rhai cwestiynau nag eraill – yn enwedig unrhyw gyfrifiadau. Os ydych chi'n cael trafferth gyda chyfrifiad neu ran o gwestiwn, gadewch ef. Yna, os oes gennych chi amser ar y diwedd, gallwch chi fynd yn ôl ato a'i gwblhau.

- Gwnewch amser i ateb pob cwestiwn – dylai fod digon o amser i ateb pob cwestiwn ar y papur; gwastraffu amser yw cynnwys manylion amherthnasol. Cofiwch mai'r peth allweddol er mwyn llwyddo yw cael y marciau uchaf am gyn lleied â phosibl o eiriau.

- Bydd eich papurau arholiad yn dechrau â chwestiwn llai heriol ac yna'n raddol yn mynd yn fwyfwy anodd. Yn yr un modd, bydd cwestiwn amlran yn dechrau'n hawdd gan fynd yn fwy anodd wrth symud drwy'r cwestiwn. Mae hyn yn rhoi cyfle i chi ennill rhai marciau ar bob maes testun drwy'r papur.

- Peidiwch â threulio gormod o amser ar gwestiwn anodd – os dewch chi at gwestiwn sy'n anodd iawn i chi ei ateb, peidiwch ag anobeithio, ewch ymlaen at y cwestiwn nesaf; efallai y bydd yn haws. Rhowch seren wrth ymyl unrhyw gwestiwn rydych chi wedi'i adael a dewch yn ôl ato ar y diwedd os oes amser. Mae treulio amser hir ar un cwestiwn anoddach yn gallu defnyddio amser gwerthfawr y gallech chi ei dreulio ar gwestiynau y byddai'n haws i chi eu hateb.

- Yr unig ffordd sicr o gael dim marciau am gwestiwn yw drwy ysgrifennu dim byd. Dylech chi geisio ysgrifennu ateb i bob cwestiwn, hyd yn oed os nad ydych chi'n gwybod ble i ddechrau. Ceisiwch nodi geiriau allweddol sy'n berthnasol i'r pwnc rhag ofn i hynny eich atgoffa chi neu ennill marc neu ddau.

Cyngor

Er bod nifer y llinellau yn ganllaw defnyddiol, peidiwch â theimlo bod rhaid i chi lenwi'r lle i gyd os ydych yn hyderus eich bod wedi ysgrifennu digon i gael y marciau mewn llai o le.

Cyngor

Mae cwestiwn strwythuredig yn mynd yn fwy ac yn fwy anodd wrth i chi weithio drwyddo. Os ewch chi'n sownd ar ddarn anodd, symudwch ymlaen i'r cwestiwn nesaf; bydd yn dechrau â darn hawdd ar destun gwahanol, ac yn ailadeiladu eich hyder.

- Gadewch amser i wirio eich atebion – mae hyn yn bwysig iawn. Yn aml, bydd ymgeiswyr yn colli marciau sylfaenol drwy wneud camgymeriadau amlwg fel methu gair allweddol, ysgrifennu'r llythyren anghywir neu gwblhau darn o gyfrifiad yn anghywir. Drwy sylwi ar y camgymeriadau hyn a'u cywiro nhw, gallwch chi ennill marciau a allai wneud gwahaniaeth mawr.

Dangos eich gwaith cyfrifo

Mae arholwyr yn aml yn cwyno nad yw myfyrwyr yn dangos eu gwaith cyfrifo. Efallai bod hyn yn digwydd oherwydd eich bod yn gwneud y cyfrifiad i gyd ar gyfrifiannell heb feddwl am ysgrifennu'r camau rydych chi'n defnyddio i gyrraedd yr ateb. Mae'n ofnadwy o bwysig dangos eich holl waith cyfrifo oherwydd gallwch chi ennill marciau am eich dull, hyd yn oed os yw'ch ateb terfynol yn anghywir.

Gwirio eich atebion

Yn ogystal â dod o hyd i amser i wirio cywirdeb cyffredinol eich atebion, dylech chi wirio'n gyflym i sicrhau eich bod chi wedi sillafu'r geiriau i gyd yn gywir. Yn gyffredinol, os yw gair wedi'i gamsillafu'n ffonetig byddwch chi'n cael y marciau, ond dylech chi fod yn ofalus â geiriau allweddol a thermau technegol, rhag ofn. Mae hyn yn arbennig o wir ar gyfer cwestiynau ymateb estynedig, lle mae hyd at chwe marc ar gael.

Ewch drwy restr wirio sydyn yn eich pen. Gofynnwch i'ch hun:

- Ydy pob brawddeg yn dechrau â phriflythyren ac yn gorffen ag atalnod llawn?

- Ydy'r ateb wedi'i osod mewn paragraffau?

- Ydy'r sillafu'n gywir (yn enwedig y termau technegol)?

- Ydy'r termau technegol yn cael eu defnyddio'n gywir?

Mae sillafu yn arbennig o bwysig os oes dau neu fwy o eiriau sy'n debyg i'w gilydd ac yn golygu pethau gwahanol iawn. Er enghraifft, mitosis a meiosis. Gallai sillafu un o'r geiriau hyn yn anghywir gostio marciau i chi.

Felly, mae'n werth gwneud yn siŵr bod eich atebion yn glir ac yn hawdd eu darllen. Wnaiff yr arholwr ddim eich cosbi chi am lawysgrifen flêr, ond mae'n bwysig iawn ei fod yn gwybod beth rydych chi wedi'i ysgrifennu.

Mewn cwestiynau mathemategol, gwiriwch eich rhifyddeg a sicrhewch fod eich ateb yn rhesymol. Os yw'r cwestiwn yn gofyn, er enghraifft, 'Cyfrifwch fàs y myfyriwr...', dylech chi wybod bod ateb o 500 kg (hanner tunnell fetrig) neu 5 kg (bag o datws) yn annhebygol. Os oes gennych ateb fel hyn, mae'n debygol eich bod wedi lluosi neu rannu gyda 10 yn anghywir rywle yn ystod y cyfrifo.

Trafferthion cyffredin eraill

Dyma rai trafferthion cyffredin y dylech chi gadw llygad arnyn nhw yn eich arholiadau:

Bioleg

- Peidio ateb y cwestiwn – mae penderfynu beth i'w ysgrifennu yn gallu bod yn un o'r agweddau mwy heriol ar ateb cwestiynau arholiad. Gwnewch yn siŵr eich bod chi'n darllen pob cwestiwn yn llawn er mwyn deall beth mae'r gair gorchymyn yn ei ofyn. Yn aml, bydd y cwestiwn yn rhoi gwybodaeth a chanllawiau defnyddiol i chi, a dylech chi gynnwys y rhain hefyd.

Cyngor

Byddwch chi'n gweld mewn cynlluniau marcio enghreifftiol sut mae arholwyr yn rhoi marciau am ddwyn gwall ymlaen (neu DGY). Mae hyn yn ffordd ddefnyddiol o weld sut gallwch chi ennill marciau, hyd yn oed os ydych chi'n gwneud camgymeriad.

- Peidio ysgrifennu digon – weithiau, bydd gair neu frawddeg yn ddigon i ateb cwestiwn a chael y marciau. Ond, os yw cwestiwn yn werth dau neu fwy o farciau, mae'n debygol y bydd angen i chi ysgrifennu ychydig bach mwy.

- Ysgrifennu gormod – efallai yr hoffech chi ysgrifennu popeth gallwch chi feddwl amdano ynglŷn â thestun, ond os nad yw'n berthnasol, byddwch chi'n gwastraffu amser. Gallech chi hyd yn oed wneud eich ateb yn waeth, oherwydd y mwyaf rydych chi'n ei ysgrifennu, y mwyaf tebygol yw hi y byddwch chi'n dweud rhywbeth sy'n anghywir neu'n gwrthddweud eich hun, a gallai hynny golli marciau i chi.

- Peidio defnyddio geiriau allweddol – mae geiriau allweddol, neu dermau technegol, yn hanfodol bwysig ym maes Bioleg. Yn aml, bydd cynlluniau marcio'n cynnwys geiriau allweddol sy'n gorfod bod mewn ateb, er mwyn sgorio marc.

Cyngor

- Cofiwch fod rhai cwestiynau'n gallu cynnwys mwy nag un gair gorchymyn.
- Bydd nifer y llinellau sydd o dan y cwestiwn fel arfer yn rhoi syniad da i chi o faint y mae disgwyl i chi ei ysgrifennu. Dydy hyn ddim yn berffaith, gan fod maint llawysgrifen pobl yn amrywio, ond mae'n rhoi amcangyfrif da. Mae nifer y marciau hefyd yn bwysig – gofynnwch i'ch hun a ydych chi'n siŵr eich bod wedi cynnwys o leiaf yr un nifer o bwyntiau â nifer y marciau sydd ar gael.
- Wrth ateb cwestiynau mathemateg sy'n cynnwys cyfrifiad, ma'n anodd iawn ysgrifennu gormod, felly gwnewch yn siŵr eich bod chi'n ysgrifennu pob cam.
- Fel rhan o'ch gwaith adolygu, dylech chi fod yn gwneud rhestri o eiriau allweddol ac yn eu cofio nhw (er enghraifft, defnyddio cardiau fflach). Yna, gallwch chi feddwl yn ôl dros y rhestri hyn yn yr arholiad a cheisio cofio unrhyw rai y gallech chi eu cynnwys.

Cemeg

- Symbolau a fformiwlâu cemegol – cofiwch fod gan symbolau lythyren fawr wedi'i dilyn gan lythyren fach. Bydd defnyddio symbolau anghywir yn cael ei gosbi. Er enghraifft, bydd defnyddio 'h' ar gyfer hydrogen, 'CL' ar gyfer clorin neu 'br' ar gyfer bromin i gyd yn cael eu cosbi. Bydd fformiwlâu anghywir hefyd yn cael eu cosbi; er enghraifft, gan mai Na_2CO_3 yw'r fformiwla gywir ar gyfer sodiwm carbonad, bydd hyd yn oed gwall bach fel ei labelu'n $NaCO_3$ yn methu ag ennill y marc.

- Hafaliadau – gwiriwch bob amser bod eich hafaliadau'n cynnwys yr holl fformiwlâu cywir a'u bod nhw wedi'u cydbwyso'n gywir.

- Adeiledd organig – wrth luniadu fformiwlâu adeileddol, gwnewch yn siŵr bod pob atom wedi'i fondio'n gywir. Er enghraifft, ar gyfer fformiwla alcohol, mae C–HO yn anghywir – mae'n rhaid ysgrifennu C–OH.

Ffiseg

- Diffiniadau a deddfau – ysgrifennwch y rhai allweddol y mae disgwyl i chi eu galw i gof yn fanwl gywir. Mae mwyafrif yr hafaliadau sydd eu hangen yn cael eu rhoi yn yr arholiad, ond mae'n rhaid i chi allu galw rhai, o bosibl, i gof a gallu eu defnyddio nhw.

- Tasgau ymarferol gofynnol – gwnewch yn siŵr eich bod chi'n gallu disgrifio'r holl arbrofion a wnaethoch chi yn ystod eich cwrs, yn enwedig y gwaith ymarferol gofynnol (craidd). Ym mhwnc Ffiseg, mae'r rhain yn cael eu dewis yn aml fel testun cwestiynau ysgrifennu estynedig, sy'n werth chwe marc.

- Defnyddio cyfrifiannell yn dechnegol – gwnewch yn siŵr eich bod yn gwybod sut i ddefnyddio eich cyfrifiannell yn effeithiol a'ch bod wedi cael digon o ymarfer. Ydych chi'n hyderus, er enghraifft, y gallwch chi roi rhifau ar ffurf indecs safonol i mewn, dod o hyd i ail isradd, mynegi rhifau i 1 neu 2 ffigur ystyrlon a gwybod ystyr botymau fel S⇔D?

➢➢ Amcanion asesu

Yn ogystal â'r cynnwys y mae angen i chi ei ddysgu, mae manyleb CBAC hefyd yn amlinellu'r mathau o gwestiynau sy'n gallu cael eu gofyn, a chanran y marciau ar gyfer pob math o gwestiwn. Mae amcanion asesu yn amlinellu sut caiff eich sgiliau a'ch gwybodaeth eu profi yn yr arholiad. Mae cwestiynau arholiad gwyddoniaeth yn ymwneud ag un o dri amcan asesu. Mae'r amcanion hyn i'w gweld yn Nhabl 5.1.

Tabl 5.1 Amcanion asesu

Amcan asesu	Brasamcan o'r pwysoli %
AA1: Dangos gwybodaeth a dealltwriaeth o syniadau, prosesau, technegau a dulliau gweithredu gwyddonol.	40
AA2: Cymhwyso gwybodaeth a dealltwriaeth o syniadau, prosesau, technegau a dulliau gweithredu gwyddonol.	40
AA3: Dadansoddi, dehongli a gwerthuso gwybodaeth, syniadau a thystiolaeth wyddonol, yn cynnwys mewn perthynas â materion, er mwyn: • llunio barn a dod i gasgliadau • datblygu a mireinio dylunio a gweithdrefnau ymarferol	20

Cwestiynau AA1

Fel arfer, bydd cwestiynau AA1 yn ymwneud â galw ffeithiau i gof. Nifer bach o farciau sydd ar gyfer y cwestiynau hyn fel arfer (oni bai bod y cwestiwn yn gofyn i chi gofio llawer o ffeithiau ar wahân). Dyma gwestiwn AA1 nodweddiadol:

A Enghraifft wedi'i datrys

Mae celloedd procaryotig fel arfer yn llawer llai na chelloedd ewcaryotig. Nodwch un gwahaniaeth arall rhwng procaryotau ac ewcaryotau. [1]

Ateb enghreifftiol

Mae gan gelloedd ewcaryotig ddeunydd genynnol wedi'i gau mewn cnewyllyn, ond dydy deunydd genynnol celloedd procaryotig ddim wedi'i gau mewn cnewyllyn.

Fe welwch chi mai'r unig beth y mae'r cwestiynau hyn yn gofyn i chi ei wneud yw nodi gwybodaeth, heb fynd i fwy o fanylion am y pwnc.

Cwestiynau AA2

Nid yw galw ffeithiau i gof yn ddigon i ennill gradd dda; bydd llawer o gwestiynau yn gofyn i chi gymhwyso eich gwybodaeth at gyd-destunau gwahanol ac anghyfarwydd. Mae cwestiynau AA2 yn ceisio asesu eich gallu i gymhwyso syniadau gwyddonol, damcaniaethau, ymholi gwyddonol, sgiliau ymarferol a thechnegau at esbonio ffenomenau ac arsylwadau mewn cyd-destunau cyfarwydd ac anghyfarwydd. Mae'r cwestiynau hyn yn aml yn cael eu gosod mewn cyd-destunau damcaniaethol ac ymarferol newydd. O ran cymhwyso gwybodaeth ymarferol, gallai hyn olygu cymhwyso techneg neu ddull gweithredu at sefyllfa newydd. Gallai hefyd olygu cymhwyso sgiliau ymchwilio, er enghraifft, dadansoddi data. Mae mathemateg, gan gynnwys graffiau a hafaliadau cemegol, hefyd yn cael ei hasesu dan AA2.

Cyngor

Mae'n bwysig iawn darllen cwestiynau AA1 yn llawn. Hyd yn oed os ydyn nhw'n ymddangos yn syml iawn, gall fod yna fanylion ychwanegol yn y cwestiwn. Yn yr enghraifft hon wedi'i datrys, mae'r cwestiwn yn nodi'r gwahaniaeth maint, sy'n golygu nad oes modd rhoi hwn fel ateb. Efallai fod hyn yn swnio'n amlwg, ond mae'n syndod faint o fyfyrwyr sy'n colli marciau hawdd fel hyn.

A **Enghraifft wedi'i datrys**

Cyfrifwch fàs y sodiwm hydrocsid sydd ei angen i wneud 1000 cm³ o hydoddiant sodiwm hydrocsid 0.25 mol/dm³. [2]

Ateb enghreifftiol

M_r NaOH $= 23 + 16 + 1 = 40$

Mae 0.25 mol/dm³ yn golygu bod 0.25 mol mewn 1000 cm³

Molau o NaOH $= 0.25 = \dfrac{\text{màs}}{M_r} = \dfrac{\text{màs}}{40}$

Màs $= 40 \times 0.25 = 10$ g

Mae'r rhan fwyaf o gwestiynau sy'n gofyn i chi ysgrifennu hafaliadau symbolau cytbwys, neu luniadu diagramau bondio ar gyfer bondio cofalent neu ïonig, hefyd yn AA2 gan fod angen i chi gymhwyso eich gwybodaeth am y testun at gemegyn penodol.

Cwestiynau AA3

Dydy cwestiynau AA3 ddim mor gyffredin â'r mathau eraill, ond yn aml rhain yw'r cwestiynau mwyaf heriol, felly rhain sy'n werth y mwyaf o farciau, fel arfer. Efallai bydd y cwestiynau hyn yn gofyn i chi ddadansoddi gwybodaeth a defnyddio'r dadansoddiad hwn i ddehongli, gwerthuso neu ffurfio casgliadau. Efallai y bydd angen i chi hefyd ddatblygu eich syniad neu eich rhagdybiaeth eich hun. Gall cwestiynau AA3 gyfeirio at enghreifftiau newydd dydych chi ddim wedi'u gweld o'r blaen, ond mae'r cwestiynau hyn i gyd yn ymwneud â chymhwyso'r wybodaeth o'ch cwrs mewn cyd-destun newydd. Dyma gwestiwn AA3 nodweddiadol:

A **Enghraifft wedi'i datrys**

Disgrifiwch sut gallech chi fesur pŵer personol myfyriwr.

Yn eich dull, nodwch y mesuriadau byddech chi'n eu gwneud, yr offer mesur byddech chi'n ei ddefnyddio, a beth byddech chi'n ei wneud â'ch canlyniadau i gyfrifo'r pŵer. [6]

Ateb enghreifftiol

1 Yn gyntaf, dewch o hyd i bwysau myfyriwr, *W*, gan ddefnyddio clorian ystafell ymolchi wedi'i graddnodi mewn newtonau.

2 Mesurwch uchder fertigol, *h*, grisiau gyda thâp mesur.

3 Gan ddefnyddio stopwatsh, amserwch ba mor hir mae'n ei gymryd, *t*, i'r myfyriwr redeg o waelod y grisiau i'r top.

4 Y pŵer, *P*, mae'r myfyriwr yn ei ddatblygu yw $P = \dfrac{W \times h}{t}$

 Deall ystyr geiriau gorchymyn

Dylech chi eisoes fod wedi gweld geiriau gorchymyn yn yr adrannau Ysgrifennu Estynedig ac Adolygu. Geiriau gorchymyn yw'r geiriau a'r brawddegau sy'n cael eu defnyddio mewn arholiadau i ddweud sut i ateb cwestiwn. Byddan nhw'n aml yn rhoi awgrym am ba amcan asesu maen nhw'n profi. Er enghraifft, mae geiriau fel 'Nodwch' ac 'Enwch' fel arfer yn gwestiynau AA1; mae geiriau fel 'Esboniwch' a 'Cyfrifwch' fel arfer yn gwestiynau AA2; a 'Cyfiawnhewch' ac 'Amlinellwch' fel arfer yn gwestiynau AA3.

Mae pob gair gorchymyn yn rhan o frawddeg orchymyn, fel: 'Esboniwch sut mae sodiwm clorid yn dargludo trydan.' Mae'r gair gorchymyn bron bob amser yn dod ar ddechrau'r frawddeg.

Dylech chi bob amser danlinellu'r gair gorchymyn yn y cwestiwn a chanolbwyntio arno cyn dechrau ar eich ateb. Mae'n hawdd iawn colli marciau drwy beidio â gwneud beth mae'r cwestiwn yn dweud wrthych chi am ei wneud.

> **Cyngor**
>
> Mae cwestiynau sy'n gofyn i chi awgrymu gwelliant i ddull arbrofol yn fath cyffredin o gwestiwn AA3.

Mae'r canlynol yn ganllaw i'r geiriau gorchymyn mwyaf cyffredin a beth maen nhw'n gofyn i chi ei wneud, gydag atebion enghreifftiol i bob un:

Gair gorchymyn: Cyfrifwch

I ateb cwestiwn 'Cyfrifwch', dylech chi ddefnyddio rhifau sydd wedi'u rhoi yn y cwestiwn i gyfrifo'r ateb. Bydd yr ateb yn un rhifiadol. Efallai bydd gofyn i chi hefyd gynnwys yr unedau cywir gyda'ch ateb neu ei ysgrifennu i nifer penodol o ffigurau ystyrlon. Weithiau, bydd angen i chi ddewis yr hafaliad cywir i'w ddefnyddio ac amnewid y rhifau cywir i'r hafaliad i gael eich ateb.

A Enghraifft wedi'i datrys

Cyfrifwch fàs fformiwla cymharol magnesiwm nitrad $Mg(NO_3)_2$. [2]

(masau atomig cymharol: Mg=24, N=14, O=16)

Ateb enghreifftiol

Màs fformiwla cymharol = $1 \times Mg + (2 \times N) + (6 \times O)$
$$= 1 \times 24 + (2 \times 14) + (6 \times 16) = 148$$

Sylwch nad oes unedau ar gyfer màs fformiwla cymharol.

Mae'r ateb enghreifftiol hwn yn nodi'n gywir y fformiwla sydd ei hangen, yn amnewid y gwerthoedd cywir ac yn cwblhau'r cyfrifiad yn gywir. Sylwch sut mae'r gwaith cyfrifo wedi'i ddangos er mwyn sicrhau eich bod yn ennill marciau.

Gair gorchymyn: Dewiswch

Mewn cwestiwn 'Dewiswch', bydd rhestr o wahanol atebion yn cael ei rhoi. Mae angen i chi ddewis yr un cywir i ateb y cwestiwn. Darllenwch y cwestiwn yn ofalus. Weithiau bydd yn nodi y gallwch chi ddefnyddio pob ateb unwaith, fwy nag unwaith neu ddim o gwbl.

A Enghraifft wedi'i datrys

Mae rhai sylweddau cofalent, A–D, i'w gweld isod.

A   B   C   D

Dewiswch y sylwedd, A, B, C neu D, sy'n cynrychioli

i   **methan** [1]

ii **elfen ddeuatomig.** [1]

Ateb enghreifftiol

i   A

ii D

Mae'r ateb enghreifftiol hwn wedi dewis y wybodaeth ofynnol o'r rhestr yn gywir. Does dim angen unrhyw wybodaeth arall.

Gair gorchymyn: Cymharwch

I ateb cwestiwn 'Cymharwch', mae angen i chi ddisgrifio sut mae pethau'n debyg a/neu yn wahanol i'w gilydd. Yr hyn sy'n allweddol wrth ateb cwestiynau 'Cymharwch', yw sicrhau eich bod yn cynnwys datganiadau sy'n cymharu, er enghraifft, 'Mae gan gelloedd planhigyn gellfur ond does gan gelloedd anifail ddim'. Mae hwn yn ddatganiad sy'n cymharu, oherwydd ei fod yn sôn am ddau fath o gell a'r gwahaniaethau rhwng y ddwy, nid dim ond yn sôn am nodweddion un.

Ⓐ Enghraifft wedi'i datrys

Cymharwch swyddogaethau fentriglau chwith a de'r galon. [2]

Ateb enghreifftiol

Mae'r fentrigl de yn pwmpio gwaed i'r ysgyfaint ac mae'r fentrigl chwith yn pwmpio gwaed i weddill y corff.

Mae'r ateb enghreifftiol hwn yn cynnwys datganiad cymharol ynglŷn â swyddogaethau'r fentriglau chwith a de, gan nodi'n glir beth yw'r gwahaniaeth rhwng y ddau.

Gair gorchymyn: Cwblhewch

I ateb cwestiwn 'Cwblhewch', mae angen i chi ysgrifennu eich atebion yn y man priodol. Gall hyn fod ar ddiagram, mewn lleoedd gwag mewn brawddeg, neu mewn tabl.

Ⓐ Enghraifft wedi'i datrys

Cwblhewch y diagram isod i ddangos ffurfwedd electronig magnesiwm. [1]

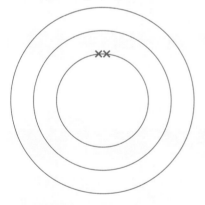

Ateb enghreifftiol

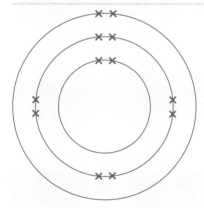

Mae'r ateb enghreifftiol hwn yn cwblhau'r diagram a oedd wedi'i ddechrau, ac yn cynnwys y lefelau cywir o fanylder a gwybodaeth sydd eu hangen ar gyfer y cwestiwn.

Gair gorchymyn: Diffiniwch

Mae cwestiynau sy'n dweud 'Diffiniwch' yn gofyn i chi nodi beth yw ystyr gwyddonol gair neu ymadrodd penodol.

A Enghraifft wedi'i datrys

Diffiniwch beth yw ystyr cynhwysedd gwres sbesiffig defnydd.   [2]

Ateb enghreifftiol

Cynhwysedd gwres sbesiffig defnydd yw faint o egni sydd ei angen i achosi cynnydd un radd Celsius i dymheredd un cilogram o'r sylwedd.

Mae'r ateb enghreifftiol hwn yn rhoi diffiniad syml, gan gynnwys defnyddio termau technegol cywir a'u sillafu nhw'n gywir.

Gair gorchymyn: Disgrifiwch

Mae cwestiynau sy'n dweud 'Disgrifiwch' yn gofyn i chi gofio ffeithiau, digwyddiadau neu brosesau, ac ysgrifennu amdanyn nhw mewn modd cywir. Dim ond disgrifiad sydd ei angen ar gyfer y gair gorchymyn hwn; does dim angen mynd yn bellach. Er enghraifft, does dim angen esbonio pam mae rhywbeth yn digwydd. Mae mwy o wybodaeth am sut i ateb cwestiynau 'Disgrifiwch' ar dudalen 89.

Gair gorchymyn: Lluniwch

Mae cwestiynau sy'n dweud 'Lluniwch' yn gofyn i chi amlinellu sut caiff rhywbeth ei wneud. Fel arfer, bydd hyn yng nghyd-destun cynllunio arbrawf. Mae mwy o wybodaeth am sut i ateb cwestiynau 'Lluniwch' ar dudalen 92.

Gair gorchymyn: Darganfyddwch

Mae cwestiynau sy'n dweud 'Darganfyddwch' yn gofyn i chi ddefnyddio data sydd wedi'u rhoi mewn cwestiwn i ddatrys problem.

> **Cyngor**
>
> Mae cymysgu'r termau 'Disgrifiwch' ac 'Esboniwch' yn gamgymeriad cyffredin – gwnewch yn siŵr eich bod chi'n darllen pob cwestiwn yn ofalus. Cofiwch fod 'Esboniwch' fel arfer yn golygu bod angen i chi fynd yn bellach yn eich ateb.

A Enghraifft wedi'i datrys

Darganfyddwch faint o amser byddai'n ei gymryd i ymbelydredd sampl o cobalt-60 ostwng o 2560 Bq i 320 Bq os yw hanner oes yr isotop yn 5 mlynedd.   [4]

Ateb enghreifftiol

$\frac{2560}{320} = 8 = 2^3$; felly, mae angen tair hanner oes

$3 \times T_{\frac{1}{2}} = 3 \times 5 = 15$ mlynedd

Mae'r ateb enghreifftiol hwn wedi darganfod yn gywir pa ddata y mae gofyn i chi eu cyfrifo. Mae'r broblem hon yn gofyn am gyfrifiad mathemategol, ond gallai cwestiwn 'Darganfyddwch' yr un mor hawdd fod yn gofyn am ateb ysgrifenedig.

Gair gorchymyn: Lluniadwch

Mae cwestiynau sy'n dweud 'Lluniadwch' yn gofyn i chi gynhyrchu rhyw fath o ddarlun – neu ychwanegu ato. Mae'r gair gorchymyn hwn yn gofyn i chi gymryd ychydig mwy o amser na'r hyn fyddai ei angen i gynhyrchu braslun.

★ **Nid yw lensiau yn rhan o fanyleb CBAC. Mae'r deunydd hwn wedi'i gynnwys yma fel enghraifft o ateb i gwestiwn 'Lluniadwch'.**

 A **Enghraifft wedi'i datrys**

Lluniadwch ddiagram pelydrau i ddangos sut mae'n bosibl defnyddio lens amgrwm i gynhyrchu delwedd sy'n llai na'r gwrthrych. [6]

Ateb enghreifftiol

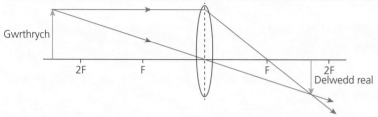

Cyngor

Gallai'r gair gorchymyn 'Lluniadwch' gael ei ddefnyddio hefyd mewn cwestiynau lle mae gofyn i chi dynnu llinell ffit orau ar graff.

Mae'r ateb enghreifftiol hwn yn ddiagram clir o'r ddelwedd mae'r cwestiwn yn gofyn amdani, gyda labeli addas a chywirdeb bras. Pe bai gofyn i chi 'fraslunio' ateb yn lle hynny, gallech chi fforddio bod ychydig yn fwy diofal. Er hynny, dylech chi ddal i gymryd cymaint o ofal yn eich ateb ag mae'r amser yn ei ganiatáu.

Gair gorchymyn: Amcangyfrifwch

Mae 'Amcangyfrifwch' yn golygu rhoi swm bras.

 A **Enghraifft wedi'i datrys**

Mae berwbwyntiau rhai o'r halogenau i'w gweld isod.

Halogen	Berwbwynt (°C)
fflworin	−188
clorin	
bromin	60
ïodin	184

Amcangyfrifwch ferwbwynt clorin. [1]

Ateb enghreifftiol

Bydd berwbwynt clorin rhwng berwbwynt fflworin a berwbwynt bromin. Dewiswch rif sydd rywle yn y canol, er enghraifft −50 °C.

Mae'r ateb enghreifftiol hwn yn rhoi ateb bras rywle yn y parth cywir. Does dim angen i chi roi ateb manwl gywir i gwestiynau 'Amcangyfrifwch', er na fyddwch chi'n cael eich cosbi am ddefnyddio ffigurau union; ond, o ystyried nad oes llawer o amser fel arfer ar gyfer y mathau hyn o gwestiynau, mae'n annhebygol y bydd gennych chi ddigon o amser i wneud y cyfrifiad llawn.

Gair gorchymyn: Gwerthuswch

I ateb cwestiwn 'Gwerthuswch', dylech chi ddefnyddio gwybodaeth sydd yn y cwestiwn, a'r hyn rydych chi'n ei wybod, i ystyried tystiolaeth o blaid ac yn erbyn. Fel arfer, caiff y gair gorchymyn hwn ei ddefnyddio mewn cwestiynau atebion hirach, a dylech chi sicrhau eich bod yn rhoi pwyntiau o blaid ac yn erbyn y syniad y mae angen i chi ei werthuso. Mae mwy o wybodaeth am sut i ateb cwestiynau 'Gwerthuswch' ar dudalen 98.

Gair gorchymyn: Esboniwch

Mae cwestiynau sy'n dweud 'Esboniwch' yn gofyn i chi wneud rhywbeth yn glir, neu nodi'r rhesymau pam mae rhywbeth yn digwydd. Sylwch ar y gwahaniaeth rhwng y gair gorchymyn hwn a 'Disgrifiwch'. 'Esboniwch' yw *pam* mae rhywbeth yn digwydd, a 'Disgrifiwch' yw *beth* sy'n digwydd. Mae mwy o wybodaeth am sut i ateb cwestiynau 'Esboniwch' ar dudalen 91.

Gair gorchymyn: Rhowch

Dim ond ateb byr sydd ei angen i gwestiwn 'Rhowch', fel enw proses neu ffurfiad. Does dim angen esboniad na disgrifiad.

 Enghraifft wedi'i datrys

Mae smotyn du rhosod yn glefyd ffwngaidd sy'n effeithio ar blanhigion. Rhowch ddwy ffordd bosibl o ledaenu smotyn du rhosod. [2]

Ateb enghreifftiol

Gwynt a dŵr

Mae'r ateb enghreifftiol hwn yn rhoi'r ddau ddull o ledaenu'r clefyd. Mae'r ateb yn fyr iawn, ond gan mai cwestiwn 'Rhowch' yw hwn, does dim angen esboniad na disgrifiad pellach.

Gair gorchymyn: Nodwch

Os yw'r cwestiwn yn dweud 'Nodwch', dylech chi roi enw a/neu fformiwla neu symbol cywir.

 Enghraifft wedi'i datrys

Nodwch pa sylwedd sy'n cael ei ocsidio yn yr adwaith isod.

$$Fe_2O_3 + 3CO \rightarrow 2Fe + 3CO_2$$ [1]

Ateb enghreifftiol

CO/Carbon monocsid

Mae hwn yn ateb enghreifftiol oherwydd, fel 'Dewiswch', y cyfan y mae angen i chi ei wneud yw dewis yr ateb cywir o blith yr opsiynau. Gallai cwestiynau 'Nodwch' eraill fod yn fwy cymhleth na dim ond dewis. Er enghraifft, byddai cwestiynau fel 'Nodwch y newidyn annibynnol' yn gofyn i chi gofio beth yw newidyn annibynnol a'i gymhwyso i'r wybodaeth sy'n cael ei rhoi. Er hynny, gall eich ateb i unrhyw gwestiwn 'Nodwch' fod yn weddol fyr ac uniongyrchol.

Gair gorchymyn: Cyfiawnhewch

Mae cwestiynau sy'n dweud 'Cyfiawnhewch' yn gofyn i chi ddefnyddio tystiolaeth o'r wybodaeth sydd wedi'i rhoi i chi i gefnogi ateb. Wrth ateb cwestiynau 'Cyfiawnhewch', mae'n bwysig gwneud yn siŵr eich bod chi'n defnyddio'r wybodaeth sydd wedi'i rhoi yn y cwestiwn yn llawn. Mae mwy o wybodaeth am sut i ateb cwestiynau 'Cyfiawnhewch' ar dudalen 95.

Gair gorchymyn: Labelwch

Mae cwestiynau sy'n dweud 'Labelwch' yn gofyn i chi ychwanegu testun at ddiagram, darlun neu graff i nodi beth yw eitemau penodol.

A Enghraifft wedi'i datrys

Mae'r diagram yn dangos atom niwtral. Labelwch y gronynnau sy'n cael eu nodi gan y saethau.

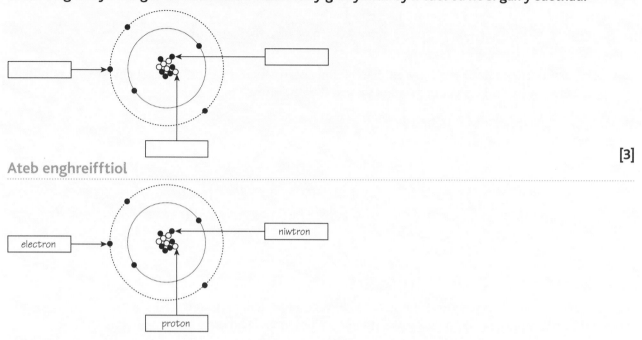

[3]

Ateb enghreifftiol

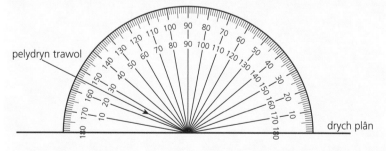

Mae'r ateb enghreifftiol hwn wedi cwblhau'r labeli i gyd yn glir. Fel arfer, bydd y labeli y mae'n rhaid eu llenwi wedi'u dangos, fel yn y cwestiwn hwn. Ond ar adegau prin, mae'n bosibl y bydd yn rhaid i chi dynnu eich llinellau eich hun. Os yw hyn yn digwydd, gwnewch yn siŵr ei bod hi'n hollol glir at beth mae'r label yn cyfeirio.

Gair gorchymyn: Mesurwch

Mae cwestiynau sy'n dweud 'Mesurwch' yn gofyn i chi ddod o hyd i ffigur neu ddata ar gyfer mesur penodol. Ar adegau prin, efallai bydd gofyn i chi ddefnyddio offeryn hefyd i benderfynu ar briodwedd benodol.

A Enghraifft wedi'i datrys

Mae'r diagram yn dangos pelydryn golau yn taro drych plân.

Defnyddiwch yr onglydd i fesur yr ongl drawiad.

[1]

pelydryn trawol

drych plân

Ateb enghreifftiol

Ongl drawiad = 64°

Mae hwn yn ateb model oherwydd ei fod yn darganfod yn gywir y data y mae gofyn i chi ei weithio allan ac mae'n cynnwys uned. Yn yr enghraifft hon, mae'n rhaid defnyddio offeryn yn gywir hefyd i gyfrifo'r ateb, ond mae hyn yn brin iawn.

Gair gorchymyn: Enwch

Dim ond ateb byr sydd ei angen i gwestiynau sy'n gofyn i chi 'Enwi' rhywbeth – dim esboniad na disgrifiad.

A Enghraifft wedi'i datrys

Mewn ymchwiliad i gludiant yng ngwreiddiau planhigyn, mae ïon mwynol yn cael ei weld yn symud o grynodiad isel yn y pridd i grynodiad uchel yn y gell wreiddflew.

Enwch y math o gludiant sy'n symud yr ïon mwynol. [1]

Ateb enghreifftiol

Cludiant actif

Mae'r ateb enghreifftiol hwn yn gryno ac yn gywir. Yn aml, bydd yr ateb i gwestiwn 'Enwch' yn un gair neu'n frawddeg fer. Cludiant actif yw'r unig fath o gludiant lle mae ïonau (neu foleciwlau) yn symud o grynodiad isel i grynodiad uchel.

Gair gorchymyn: Cynlluniwch

Fel arfer, bydd cwestiwn 'Cynlluniwch' yn gofyn i chi ysgrifennu dull. Dylech chi ysgrifennu pwyntiau clir a chryno ynglŷn â sut i gynnal yr ymchwiliad ymarferol. Mae mwy o wybodaeth am sut i ateb cwestiynau 'Cynlluniwch' ar dudalen 92.

Gair gorchymyn: Plotiwch

Bydd cwestiwn 'Plotiwch' yn gofyn i chi farcio ar graff gan ddefnyddio data sydd wedi'u rhoi. Byddwch yn ofalus wrth blotio pwyntiau neu luniadu barrau, oherwydd bydd yr arholwr yn gwirio pob un. Mae mwy o wybodaeth am blotio graffiau ar dudalennau 58–60.

A Enghraifft wedi'i datrys

Mae ymchwiliad yn cael ei gynnal i effaith crynodiad swbstrad ar gyfradd adwaith yr ensym lipas. Mae'r tabl canlynol yn dangos y canlyniadau.

Plotiwch y data ar graff. [4]

Crynodiad y lipid (%)	Cyfradd yr adwaith (1/amser)
10	0.10
20	0.15
30	0.20
40	0.40
50	0.80

Ateb enghreifftiol

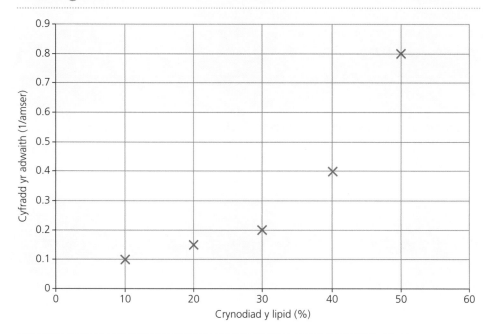

Cyngor

Ar ôl plotio pwyntiau ar graff, efallai bydd gofyn i chi dynnu llinell ffit orau. Gall hon fod yn llinell syth neu'n llinell grom. Does dim rhaid i chi dynnu llinell ffit orau os nad yw'r cwestiwn yn gofyn i chi wneud hynny.

Mae'r ateb enghreifftiol hwn wedi labelu a lluniadu'r ddwy echelin yn gywir, a phlotio holl bwyntiau'r graff yn gywir.

Gair gorchymyn: Rhagfynegwch

Mae'r cwestiwn hwn yn disgwyl i chi roi canlyniad credadwy. Yn y math hwn o gwestiwn, yn aml mae data'n cael eu rhoi a dylech chi eu hastudio i sylwi ar unrhyw dueddiadau sy'n eich helpu gyda'ch rhagfynegiad.

A Enghraifft wedi'i datrys

Mae'r tabl yn dangos fformiwlâu tri gwahanol alcan.

Enw	Fformiwla
ethan	C_2H_6
propan	C_3H_8
bwtan	C_4H_{10}

Rhagfynegwch fformiwla'r alcan sy'n cynnwys 5 atom carbon.   [1]

Ateb enghreifftiol

C_5H_{12}

Mae'r ateb enghreifftiol hwn yn rhoi canlyniad credadwy drwy ddadansoddi'r wybodaeth sydd wedi'i rhoi. Does dim angen i chi roi'r rhesymu dros eich rhagfynegiad oni bai bod y cwestiwn yn gofyn amdano.

Gair gorchymyn: Dangoswch

Mae cwestiynau sy'n dweud 'Dangoswch' yn gofyn i chi arddangos, gyda thystiolaeth glir, bod y datganiad sydd wedi'i roi yn wir. Yn aml bydd disgwyl i chi ddefnyddio'r wybodaeth sydd wedi cael ei rhoi i chi.

A Enghraifft wedi'i datrys

Isod mae diagram llif egni ar gyfer modur trydan. Dangoswch fod effeithlonrwydd y modur yn 0.8 (80%). [4]

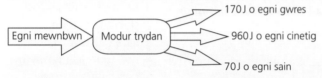

Ateb enghreifftiol

cyfanswm egni mewnbwn = cyfanswm egni allbwn = (170J + 960J + 70J) = 1200J

$$\text{effeithlonrwydd} = \frac{\text{egni allbwn defnyddiol}}{\text{cyfanswm egni mewnbwn}} = \frac{960\,\text{J [egni cinetig]}}{1200\,\text{J}} = 0.8 = 80\%$$

Mae hwn yn ateb delfrydol oherwydd ei fod yn dyfynnu'r hafaliad cywir, yn nodi'r egni allbwn defnyddiol a chyfanswm yr egni mewnbwn, ac yn gwneud y cyfrifiad yn gywir. Felly, byddai hyn yn cael ei ystyried yn dystiolaeth addas i 'ddangos' bod y gosodiad am effeithlonrwydd yn wir.

Gair gorchymyn: Brasluniwch

Mae cwestiynau sy'n dweud 'Brasluniwch' yn gofyn i chi lunio rhyw fath o ddarlun, sy'n gallu cael ei gynhyrchu'n gyflym.

A Enghraifft wedi'i datrys

Brasluniwch ddiagram wedi'i labelu i ddangos y pedwar grym sy'n gweithredu ar gawell pan gaiff ei lusgo ar draws llawr pren garw. [4]

Ateb enghreifftiol

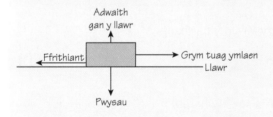

Mae'r ateb enghreifftiol hwn yn dangos yr holl wybodaeth y mae'r cwestiwn yn gofyn amdani. Er nad yw'n or-realistig, nid yw hyn yn cael ei gosbi oherwydd y gair gorchymyn 'Brasluniwch'.

Gair gorchymyn: Awgrymwch

Bydd cwestiwn 'Awgrymwch' yn gofyn i chi gymhwyso eich gwybodaeth a'ch dealltwriaeth at sefyllfa newydd.

 Enghraifft wedi'i datrys

Mae ymchwiliad yn cael ei gynnal i effaith trwch pilen ar dryllediad ocsigen. Mae pum trwch pilen gwahanol yn cael eu defnyddio. Mae pob pilen yn cael ei phrofi unwaith i ddarganfod cyfradd tryledu ocsigen.

Awgrymwch ddull o wneud canlyniadau'r ymchwiliad hwn yn fwy dibynadwy. [3]

Ateb enghreifftiol

I wneud yr ymchwiliad hwn yn fwy dibynadwy, dylech chi ailadrodd yr ymchwiliad o leiaf dair gwaith ar gyfer pob trwch pilen ac yna cyfrifo cyfradd gymedrig tryledu ocsigen.

Mae'r ateb enghreifftiol hwn yn defnyddio dull o wella dibynadwyedd yr enghraifft benodol sydd wedi'i rhoi yn y cwestiwn yn gywir.

Gair gorchymyn: Ysgrifennwch

Dim ond ateb byr sydd ei angen i gwestiynau sy'n gofyn i chi 'Ysgrifennu' – dim esboniad na disgrifiad. Fel arfer, caiff y gair gorchymyn hwn ei ddefnyddio pan fydd angen ysgrifennu'r ateb mewn lle penodol, er enghraifft mewn blwch neu dabl.

 Enghraifft wedi'i datrys

Mae'r tabl canlynol yn rhoi swyddogaethau dau o'r hormonau sydd i'w cael mewn planhigion. Ysgrifennwch enwau'r hormonau yn y blychau priodol. [2]

Ateb enghreifftiol

Swyddogaeth yr hormon mewn planhigion	Hormon
Rheoli cellraniad ac aeddfedu ffrwythau	Ethen
Cychwyn egino hadau	Giberelin

Mae'r ateb enghreifftiol hwn wedi ysgrifennu'r ddau hormon yn gywir yn y blychau.

Rhoi hyn ar waith!

Nawr eich bod yn gwybod beth yw ystyr y prif eiriau gorchymyn a sut i'w hateb nhw, y cam nesaf a'r pwysicaf yw rhoi'r wybodaeth hon ar waith. Mae'r adran nesaf yn darparu cwestiynau ymarfer enghreifftiol er mwyn i chi ddefnyddio eich gwybodaeth a chael cymorth i baratoi am yr arholiad. Cofiwch fod deunyddiau asesu enghreifftiol a hen ddeunyddiau asesu hefyd ar gael ar-lein gan eich bwrdd arholi.

6 Cwestiynau enghreifftiol

>> Bioleg Papur 1

1 Mae'r graff isod yn dangos y newidiadau i nifer y cromosomau sydd i'w cael mewn un gell ddynol yn ystod proses meiosis.

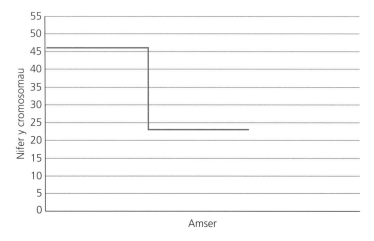

a Nodwch pa fath o gelloedd sy'n cael eu ffurfio ym mhroses meiosis. [1]

b Esboniwch siâp y graff. [2]

c Esboniwch sut mae'r newid i nifer y cromosomau yn y gell yn bwysig i swyddogaeth y gell hon. [2]

ch Defnyddiwch yr echelinau isod i fraslunio graff i ddangos y rhif cromosom mewn cell cyn ac ar ôl i fitosis ddigwydd. [2]

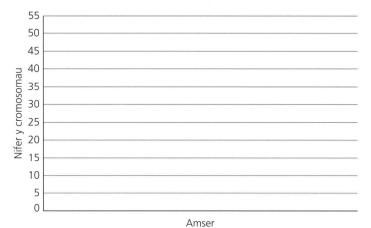

2 Mae'r tabl isod yn dangos trwch y waliau mewn tair gwahanol bibell waed.

Pibell waed	Trwch y wal (µm)
Rhydweli	1500.00
Gwythïen	700.00
Capilari	0.50

a Rhowch drwch y rhydweli ar ffurf safonol, ac i ddau ffigur ystyrlon. [2]

b Awgrymwch beth yw'r berthynas rhwng trwch pob pibell waed a'i swyddogaeth. [3]

c Nodwch pa bibellau yn y tabl y mae clefyd coronaidd y galon yn effeithio arnyn nhw, ac esboniwch effaith y clefyd hwn. [2]

3 Mae cyfanswm cyfaint yr alfeoli mewn ysgyfant dynol yn 0.002 m³, ac mae cyfanswm arwynebedd arwyneb yr alfeoli yn 100 m².

a Rhowch gymhareb arwynebedd arwyneb : cyfaint yr alfeoli yn yr ysgyfant. [2]

b Mae arwynebedd arwyneb cyfartalog bod dynol yn 1.8 m² ac mae ei gyfaint yn 0.095 m³. Cyfrifwch gymhareb arwyneb arwynebedd : cyfaint y bod dynol. [2]

c Defnyddiwch y ddau werth hyn i esbonio pam mae gan fodau dynol arwyneb cyfnewid nwyon mewnol. [3]

ch Mae trwch yr alfeoli a wal y capilari yn 2 µm. Ar ddiagram o'r alfeoli, mae trwch y wal yn 15 mm. Cyfrifwch chwyddhad y diagram. [3]

d Mae myfyriwr yn penderfynu defnyddio deddf Fick i gyfrifo cyfradd tryledu ar draws wal yr alfeoli.

$$\text{Cyfradd trylediad} \propto \frac{\text{arwynebedd arwyneb} \times \text{gwahaniaeth crynodiad}}{\text{trwch y bilen}}$$

Gyda'r wybodaeth sydd wedi'i darparu yn y cwestiwn hwn, fyddai hyn yn bosibl? Cyfiawnhewch eich ateb. [3]

dd Yn ogystal â'r nodweddion sydd wedi'u rhestru uchod, rhowch ddau o addasiadau eraill yr ysgyfaint ar gyfer cyfnewid nwyon. [2]

4 Mae interfferon yn gemegyn sy'n gallu cael ei ddefnyddio i drin sglerosis gwasgaredig. Gallwn ni addasu bacteria yn enynnol i gynhyrchu interfferon.

Esboniwch bwysigrwydd yr ensymau canlynol yn y broses hon:

a DNA ligas [2]

b ensymau cyfyngu. [2]

5 Mae pa mor gyflym y mae cyfradd curiad calon yn gostwng yn ôl i'w chyfradd wrth orffwys yn un ffordd o fesur ffitrwydd. Cynlluniwch ymchwiliad i effaith hyd cyfnod o ymarfer corff ar ostyngiad cyfradd curiad y galon. [6]

6 Mae ymchwiliad yn cael ei gynnal i effaith arddwysedd golau ar gyfradd ffotosynthesis. Mae canlyniadau'r ymchwiliad i'w gweld yn y tabl isod.

Pellter oddi wrth y lamp (cm)	Cyfradd ffotosynthesis (swigod / mun)
20	20
40	15
60	8
80	3
100	2

a Plotiwch y data ar yr echelinau isod. Gallwch chi wneud hyn ar ddarn ar wahân o bapur graff. [4]

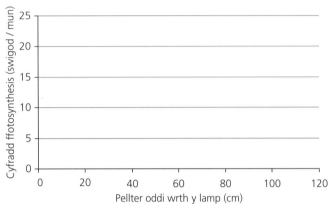

b Mae'r ymchwiliad yn cael ei gynnal ar dymheredd cyson.

   i Brasluniwch linell ar y graff i ddangos effaith cynyddu'r tymheredd ar y canlyniadau. [1]

   ii Esboniwch siâp y llinell rydych chi wedi'i thynnu. [2]

7 Mae'r gwrthfiotig linezolid yn rhwystro tRNA rhag trosglwyddo asidau amino i'r ribosom.

   a Esboniwch sut mae linezolid yn atal twf bacteria. [3]

   b Mewn ymchwiliad i effaith linezolid, mae'r man clir isod yn cael ei gynhyrchu ar lawnt facteriol.

   Defnyddiwch y fformiwla isod i gyfrifo'r man clir sy'n cael ei gynhyrchu gan linezolid. Rhowch eich ateb i 1 ll.d. [2]

$A = \pi r^2$

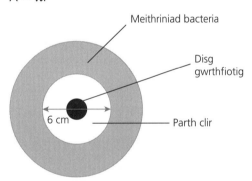

   c Allwn ni ddim defnyddio linezolid i drin HIV. Esboniwch pam. [2]

   ch Cafodd linezolid ei syntheseiddio gyntaf gan wyddonwyr yn y labordy. Cymharwch y darganfyddiad hwn â darganfyddiad penisilin. [2]

8 Molwsg môr yw'r gragen las. Mae'n perthyn i folysgiaid eraill fel malwod. Ei henw Lladin yw *Mytilus edulis*.

   a Esboniwch pa wybodaeth gallwn ni ei darganfod am y gragen las o'r enw hwn. [1]

   b Mae'r tabl isod yn dangos dosbarthiad y gragen las. Cwblhewch y tabl. [3]

Teyrnas	
	Mollusca
	Bivalvia
Urdd	Ostreoida

   c Enwch y parth mae'r gragen las yn cael ei dosbarthu ynddo, gan roi rheswm dros eich ateb. [2]

9 Mae'r diagram isod yn dangos gwe fwyd ecosystem ddyfrol.

a   Rhagfynegwch effaith:

   i   gostyngiad ym mhoblogaeth gwybedyn Mai   [2]

   ii cynnydd ym mhoblogaeth brithyll.   [2]

b   Enwch un:

   i   cynhyrchydd   [1]

   ii ysydd cynradd   [1]

   iii ysydd eilaidd.   [1]

c   Mae gweithgaredd samplu yn darganfod cynnydd yn nifer y mwydod llaid yn yr afon.
    Awgrymwch reswm posibl dros y cynnydd hwn.   [2]

[Cyfanswm = ... / 70 marc]

» Cemeg Papur 1

1   Mae myfyriwr yn cynnal arbrawf i ddarganfod os yw'r adwaith rhwng asid hydroclorig a sodiwm
    hydrocsid yn ecsothermig. Mae'r myfyriwr yn dilyn y dull isod.

   ● Mesur 25.0 cm³ o asid hydroclorig 0.10 mol/dm³ a'i roi mewn cwpan bolystyren.

   ● Cofnodi tymheredd yr asid hydroclorig.

   ● Yn raddol, ychwanegu 25.0 cm³ o hydoddiant sodiwm hydrocsid fesul 5.0 cm³ at yr asid hydroclorig,
     gan droi'r cymysgedd ar ôl pob ychwanegiad.

   ● Cofnodi tymheredd cymysgedd yr adwaith.

   Mae'r tabl isod yn dangos canlyniadau'r myfyriwr.

Cyfaint y sodiwm hydrocsid sydd wedi'i ychwanegu mewn cm³	0.0	5.0	10.0	15.0	20.0	25.0
Tymheredd cymysgedd yr adwaith mewn °C	20.5	21.5	22.5	23.5	25.2	28.0

a Plotiwch graff o'r canlyniadau. Defnyddiwch echelinau tebyg i'r rhai isod. [3]

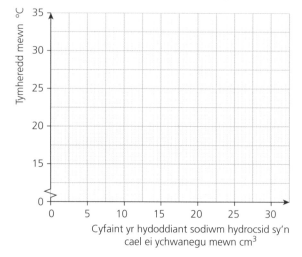

Tymheredd mewn °C

Cyfaint yr hydoddiant sodiwm hydrocsid sy'n cael ei ychwanegu mewn cm³

b Nodwch pam mae eich graff yn dangos bod yr adwaith hwn yn ecsothermig. [1]

c Enwch ddarn o gyfarpar a allai gael ei ddefnyddio i ychwanegu'r hydoddiant sodiwm hydrocsid at yr asid. [1]

ch Awgrymwch un gwelliant posibl i'r cyfarpar gafodd ei ddefnyddio a fyddai'n rhoi canlyniadau mwy manwl gywir. Rhowch reswm dros eich ateb. [2]

d Ysgrifennwch hafaliad cemegol cytbwys ar gyfer yr adwaith rhwng sodiwm hydrocsid ac asid hydroclorig. [2]

dd Cyfrifwch nifer y molau o asid hydroclorig sydd wedi'u rhoi yn y gwpan bolystyren. [1]

2 Mae grisialau baddon yn cynnwys halwynau Epsom, sef grisialau magnesiwm sylffad hydradol. Mae grisialau magnesiwm sylffad yn gallu cael eu paratoi yn y labordy drwy adweithio magnesiwm carbonad ac asid sylffwrig. Hafaliad yr adwaith yw:

$$MgCO_3 + H_2SO_4 \rightarrow MgSO_4 + H_2O + CO_2$$

a Nodwch beth sy'n cael ei arsylwi yn yr adwaith hwn. [1]

b Awgrymwch un rhagofal diogelwch y dylid ei gymryd. [1]

c Cyfrifwch uchafswm màs y magnesiwm sylffad a allai gael ei wneud wrth adweithio 2.1 g o fagnesiwm carbonad â gormodedd o asid sylffwrig. [3]

ch Mae'r myfyriwr yn cael 1.8 g o fagnesiwm sylffad. Cyfrifwch y cynnyrch canrannol. [2]

d Awgrymwch pam nad yw'r cynnyrch canrannol yn 100% yn yr adwaith hwn. [1]

3 Mae myfyriwr yn rhoi 25.0 cm³ o win gwyn, sy'n cynnwys asid tartarig, mewn fflasg gonigol. Mae'r myfyriwr yn cynnal titradiad i ddod o hyd i gyfaint yr hydoddiant sodiwm hydrocsid 0.100 mol/dm³ sydd ei angen i niwtralu'r asid tartarig yn y gwin gwyn.

a Enwch ddangosydd addas i'r titradiad hwn a'r newid lliw fyddai i'w weld. [2]

b Awgrymwch pam mae'r titradiad hwn yn addas ar gyfer gwin gwyn, ond nad yw'n cael ei ddefnyddio i ddarganfod crynodiad yr asid mewn gwin coch. [1]

c Mae'r myfyriwr yn cynnal pedwar titradiad. Mae'r tabl isod yn dangos ei chanlyniadau. Canlyniadau cydgordiol yw rhai sydd o fewn 0.10 cm³ i'w gilydd.

Titradiad	Cyfaint NaOH 0.100 mol/dm³ mewn cm³
1	20.05
2	19.45
3	18.90
4	19.00

i   Defnyddiwch ganlyniadau cydgordiol y myfyriwr i gyfrifo cyfaint cymedrig y sodiwm hydrocsid 0.100 mol/dm³ a gafodd ei ychwanegu.   [2]

Hafaliad adwaith yr asid tartarig yn y gwin gwyn â'r sodiwm hydrocsid yw:

$$C_4H_6O_6 + 2NaOH \rightarrow C_4H_4O_6Na_2 + 2H_2O$$

ii   Cyfrifwch grynodiad yr asid tartarig mewn mol/dm³. Rhowch eich ateb i ddau ffigur ystyrlon.   [5]

iii Cyfrifwch fàs fformiwla cymharol asid tartarig ($C_4H_6O_6$).   [1]

4   Mae myfyriwr yn penderfynu ymchwilio i adweithedd pedwar metel, M, N, O a P. Cynlluniwch sut gallai'r myfyriwr ymchwilio i adweithedd cymharol y pedwar metel, M, N, O a P. Dylai'r cynllun ddefnyddio'r ffaith bod pob un o'r pedwar metel yn adweithio'n ecsothermig ag asid sylffwrig gwanedig. Dylech chi enwi'r cyfarpar sy'n cael ei ddefnyddio.   [6]

5   Mae myfyriwr yn ymchwilio i adwaith 0.1 g o ruban magnesiwm â 50 cm³ o asid hydroclorig gwanedig â chrynodiad 1 mol/dm³ ar 20 °C. Mae'r diagram isod yn dangos y cyfarpar mae'n ei ddefnyddio.

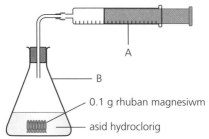

a   Enwch y darnau o gyfarpar A a B.   [2]

b   Cwblhewch a chydbwyswch hafaliad yr adwaith rhwng magnesiwm ac asid hydroclorig:

.... + ... → ...H_2 + ...   [2]

c   Rhowch un o fanteision ac un o anfanteision defnyddio silindr mesur i roi'r asid yn y fflasg.   [2]

ch   Mae'r tabl isod yn dangos canlyniadau'r arbrawf hwn.

Amser mewn s	0	30	60	90	120	150	180	210
Cyfaint y nwy mewn cm³	0	13	22	30	36	43	49	49

Plotiwch y canlyniadau hyn ar y grid isod a thynnwch linell ffit orau.   [3]

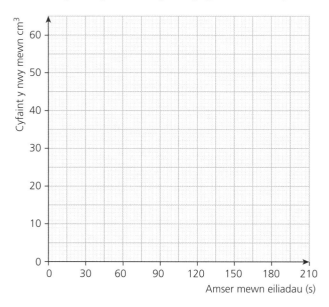

d Defnyddiwch eich graff i ddod o hyd i'r amser sydd ei angen i gasglu 25 cm³ o nwy. [1]

dd Defnyddiwch eich graff i ddarganfod cyfradd yr adwaith ar ôl 60 eiliad. Dangoswch eich gwaith cyfrifo ar y graff. [4]

6 Aloi o dun a phlwm yw sodr.

a Mae sampl o sodr yn cael ei wneud drwy gymysgu 22.5 g o blwm â 15.0 g o dun. Cyfrifwch ganran y tun yn ôl màs yn y sodr hwn. [2]

b Pam mae aloion yn gryfach na metelau pur? Dewiswch un opsiwn o blith y rhai isod. [1]

   A Mae bondiau cryfach rhwng y moleciwlau sydd ynddyn nhw.

   B Maen nhw'n cyfuno priodweddau'r metelau maen nhw wedi'u gwneud ohonyn nhw.

   C Mae ganddyn nhw atomau o feintiau gwahanol yn eu hadeileddau.

   Ch Maen nhw'n cael eu gwneud gan ddefnyddio electrolysis.

7 Mae'r diagram yn dangos canlyniadau arbrawf cromatograffaeth i ddadansoddi cymysgedd o lifynnau.

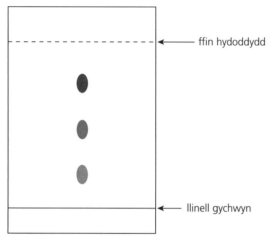

ffin hydoddydd

llinell gychwyn

a Esboniwch pam mae'n rhaid tynnu'r llinell gychwyn â phensil yn lle beiro. [1]

b Faint o lifynnau oedd yn y cymysgedd? [1]

c Cyfrifwch werth R_f y smotyn glas. Defnyddiwch y tabl isod i'w adnabod. [2]

Llifyn	Gwerth R_f
A	0.38
B	0.15
C	0.26
Ch	0.75
D	0.58

8 Mae llai o garbon deuocsid yn atmosffer y Ddaear heddiw nag oedd yn atmosffer cynnar y Ddaear.

Lleihaodd swm y carbon deuocsid yn atmosffer cynnar y Ddaear oherwydd bod planhigion ac algâu yn ei ddefnyddio ar gyfer ffotosynthesis a'i fod wedi'i gloi mewn creigiau gwaddod.

a Gallwn ni gynrychioli ffotosynthesis â'r hafaliad isod.

Cwblhewch yr hafaliad drwy ysgrifennu fformiwla'r cynnyrch arall a chydbwyso'r hafaliad yn gywir. [2]

.... CO_2 + ... H_2O → .... + ... O_2

b Esboniwch beth yw ystyr 'carbon deuocsid wedi'i gloi'. [2]

c Mae'r graff yn dangos sut mae swm y carbon deuocsid yn yr atmosffer wedi newid yn y blynyddoedd diwethaf.

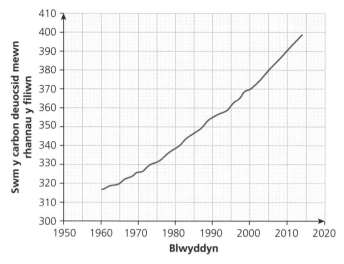

i Disgrifiwch sut gwnaeth swm y carbon deuocsid newid rhwng 1960 a 2010. [1]

ii Cyfrifwch y newid canrannol i lefelau carbon deuocsid rhwng 2000 a 2010. [2]

iii Rhowch ddau reswm pam mae swm y carbon deuocsid wedi newid dros amser. [2]

9 Atmosffer yw'r term sy'n cael ei ddefnyddio i ddisgrifio'r casgliad o nwyon o gwmpas planed. Mae'r tabl isod yn dangos awgrym ar gyfer cyfansoddiad atmosffer y blaned Mawrth.

Cymharwch gyfansoddiad atmosffer y Ddaear heddiw â chyfansoddiad atmosffer y blaned Mawrth. [4]

Nwy	Cyfansoddiad (%)
Carbon deuocsid	95.0
Nitrogen	3.0
Nwyon nobl	1.6
Ocsigen	mymryn
Methan	mymryn

(Cyfanswm marciau .... / 70)

➤➤ Ffiseg Papur 1

1 Mae'n bosibl gwneud mesuriad bras o ddiamedr moleciwl olew drwy daenu haen denau o olew dros arwyneb hambwrdd mawr o ddŵr.

Mae diferyn o olew â chyfaint 0.01 cm³ yn ffurfio haen un moleciwl o drwch ar arwyneb hambwrdd petryal o ddŵr sy'n mesur 50 cm wrth 40 cm.

a Cyfrifwch arwynebedd arwyneb y dŵr, gan roi eich ateb mewn m^2. [2]

b Cyfrifwch gyfaint y diferyn o olew mewn m^3. [1]

c Defnyddiwch eich atebion i rannau a a b i gyfrifo diamedr y moleciwl olew. [2]

ch Awgrymwch a ydy'r diamedr rydych chi wedi'i gyfrifo yn debygol o fod yn fwy neu'n llai na diamedr y moleciwl. [1]

2 a Mae gofyn i fyfyriwr fesur trwch dalen o bapur A4. Mae'r myfyriwr yn mesur trwch rîm o'r papur (500 dalen) ac yn darganfod bod hwn yn 47 mm.

    i Cyfrifwch drwch un ddalen o bapur. Rhowch eich ateb mewn mm i 2 ffigur ystyrlon. [2]

    ii Mae'r myfyriwr yn mesur trwch y rîm i'r mm agosaf.

      Cyfrifwch drwch lleiaf un ddalen o'r papur, ac esboniwch eich ymresymu'n ofalus. Rhowch eich ateb mewn mm i 2 ffigur ystyrlon. [2]

b Mae trwch gwifren fetel tua 0.5 mm.

    i Disgrifiwch sut gallai diamedr y wifren gael ei fesur yn fanwl gywir gan ddefnyddio pensil a phren mesur wedi'i raddnodi mewn mm. [3]

    ii Mae darn hir o'r wifren fetel hon yn cael ei roi i fyfyriwr.

      Yn ogystal â'i ddiamedr, awgrymwch fesuriadau eraill y mae angen i'r myfyriwr eu gwneud i gyfrifo dwysedd y metel. [2]

3 a O'r egni cemegol sy'n cael ei ddefnyddio mewn peiriant car, mae $\frac{7}{10}$ yn cael ei drawsnewid yn wres. Mae $\frac{9}{10}$ o'r gweddill yn cael ei drawsnewid yn egni defnyddiol.

Mae petrol yn cynnwys 32 MJ y litr.

Mae modurwr yn llenwi tanc petrol ei char â 40 litr o danwydd.

    i Cyfrifwch gyfanswm cynnwys egni'r 40 litr o betrol. [2]

    ii Cyfrifwch faint o'r egni hwn gaiff ei drawsnewid yn wres yn y pen draw. [1]

    iii Cyfrifwch faint o egni gaiff ei drawsnewid yn egni defnyddiol. [1]

    iv Defnyddiwch eich atebion i rannau i a iii i gyfrifo effeithlonrwydd peiriant y car. [2]

b Mae'r car yn rhan a yn teithio 350 km ar danc sy'n cynnwys 20 litr o betrol. Mae cwmni gwneud ceir yn honni bod eu car trydan yn gallu teithio yn union yr un pellter ar un gwefriad batri o 150 MJ.

    i Cyfrifwch faint yn fwy o egni na'r car trydan mae'r car petrol yn ei ddefnyddio i deithio'r pellter hwn. [2]

    ii Esboniwch pam na allwch chi ddweud, o'r data hyn yn unig, bod y car trydan yn fwy effeithlon. [1]

    Mae llywodraethau'n annog mwy o bobl i ddefnyddio ceir trydan, yn rhannol oherwydd eu bod nhw'n honni eu bod nhw'n well i'r amgylchedd.

    iii Gwerthuswch fanteision ac anfanteision defnyddio ceir trydan yn hytrach na cheir petrol. [6]

4 Mae efelychiad cyfrifiadurol yn rhagfynegi actifedd radioisotop penodol ag oes fer, ac yn ei gofnodi mewn tabl bob 30 munud. Mae'r canlyniadau i'w gweld yn y tabl hwn.

Actifedd (Bq)	600	476	378	300	238	189	150	119	94	75
Amser (oriau)	0	0.5	1.0	1.5	2.0	2.5	3.0	3.5	4.0	4.5

a Cyfrifwch y tebygolrwydd y bydd niwclews penodol yn dadfeilio o fewn unrhyw 1 awr. [2]

b Plotiwch graff actifedd (echelin y) yn erbyn amser (echelin x) a thynnwch linell ffit orau. [6]

c O'ch graff, dangoswch fod hanner oes y radioisotop hwn tua 1.5 awr. [1]

ch Amcangyfrifwch actifedd y radioisotop hwn ar ôl 1.8 awr. [2]

5 Mae cerrynt 480 mA yn mynd i mewn i rwydwaith o wrthyddion fel sydd i'w weld yn y diagram.

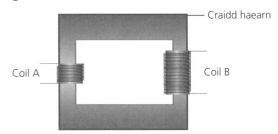

a Cwblhewch y tabl i ddangos y cerrynt ym mhob gwrthydd. [4]

Gwrthiant (Ω)	5	7	8	4
Cerrynt (mA)				

b Ar draws pa wrthydd y mae'r foltedd mwyaf? Cyfiawnhewch eich ateb. [3]

c Rhagfynegwch beth fyddai'n digwydd i'r cerrynt yn y gwrthydd 8 Ω pe bai'r cerrynt ym mhob gwrthydd 7 Ω yn dyblu. Cyfiawnhewch eich ateb. [2]

6 a Mae'r diagram yn dangos newidydd sydd wedi'i lunio i leihau foltedd o 12 kV i 24 V. Mae gan goil B 25 000 tro.

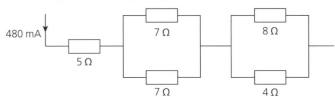

i Nodwch pa goil, A neu B, yw'r coil cynradd. Cyfiawnhewch eich ateb. [3]

ii Cyfrifwch gymhareb troadau'r newidydd hwn a'i ddefnyddio i ddod o hyd i nifer y troeon ar goil A. [3]

b Mae'r diagram hwn yn cynrychioli system trawsyrru trydan, fel y Grid Cenedlaethol.

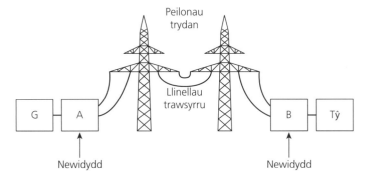

i Nodwch beth sy'n cael ei gynrychioli gan flwch G. [1]

ii Nodwch pa un o'r newidyddion, A neu B, yw'r newidydd codi. [1]

Ym Mharc Cenedlaethol Eryri, does dim peilonau trydan i'w gweld, ond mae yna system ddosbarthu trydan.

iii Awgrymwch sut mae'r trydan yn cael ei ddosbarthu yn Eryri, ac awgrymwch pam nad yw'r dull hwn yn cael ei ddefnyddio drwy'r wlad i gyd. [3]

7 Mae llongau tanfor ymosod niwclear yn gallu plymio i ddyfnder lle mae gwasgedd dŵr ar gorff y llong yn 7.35×10^6 N/m².

a i Os yw dwysedd cyfartalog dŵr y môr yn 1050 kg/m³ (1.05 g/cm³), cyfrifwch i ba ddyfnder y gall llong danfor o'r fath blymio. [3]

ii Awgrymwch reswm pam mae cyfanswm y gwasgedd ar gorff y llong ar y dyfnder hwn yn fwy na 7.35×10^6 N/m². [1]

b Mae swigen â chyfaint 0.1 cm³ yn cael ei rhyddhau mewn camgymeriad gan y llong danfor, ac mae'r swigen yn codi i'r wyneb. Y gwasgedd ar y swigen wrth gael ei rhyddhau yw 6×10^6 N/m².

i Esboniwch pam mae cyfaint y swigen yn cynyddu wrth iddi godi i'r wyneb. [1]

ii Amcangyfrifwch gyfaint y swigen yn union fel mae'n cyrraedd yr wyneb, os yw'r gwasgedd arni yno yn 1×10^5 N/m². [3]

Mae tymheredd y dŵr o'i chwmpas ar y foment y cafodd y swigen ei rhyddhau yn gyffredinol yn is na'r tymheredd ar yr wyneb.

iii Pe bai'r newid yn y tymheredd yn cael ei ystyried, nodwch a fyddai'n arwain at gynnydd neu at ostyngiad yn y cyfaint gafodd ei amcangyfrif yn eich ateb i ran **(ii)**. [1]

[Cyfanswm = ... / 70 marc]

Atebion

» 1 Mathemateg

Unedau

Trawsnewid rhwng unedau (tudalennau 2–4)

Arweiniad ar y cwestiynau

1 $1.2 \times 1000 = 1200 \, cm^3$

2 **Cam 1** $8.2 \times 1000 = 8200 \, kg$

   Cam 2 $8200 \times 1000 = 8\,200\,000 \, g$

Cwestiwn ymarfer

3 **a** I drawsnewid o dm^3 i cm^3 mae angen lluosi â 1000

   $1.2 \times 1000 = 1200 \, cm^3$

   b I drawsnewid o cm^3 i dm^3 mae angen rhannu â 1000

   $\dfrac{420}{1000} = 0.42 \, dm^3$

   c I drawsnewid o cm^3 i dm^3 mae angen rhannu â 1000

   $\dfrac{3452}{1000} = 3.452 \, dm^3$

   ch I drawsnewid o dunelli metrig i gramau, yn gyntaf mae angen trawsnewid i kg drwy luosi â 1000 ac yna trawsnewid i gramau drwy luosi â 1000 (neu luosi â 10^6 mewn un cam)

   $4.4 \times 1000 \times 1000 = 4\,400\,000 \, g$

   d I drawsnewid o kg i g, mae angen lluosi â 1000

   $4 \times 1000 = 4000 \, g$

   dd I drawsnewid o g i kg, mae angen rhannu â 1000

   $\dfrac{3512}{1000} = 3.512 \, kg$

Cyfrifiadau sy'n aml yn cynnwys trawsnewid unedau (tudalennau 4–6)

Arweiniad ar y cwestiynau

1 **Cam 1** $9.8 \times 1000 = 9800 \, g$

   Cam 2

   swm (mewn molau) $= \dfrac{\text{màs}\,(g)}{M_r} = \dfrac{9800}{98} = 100 \, mol$

2 **Cam 1** $\dfrac{48\,000}{1000} = 48 \, dm^3$

   Cam 2 Amnewid y cyfaint i'r hafaliad a chyfrifo eich ateb terfynol.

   swm (mewn molau) $= \dfrac{\text{cyfaint}\,(dm^3)}{24} = \dfrac{48}{24} = 2 \, mol$

Cwestiynau ymarfer

3 Mae'n rhaid trawsnewid màs y calsiwm o kg i g cyn cyfrifo molau.

   $6 \times 1000 = 6000 \, g$

   swm (mewn molau) $= \dfrac{\text{màs}\,(g)}{A_r} = \dfrac{6000}{40} = 150 \, mol$

4 Mae'n rhaid trawsnewid màs y calsiwm carbonad o dunelli metrig i gramau cyn cyfrifo molau.

   $3.2 \times 1000 \times 1000 = 3\,200\,000 \, g$

   swm (mewn molau) $= \dfrac{\text{màs}\,(g)}{M_r} = \dfrac{3\,200\,000}{100} = 32\,000 \, môl$

5 **a** Mae'n rhaid trawsnewid màs yr amonia o kg i g drwy luosi â 1000.

   màs yr amonia mewn gramau $= 17 \times 1000 = 17\,000 \, g$

   b Cyfrifo màs fformiwla cymharol
   $NH_3 = 14 + (3 \times 1) = 17$

   swm (mewn molau) $= \dfrac{\text{màs}\,(g)}{M_r} = \dfrac{17\,000}{17} = 1000 \, môl$

6 Màs yr haearn(III) ocsid mewn gramau
   $= 2.1 \text{ tunnell fetrig} \times 1000 \times 1000 = 2\,100\,000 \, g$

   Màs fformiwla cymharol $= (2 \times 56) + (3 \times 16) = 160$

   swm (mewn molau) $= \dfrac{\text{màs}\,(g)}{M_r} = \dfrac{2\,100\,000}{160} = 13\,125 \, môl$

7 Màs y magnesiwm nitrad mewn cilogramau $= 0.592 \times 1000 = 592 \, g$

   Màs fformiwla cymharol $= 24 + (2 \times 14) + (6 \times 16) = 148$

   swm (mewn molau) $= \dfrac{\text{màs}\,(g)}{M_r} = \dfrac{592}{148} = 4 \, môl$

8 Cyfaint y sylffwr triocsid mewn $dm^3 = \dfrac{7200}{1000} = 7.2$

   swm (mewn molau) $= \dfrac{\text{cyfaint}\,(dm^3)}{24} = \dfrac{7.2}{24} = 0.3 \, môl$

Rhifyddeg a chyfrifo rhifiadol

Mynegiadau ar ffurf ddegol (tudalennau 6–8)

Arweiniad ar y cwestiynau

1 Diamedr y gwreiddyn i un lle degol $= 0.3 \, cm$

2 $\dfrac{20 \, cm}{6.4 \, s} = 3.125 \, cm/s$

   buanedd y car $= 3.13 \, cm/s$

Cwestiynau ymarfer

3 Mae màs y catod yn cynyddu ac felly mae copr yn cael ei ddyddodi yma.
   Màs $= 1.87 - 1.58 = 0.29 \, g = 0.3 \, g$ (i 1 ll.d.)

4 Fformiwla gwasgedd:

   $P = \dfrac{F}{A}$

   $= \dfrac{630}{205}$

   $= 3.07 \, N/cm^2$

   $= 3.1 \, N/cm^2$ (1 ll.d.)

Ffurf safonol

Pwerau o 10 (tudalennau 8–10)

Arweiniad ar y cwestiynau

1 **Cam 1** Swm (mewn molau) $= \dfrac{\text{màs (g)}}{M_r} = \dfrac{2.3}{23} = 0.1$

Cam 2 $0.1 \times 6.02 \times 10^{23} = 6.02 \times 10^{22}$

2 **Cam 1** Poblogaeth bacteria $= 10 \times 2^{12} = 10 \times 4096$

Cam 2 Poblogaeth bacteria $= 40\,960 = 4.096 \times 10^4$

Cwestiynau ymarfer

3 pellter = buanedd × amser

$= 25\,\text{mm y flwyddyn} \times 500\,000\,\text{mlynedd}$

$= 1.25 \times 10^7\,\text{mm}$

$= 1.25 \times 10^4\,\text{m}$

4 Poblogaeth bacteria =

poblogaeth gychwynnol y bacteria $\times 2^{\text{nifer y rhaniadau}}$

Nifer y rhaniadau $= 30 \div 5 = 6$

$$200 \times 2^6 = 12\,800$$

$$12\,800 = 1.28 \times 10^4$$

5 **a** atom $= 0.256 \times 10^{-9}\,\text{m} = 2.56 \times 10^{-10}\,\text{m}$,

gwifren $= 0.044\,\text{cm} = 0.044 \times 10^{-2}\,\text{m} = 4.4 \times 10^{-4}\,\text{m}$

b $\dfrac{4.4 \times 10^{-4}}{2.56 \times 10^{-10}} = 1\,718\,750 = 1.72 \times 10^6$ (i 2 ll.d.)

6 1.67×10^{-24}

Cymarebau, ffracsiynau a chanrannau

Ffracsiynau (tudalennau 11–14)

Cwestiynau ymarfer

1 **a** $1\frac{1}{4} + 3\frac{5}{8} = 4\frac{7}{8}$

b $2\frac{2}{3} + 4\frac{5}{6} = 7\frac{1}{2}$

c $7\frac{5}{12} - 6\frac{1}{4} = 1\frac{1}{6}$

ch $3\frac{2}{5} - 4\frac{7}{10} = -1\frac{3}{10}$

2 Mae $\frac{5}{8}$ o'r aur yn gopr

$\frac{1}{8}$ o'r aur $= \frac{1}{5}$ o $95 = 19\,\text{gram}$

Yr holl aur $= \frac{8}{8} = 8 \times 19 = 152\,\text{gram}$

Canrannau (tudalennau 14–16)

Arweiniad ar y cwestiynau

1 **Cam 1** $M_r = 40 + (14 \times 2) + (16 \times 6) = 164$

Cam 2 $14 \times 2 = 28$

Cam 3 $\dfrac{\text{màs nitrogen}}{M_r} = \dfrac{24}{164}$

Cam 4 $\dfrac{248}{164} \times 100 = 17\%$

2 **Cam 1** Effeithlonrwydd trosglwyddo egni $= 52 \div 4000 \times 100$

$= 0.013 \times 100$

Cam 2 Effeithlonrwydd trosglwyddo egni $= 1.3\%$

Cwestiynau ymarfer

3 **a** canran sy'n cael ei wastraffu

$= \dfrac{\text{egni sy'n cael ei wastraffu}}{\text{cyfanswm egni mewnbwn}} \times 100\%$

$= \dfrac{21\,\text{MJ}}{30\,\text{MJ}} \times 100\%$

$= 70\%$

b canran sy'n cael ei drawsnewid yn ddefnyddiol = 100% − canran sy'n cael ei wastraffu = 100% − 70% = 30%

4 **a** Egni yn y grug $= 300\,000\,\text{kJ}$

Egni yn y rugiar $= 19\,000\,\text{kJ}$

Fel ffracsiwn $= \dfrac{19\,000}{300\,000}$

$= \dfrac{19000 \div 1000}{300000 \div 1000}$ gan mai 1000 yw'r

ffactor gyffredin fwyaf $= \dfrac{19}{300}$

Fel canran $= \dfrac{19\,000}{300\,000} \times 100 = 6.3\%$

b Egni yn y rugiar $= 19\,000\,\text{kJ}$

Egni yn y llwynog $= 2100\,\text{kJ}$

Fel ffracsiwn $= \dfrac{2100}{19\,000}$

$= \dfrac{2100 \div 100}{19\,000 \div 100}$ gan mai 100 yw'r ffactor

gyffredin fwyaf $= \dfrac{21}{190}$

Fel canran $= \dfrac{2100}{19\,000} \times 100 = 11\%$

5 **a** $\dfrac{2 \times 1}{74} \times 100 = 2.7\%$

b $\dfrac{2 \times 39}{294} \times 100 = 26.6\%$

c $\dfrac{2 \times 14}{132} \times 100 = 21.2\%$

Cymarebau (tudalennau 16–18)

Arweiniad ar y cwestiynau

1 **Cam 1**

$$P : O$$
$$0.050 : 0.125$$

Cam 2

$$\dfrac{0.050}{0.050} : \dfrac{0.125}{0.050}$$
$$1 : 2.5$$
$$1 \times 2 : 2.5 \times 2$$
$$2 : 5$$

P_2O_5

2

	c	c
C	Cc	Cc
c	cc	cc

- Cymhareb ddisgwyliedig = 2 Cc : 2 cc = 1 Cc : 1 cc

- Felly cymhareb ffenoteip ddisgwyliedig = 1 rhesi coch : 1 rhesi oren

Cwestiynau ymarfer

3

Foltedd, V (V)	3.2	4.0	4.8	5.6	6.4	7.2
Cerrynt, I (A)	0.20	0.25	0.30	0.35	0.40	0.45
Cymhareb	16:1	16:1	16:1	16:1	16:1	16:1

- Mae'r foltedd mewn cyfrannedd union â'r cerrynt gan fod y gymhareb $V:I$ yn gyson

4 a $C_4H_5N_2O$ **c** CH_2O

  b $Na_2S_2O_3$ **ch** P_2O_5

Cydbwyso hafaliadau (tudalennau 18–20)

Arweiniad ar y cwestiwn

1 Cam 1 $N_2 : H_2$

          1 : 3

Cam 2 Mae tair gwaith cymaint o H_2 ag sydd o N_2, felly mae angen rhannu nifer y molau H_2 â 3

$$\frac{0.4}{3} = 0.13$$

Cwestiwn ymarfer

2 a $Cu(NO_3)_2 : O_2$ **b** $Cu(NO_3)_2 : 4NO_2$

         2 : 1   2 : 4

         4 : 2 mol   1 : 2

                               0.6 : 0.6×2=0.12

Amcangyfrif canlyniadau (tudalennau 20–21)

Arweiniad ar y cwestiwn

1 Cam 2 Pellter y cyfansoddyn = 8
pellter yr hydoddydd = 20

Cam 3 Amcangyfrif y gwerth R_f

$$\frac{8}{20} = \frac{4}{10} = 0.4$$

Mae'r gwerth R_f tua 0.4 felly P yw'r cyfansoddyn

Cwestiynau ymarfer

2 amcangyfrif o'r pellter yno ac yn ôl = 400 000 + 400 000
= 800 000 km = 800 000 000 m

$$\text{amcangyfrif o'r amser} = \frac{\text{pellter}}{\text{buanedd}} = \frac{800\,000\,000 \text{ m}}{3 \times 10^8 \text{ m/s}}$$

$$= 3 \text{ s (i'r eiliad agosaf)}$$

3 Na, nid dyma'r amcangyfrif gorau. Byddai talgrynnu 3.9 i 4 yn hytrach na 3 yn rhoi amcangyfrif gwell. Byddai hyn yna'n rhoi amcangyfrif o:

$$\frac{4}{6} \times 100\% = 67\% \text{ (i 2 ll.d.)}$$

Defnyddio botymau sin a $\sin^{-1}$ (tudalennau 21–23)

Arweiniad ar y cwestiwn

1 Cam 1 $n = \frac{1}{\sin c} \Rightarrow c = \sin^{-1}\left(\frac{1}{1.52}\right)$

Cam 2 $c = 41.1395° = 41.1°$ (1 ll.d.)

Cwestiynau ymarfer

2 indecs plygiant $= \frac{\sin 90}{\sin 40} = \frac{1}{0.6428} = 1.56$ (2 ll.d.)

3 indecs plygiant $= \frac{\sin 60}{\sin(90-60)} = \frac{0.866}{0.500} = 1.73$ (2 ll.d.)

Trin data

Ffigurau ystyrlon (tudalennau 23–25)

Arweiniad ar y cwestiwn

1 Cam 1 $V = I \times R$

Cam 2 $V = 1.4 \times 6.8$

Cam 3 $V = 9.52$ folt

Cam 4 Nifer y ff.y. yn y data dan sylw yw 2.

Cam 5 $V = 9.5$ folt (2 ff.y.)

Cwestiynau ymarfer

2 Mae'r ddau fesuriad wedi'u gwneud i 3 ff.y., felly dylid rhoi'r ateb hwn hefyd i 3 ff.y.

Felly: 6.819 g/awr = 6.82 g/awr (i 3 ff.y.)

3 $E = mc\Delta\theta$

$= 2.55 \text{ kg} \times 4200 \text{ J/kg°C} \times 12.2 \text{ °C}$

$= 130\,662 \text{ J}$

Ond nifer y ffigurau ystyrlon yn y cwestiwn yw 3, felly:

$E = 131\,000 \text{ J}$ (3 ff.y.)

4 $\% = \frac{2.53}{2.85} \times 100 = 88.8819 = 89\%$ (i 2 ff.y.)

Darganfod cymedrau rhifyddol (tudalennau 26–27)

Arweiniad ar y cwestiwn

1 a Cam 1 Yr allanolyn yw 0.5 Ω.

  b Cam 1 Swm y canlyniadau eraill yw:
2.1 + 2.2 + 1.9 + 1.8 = 8

        Cam 2 Y gwrthiant cymedrig yw 8 ÷ 4 = 2 Ω

Cwestiynau ymarfer

2 Cymedr B = (1500 + 1600 + 1700) ÷ 3

Cymedr B = 4800 ÷ 3 = 1600

3 Afon A: $\dfrac{14 + 13 + 11 + 9 + 8}{5} = 11$

Afon B: $\dfrac{8 + 9 + 10 + 11 + 9}{5} = 9.4$

Afon B yw'r un fwyaf diogel

4 Cymedr 10 gwerth = 4.2

Felly, swm y 10 gwerth hyn yw 4.2 × 10 = 42

Swm y 9 gwerth sydd wedi'u rhoi = (4.1 + 4.2 + 4.2 + 4.3 + 4.3 + 4.1 + 4.2 + 4.0 + 4.1) = 37.5

Felly, y gwerth coll yw 42 − 37.5 = 4.5 J/g°C

Cyfrifo cymedrau pwysol (tudalennau 27–28)

Arweiniad ar y cwestiwn

1 **Cam 1** 79 + 10 + 11 = 100

Cam 2

màs atomig cymharol = $\dfrac{(79 \times 24) + (10 \times 25) + (11 \times 26)}{100}$

$= 24.32 = 24.3$

Cwestiynau ymarfer

2 $\dfrac{(69 \times 63) + (31 \times 65)}{100} = 63.62 = 63.6$

3 $\dfrac{(95.02 \times 32) + (0.76 \times 33) + (4.22 \times 34)}{100} = 32.09$

Llunio tablau amlder, siartiau bar a histogramau

Tablau amlder (tudalennau 29–30)

Cwestiwn ymarfer

1 **a**

Rhif ar y dis	Tali	Amlder
1	ЖІ ІІІІ	9
2	ЖІ ІІІІ	9
3	ЖІ ЖІ ІІ	12
4	ЖІ ЖІ ІІ	12
5	ЖІ ІІІ	8
6	ЖІ ЖІ	10
	Cyfanswm	60

b Bydden ni'n disgwyl i ddis diduedd ddangos tua 10 o bob un o'r rhifau 1–6.

Does dim un rhif yn dod i fyny fwy na 12 gwaith, na llai nag 8 gwaith. Yn seiliedig ar y dosbarthiad hwn, does dim tystiolaeth gref o duedd.

Siartiau bar (tudalennau 32–34)

Arweiniad ar y cwestiwn

1 **a Cam 1** Mae gan y myfyrwyr benywaidd far lliw coch.

Cam 2 Mae'r bar hwn ar ei fwyaf yn 2016.

b Cam 1 Y flwyddyn lle mae'r gwahaniaeth mwyaf rhwng gwrywod a benywod yw'r flwyddyn lle mae'r gwahaniaeth mwyaf rhwng uchder y barrau.

Cam 2 Y flwyddyn hon yw 2016.

c Cam 1 Nifer y myfyrwyr gwrywaidd yn 2015 = 80

Cam 2 Nifer y myfyrwyr benywaidd yn 2015 = 66

Cam 3 Cyfanswm nifer y myfyrwyr yn 2015 = 80 + 66 = 146

Cwestiynau ymarfer

2

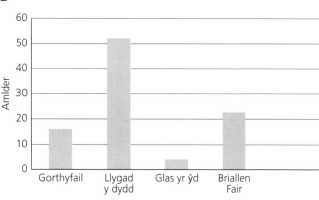

Siart bar yn dangos amlder rhywogaethau blodau gwyllt

3 **a**

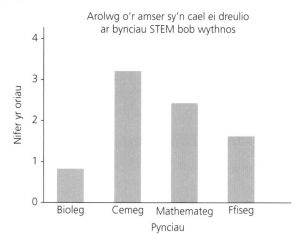

b Ffiseg − Bioleg = 1.6 − 0.8 = 0.8 awr

c Cyfanswm amser = (0.8 + 3.3 + 2.4 + 1.6) = 8.1 awr

Histogramau (tudalennau 35–36)

Arweiniad ar y cwestiwn

1 **Cam 1** Nifer y dyddiau pan oedd y cwymp eira rhwng 30 a 40 mm oedd 6.

Cam 2 Y rhifau sydd ar goll o golofn ganol y tabl yw 25, 35, 45 a 55.

Cam 3 Mae'r echelin fertigol wedi'i labelu â *Nifer y diwrnodau*. Mae'r echelin lorweddol wedi'i labelu â *Cwymp eira* (mm) a bydd ei hamrediad yn mynd o 0 i 60.

Cam 4 Mae'r bar cyntaf wedi'i ganoli ar 15 mm, tri diwrnod o uchder a 10 mm o led.

Cam 5 Lluniadu gweddill y barrau. Mae'r bar terfynol yn ddau ddiwrnod o uchder, wedi ei ganoli ar 55 mm ac mae'n 10 mm o led.

Cam 6 Ychwanegu'r teitl at yr histogram.

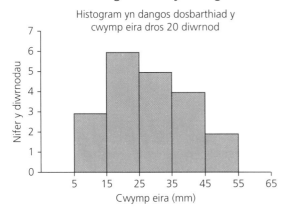

Histogram yn dangos dosbarthiad y cwymp eira dros 20 diwrnod

Cwestiwn ymarfer

2

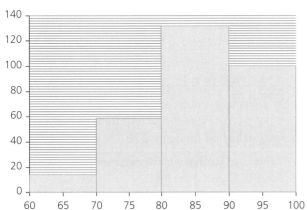

Histogram yn dangos cyfraddau curiad y galon wrth orffwys

Siartiau cylch (tudalennau 36–38)

Arweiniad ar y cwestiwn

1 **Cam 1** Cyfanswm nifer y myfyrwyr gafodd eu holi oedd: 90.

Cam 2 Mae pob myfyriwr yn y siart cylch yn cael ei gynrychioli gan ongl 4 gradd.

Cam 3 Felly, dyma'r onglau ar gyfer pob dull trafnidiaeth:

Cerdded = 60°; Beicio = 20°; Car = 140°; Bws = 80°; Trên = 60°

Cam 4 Defnyddio cwmpawd i luniadu cylch mawr.

Cam 5 Defnyddio pren mesur i dynnu llinell o ganol y cylch hyd at ei gylchedd.

Cam 6 Lluniadu'r sectorau yn y cylch gan ddefnyddio'r onglau sy'n cael eu rhoi yng Ngham 3, yna labelu'r sectorau.

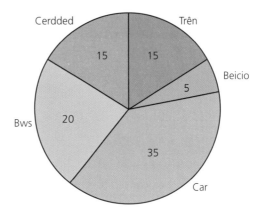

Cwestiwn ymarfer

2 **a** Nifer y bobl sy'n defnyddio pren =
180 − (90 + 45 + 25 + 10 + 2) = 180 − 172 = 8

b Mae 180 o bobl, felly mae pob unigolyn yn cynrychioli 2°

Ffynhonnell egni	Nwy	Olew	Glo	Trydan	Pren	Arall
Nifer y bobl	90	45	25	10	8	2
Ongl sector (graddau)	180	90	50	20	16	4

c

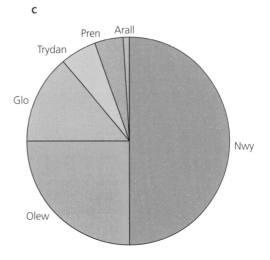

Deall egwyddorion samplu (tudalennau 38–39)

Arweiniad ar y cwestiynau

1 Maint y boblogaeth = (cyfanswm y nifer yn y sampl cyntaf × cyfanswm y nifer yn yr ail sampl) ÷ y nifer sydd wedi'u marcio yn yr ail sampl

Cam 2 Maint y boblogaeth = (92 × 78) ÷ 15

= 478 (wedi'i dalgrynnu i'r rhif cyfan agosaf)

2 **Cam 1** Mae 7 cwadrad yn cynnwys *Digitalis* o gyfanswm o 10 cwadrad.

Cam 2 Felly, amlder rhywogaeth = (7 ÷ 10) × 100
= 70%

Cwestiynau ymarfer

3 Nifer y malwod = (cyfanswm y nifer yn y sampl

cyntaf × cyfanswm y nifer yn yr ail sampl)

÷ y nifer sydd wedi'u marcio yn yr

ail sampl

Nifer y malwod = (105 × 120) ÷ 45

Nifer y malwod = 12 600 ÷ 45 = 280

4 % gorchudd gwair = nifer y sgwariau sy'n cynnwys gwair

÷ cyfanswm nifer y sgwariau

% gorchudd gwair = (15 ÷ 25) × 100 = 60%

Tebygolrwydd syml (tudalennau 39–42)

Arweiniad ar y cwestiwn

1 a Cam 1 Mewn un hanner oes, mae nifer y niwclysau heb ddadfeilio yn gostwng 50%.

Cam 2 Felly, mewn un hanner oes, bydd yr 80 miliwn o niwclysau heb ddadfeilio yn gostwng i 40 miliwn.

Cam 3 O'r graff, mae hyn yn cymryd 2 funud.

b Cam 1 Mewn 6 munud, mae nifer y niwclysau heb ddadfeilio wedi gostwng i 10 miliwn.

Cam 2 Felly, y ffracsiwn sydd wedi dadfeilio yw $\frac{7}{8}$.

Cam 3 Felly, y tebygolrwydd o ddadfeiliad o fewn 6 munud yw 0.875.

Cwestiynau ymarfer

2 a

Amser a aeth heibio (munudau)	0	1	2	3	4	5	6	7
Nifer disgwyliedig y niwclysau heb ddadfeilio	3000	2100	1470	1029	720	504	353	247

b ac c

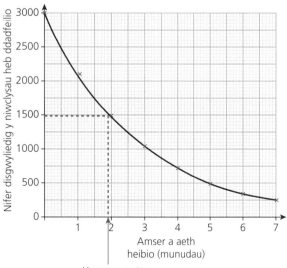

Hanner oes tua 1.9 munud

3 Rhieni: Gg   Gg

Gametau: G   g   G   g

	G	g
G	GG	Gg
g	Gg	gg

Epil 25% GG, 50% Gg, 25% gg

Gan mai dim ond epil â'r genoteip gg fydd â ffrwythau melyn, y tebygolrwydd y bydd gan un epil ffrwythau melyn yw 25%.

Deall cymedr, modd a chanolrif (tudalennau 42–43)

Arweiniad ar y cwestiwn

1 Cam 1 1, 2, 3, 4, 6, 7, 9

Cam 2 Gan mai'r modd yw 9, rhaid bod o leiaf ddau 9. Felly, ychwanegwch 9 at y rhestr mewn trefn. Nawr, mae 8 rhif yn y rhestr mewn trefn.

Cam 3 Y canolrif yw'r pumed rhif yn y rhestr mewn trefn, felly rhaid mai'r rhif coll yw 6, 7, 8 neu 9. Gan mai'r modd yw 9, all y rhif coll ddim bod yn 6 na 7. Felly, rhaid mai'r rhif coll yw 8 neu 9.

Cwestiwn ymarfer

2 a Dyma'r 20 rhif wedi'u gosod mewn trefn:

0.77, 0.77, 0.77, 0.77, 0.77, 0.78, 0.78, 0.78, 0.78, 0.78, 0.78, 0.78, 0.79, 0.79, 0.79, 0.79, 0.79, 0.79, 0.79, 0.79

Y rhif mwyaf cyffredin yw 0.79 (mae wyth ohonyn nhw), felly mae'r modd = 0.79

b Y rhifau yn y canol yw'r degfed gwerth a'r unfed ar ddeg. 0.78 yw'r ddau hyn.

Felly, canolrif = 0.78

Defnyddio diagram gwasgariad i ganfod cydberthyniad (tudalennau 44–46)

Arweiniad ar y cwestiwn

1 Cam 1 Wrth i'r pellter oddi wrth y goeden gynyddu, mae gorchudd canrannol y gwair yn cynyddu.

Cam 2 Mae hyn yn dangos cydberthyniad positif.

Cwestiwn ymarfer

2

Pellter, *D*, moleciwl o bwynt sefydlog (mm)	0	15	21	26	30	33	38	40
Nifer y gwrthdrawiadau, *N*	0	1	2	3	4	5	6	7
$\sqrt{N}$		0	**1.0**	1.4	**1.7**	2.0	**2.2**	**2.4**	**2.6**

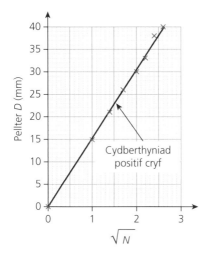

Cydberthyniad positif cryf

Trefnau maint (tudalennau 46–47)

Arweiniad ar y cwestiwn

1 **Cam 1** grym trydanol ÷ grym disgyrchiant
= 9.22×10^{-8} N ÷ 4.06×10^{-47} N = 2.27×10^{39}

Cam 2 Mae'r grym trydanol 10^{39} gwaith yn fwy na'r grym disgyrchiant.

Cwestiynau ymarfer

2 $\dfrac{1 \times 10^{-4}}{1 \times 10^{-9}} = 1 \times 10^{5} = 100\,000$ gwaith yn fwy

3 $\dfrac{1.0 \times 10^{-6}}{1.6 \times 10^{-9}} = 0.625 \times 10^{3} = 625$ gwaith yn fwy

Defnyddio'r hafaliad chwyddhad (tudalennau 47–48)

Arweiniad ar y cwestiwn

1 **Cam 1** Maint y ddelwedd = 150; maint y gwrthrych = 2

Cam 2 Chwyddhad = 150 ÷ 2 = 75

Cwestiwn ymarfer

2 Chwyddhad = maint y ddelwedd ÷ maint y gwrthrych

Maint y gwrthrych = maint y ddelwedd ÷ chwyddhad

Maint y gwrthrych = 30 ÷ 340 = 0.088235 = 0.088 mm (2 ff.y.)

Algebra

Deall a defnyddio symbolau algebraidd (tudalennau 50–52)

Arweiniad ar y cwestiwn

1 Cyfradd dadelfennu ∝ tymheredd y pridd

Cwestiynau ymarfer

2 Pwysedd gwaed yn y rhydwelïau > pwysedd gwaed yn y gwythiennau

3 Crynodiad yr ensym ∝ cyfradd yr adwaith

Aildrefnu testun hafaliad (tudalennau 52–54)

Arweiniad ar y cwestiynau

1 **Cam 1** $2E = kx^2$

Cam 2 $\dfrac{2E}{k} = \dfrac{kx^2}{k}$

Cam 3 $\dfrac{2E}{k} = x^2$

Cam 4 $\sqrt{\dfrac{2E}{k}} = x$

Cam 5 $x = \sqrt{\dfrac{2E}{k}}$

2 **Cam 2**

$\dfrac{(\text{cyfaint} \times \text{crynodiad} \times \cancel{1000})}{\cancel{1000}} = \text{molau} \times 1000$

$\dfrac{\text{cyfaint} \times \cancel{\text{crynodiad}}}{\cancel{\text{crynodiad}}} = \dfrac{\text{molau} \times 1000}{\text{crynodiad}}$

$\text{cyfaint} = \dfrac{\text{molau} \times 1000}{\text{crynodiad}}$

Cwestiynau ymarfer

3 **a** $x = \dfrac{y - 1}{2}$

b $x = \dfrac{4 + y}{3}$

c $x = \dfrac{y - c}{m}$

ch $x = 1 - 2y$

4 **a** Cynnyrch damcaniaethol = $\dfrac{\text{cynnyrch gwirioneddol} \times 100}{\text{cynnyrch canrannol}}$

b Crynodiad = $\dfrac{\text{molau} \times 1000}{\text{cyfaint}}$

c Amser mae'n ei gymryd = $\dfrac{\text{swm yr adweithydd a ddefnyddir}}{\text{cyfradd gymedrig yr adwaith}}$

Amnewid gwerthoedd i mewn i hafaliad (tudalennau 54–56)

Arweiniad ar y cwestiynau

1 **Cam 3** cyfaint × crynodiad = molau × 1000

Cam 4 crynodiad = $\dfrac{\text{molau} \times 1000}{\text{cyfaint}}$

Cam 5 crynodiad = $\dfrac{0.0034 \times 1000}{15.0} = 0.23\,\text{mol}/\text{dm}^3$

2 **Cam 1** $a = \dfrac{v - u}{t}$

Cam 2 $a = \dfrac{30 - 0}{12}$

Cam 3 $a = 2.5\,\text{m/s}^2$

Cwestiwn ymarfer

3 Arwynebedd y parth clir = $\pi r^2 = \pi \times 72^2$

Arwynebedd y parth clir = $\pi \times 518$

Arwynebedd y parth clir = $16\,286$ mm^2

Datrys hafaliadau syml (tudalen 56)

Cwestiynau ymarfer

1 $R_f = \dfrac{\text{pellter mae'r sylwedd wedi symud}}{\text{pellter mae'r hydoddydd wedi symud}}$

Pellter mae'r hydoddydd wedi symud $\times R_f =$ pellter mae'r sylwedd wedi symud

$10.2 \times 0.80 = 8.2\,\text{cm}$

2

$$\text{economi atom} = \dfrac{\begin{array}{c}\text{cyfanswm màs fformiwla cymharol y}\\ \text{cynnyrch a ddymunir o'r hafaliad}\end{array}}{\begin{array}{c}\text{cyfanswm masau cymharol pob}\\ \text{adweithydd o'r hafaliad}\end{array}} \times 100$$

$$= \dfrac{160}{124 + 98} \times 100 = 72\%$$

3 $v = f\lambda$

$3 \times 10^8 = 5 \times 10^{14} \times \lambda$

$\lambda = \dfrac{3 \times 10^8}{5 \times 10^{14}}$

$= 6 \times 10^{-7}\,\text{m}$

4 Egni sydd ar gael i ysyddion cynradd = egni yn y cynhyrchwyr cynradd − egni sy'n cael ei golli wrth resbiradu − egni sy'n cael ei golli drwy wastraff a marwolaeth

Egni yn y cynhyrchwyr cynradd = egni sydd ar gael i ysyddion cynradd + egni sy'n cael ei golli wrth resbiradu + egni sy'n cael ei golli drwy wastraff a marwolaeth

Egni yn y cynhyrchwyr cynradd = 20 000 + 30 000 + 150 000

Egni yn y cynhyrchwyr cynradd = 200 000 kJ

Cyfrannedd gwrthdro (tudalennau 56–58)

Arweiniad ar y cwestiwn

1 **Cam 1** $PR =$ cysonyn

Cam 2 $PR = 1200 \times 48 = 57\,600$

Cam 3 $57\,600 = P \times 60$

Cam 4 $P = \dfrac{57\,600}{60} = 960\,\text{W}$

Cwestiwn ymarfer

2 Gan fod I a d^2 mewn cyfrannedd gwrthdro, mae'r lluoswm $I \times d^2$ yn gysonyn.

Yn yr achos hwn $I \times d^2 = 1440$

I'r llong: $0.001 \times d^2 = 1440$

a $d^2 = \dfrac{1440}{0.001} = 1440\,000$

b $d = \sqrt{1440\,000} = 1200\,\text{m}$

Graffiau

Newid rhwng ffurfiau graffigol a ffurfiau rhifiadol (tudalennau 60–62)

Arweiniad ar y cwestiwn

1 a **Cam 1** Mae'r buanedd ar yr echelin fertigol hanner ffordd rhwng 6 m/s ac 8 m/s.

Cam 2 Ar y buanedd hwn, tynnwch linell lorweddol i'r graff.

Cam 3 O'r pwynt lle mae'r llinell hon yn cwrdd â'r graff, tynnwch linell fertigol at yr echelin amser.

Cam 4 Mae'r llinell yn cwrdd â'r echelin amser ar 2.5 eiliad. Dyma'r ateb.

b **Cam 1** Mae'r amser ar yr echelin lorweddol hanner ffordd rhwng 1 s a 2 s.

Cam 2 Ar y buanedd hwn, tynnwch linell fertigol i'r graff.

Cam 3 O'r pwynt lle mae'r llinell hon yn cwrdd â'r graff, tynnwch linell lorweddol at yr echelin fertigol.

Cam 4 Mae'r llinell yn cwrdd â'r echelin buanedd ar 9 m/s.
Dyma'r ateb.

Cwestiwn ymarfer

2 a Canlyniad ar ôl 4.5 munud

b Màs y fflasg a'r cynnwys /g; amser /s

c Graff màs y fflasg a'r cynnwys yn erbyn amser ar gyfer adwaith calsiwm carbonad ac asid

ch Ydy, gan ei fod yn llenwi'r rhan fwyaf o'r papur graff

Deall bod $y = mx + c$ yn cynrychioli perthynas linol (tudalennau 62–64)

Arweiniad ar y cwestiwn

1 **Cam 1** $m = -0.5$; $c = 9$

Cam 2 Yn $x = 0$, $y = 9$

Cam 3 Yn $x = 10$, $y = 4$

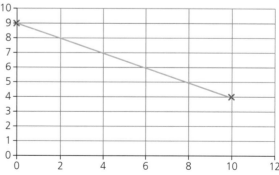

Graff o'r hafaliad $y = -0.5x + 9$

Cwestiwn ymarfer

2

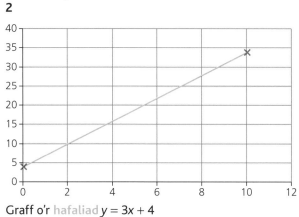

Graff o'r hafaliad $y = 3x + 4$

Plotio dau newidyn o ddata arbrofol neu ddata eraill (tudalennau 64–67)

Arweiniad ar y cwestiwn

1 **Cam 1** Lluniadu a labelu'r echelin fertigol â'r llythyren y, a'r echelin lorweddol â'r llythyren x.

Cam 2 Ar gyfer yr echelin y, mae'r grid yn 12 cm o uchder, felly mae pob pellter 1 cm yn cynrychioli 1 uned.

Ar gyfer yr echelin x, mae'r grid yn 12 cm, felly mae pob pellter 1 cm yn cynrychioli 0.5 uned.

Cam 3 Mae'r pwynt cyntaf ar y rhyngdoriad lle mae'r llinell fertigol yn $x = 0$ yn cwrdd â'r llinell lorweddol yn $y = 4.5$. Mae'r ail bwynt ar y croestoriad lle mae'r llinell fertigol yn $x = 1$ yn cwrdd â'r llinell lorweddol yn $y = 6$.

Cam 4 Ailadrodd hyn nes bod yr holl bwyntiau wedi'u plotio.

Cwestiynau ymarfer

2

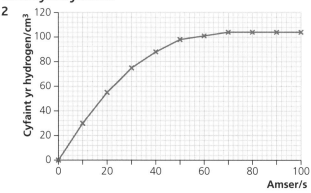

3

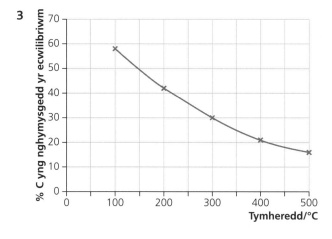

4

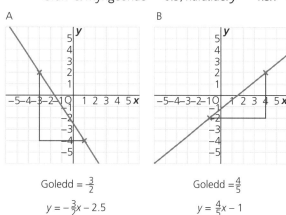

Graff yn dangos achosion MRSA

Darganfod graddiant a rhyngdoriad llinell syth (tudalennau 67–71)

Arweiniad ar y cwestiwn

1 **a** **Cam 3** Graff A $\Delta y = 2 - (-4) = 6$

Graff B $\Delta y = 2 - (-2) = 4$

Graff C $\Delta y = 2 - (-2) = 4$

Cam 4 Graff A $\Delta x = -3 - 1 = -4$

Graff B $\Delta x = -1 - 4 = 5$

Graff C $\Delta x = -2 - 1 = 3$

Cam 5 Graff A: graddiant $= -1.5$

Graff B: graddiant $= +0.8$

Graff C: graddiant $= -1.3$

b Graff A: rhyngdoriad $= -2.5$; hafaliad: $y = -1.5x - 2.5$

Graff B: rhyngdoriad $= -1$; hafaliad: $y = 0.8x - 1$

Graff C: rhyngdoriad $= -0.5$; hafaliad: $y = -1.3x - 0.5$

A

B

Goledd $= \frac{3}{2}$

Goledd $= \frac{4}{5}$

$y = -\frac{3}{2}x - 2.5$

$y = \frac{4}{5}x - 1$

C

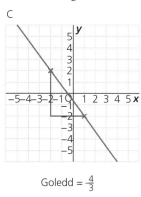

Goledd $= \frac{4}{3}$

$y = -\frac{4}{3}x - 0.5$

Cwestiynau ymarfer

2 Gallwn ni ddod o hyd i grynodiad mewnol y winwnsyn drwy ddarganfod y pwynt lle does dim newid màs, oherwydd yn y pwynt hwn mae'r crynodiad y tu mewn i'r gell winwnsyn yn hafal i'r hydoddiant allanol.

Newid màs 0% = 0.53 M

Felly, crynodiad mewnol y gell winwnsyn = 0.53 M

3 Mae cyfradd yr adwaith ar ei chyflymaf ar ddechrau'r adwaith. I ddod o hyd i gyfradd yr adwaith, mae angen darganfod graddiant y llinell.

Yn gyntaf, darganfyddwch raddiant y llinell rhwng 0 a 30 eiliad:

Graddiant = newid yn y ÷ newid yn x = 5 ÷ 30

Graddiant = 0.17

Cyfradd yr adwaith = 0.17 g/s

Lluniadu goledd tangiad i gromlin a'i ddefnyddio fel mesur o gyfradd newid (tudalennau 72–75)

Arweiniad ar y cwestiwn

1 Cam 3 graddiant $(m) = \dfrac{\text{newid yn echelin } y}{\text{newid yn echelin } x} = \dfrac{\Delta y}{\Delta x} = \dfrac{1}{2}$

Cwestiynau ymarfer

2

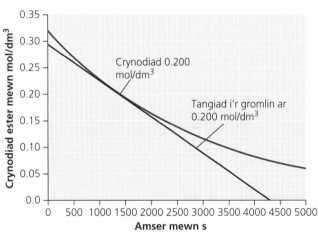

- Ar grynodiad 0.200 mol/dm³, graddiant y tangiad yw $\dfrac{0.28}{3500} = 6.5 \times 10^{-5}$

3 a

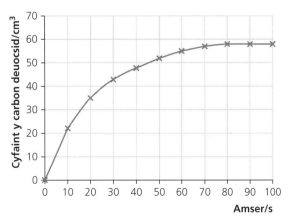

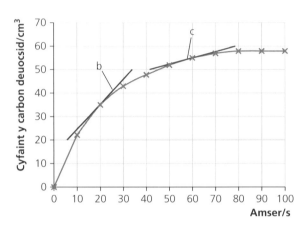

b graddiant y tangiad = $\dfrac{30}{28}$ = 1.1 = cyfradd

c graddiant y tangiad = $\dfrac{10}{34}$ = 0.3 = cyfradd

Geometreg a thrigonometreg

Defnyddio mesuriadau onglaidd mewn graddau (tudalennau 76–78)

Arweiniad ar y cwestiwn

1

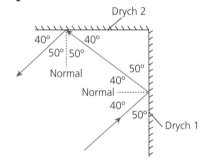

- **Cam 4** Ongl adlewyrchiad ar Ddrych 2: 50°

Cwestiwn ymarfer

2

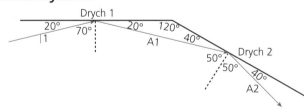

Gan fod onglau'r trawiad a'r plygiant ar Ddrych 1 yn 70°, yr ongl letraws ar y drych yw 20°.

Gan fod onglau mewn triongl yn adio i 180°, mae'r ongl letraws ar Ddrych 2 yn 40°, ac ongl yr adlewyrchiad ar Ddrych 2 yw 50°.

Cynrychioli ffurfiau 2D a 3D (tudalennau 78–81)

Arweiniad ar y cwestiwn

1

H — N — H
     |
     H

Cwestiynau ymarfer

2

H
|
H—C—H
|
H

3

O
/ \
H   H

4 a

H   H
| |
H—C—C—H
| |
H   H

b

H   H
| |
C=C—C—H
| | |
H   H   H

c

H   H   H
| | |
H—C—C—C=C
| | | |
H   H   H   H

Cyfrifo arwynebeddau a chyfeintiau (tudalennau 81–83)

Arweiniad ar y cwestiwn

1 **Cam 1**

Arwynebedd arwyneb y ciwb = $8 \times 8 \times 6 = 384$ mm^2

Cam 2 Cyfaint = $8 \times 8 \times 8 = 512$ mm^3

Cam 3 Arwynebedd arwyneb : cyfaint = 384 : 512
= (384 ÷ 128) : (512 ÷ 128) gan mai 128 yw'r ffactor gyffredin fwyaf

Arwynebedd arwyneb : cyfaint = 3 : 4

Cwestiynau ymarfer

2 **Ciwb 1**

Arwynebedd arwyneb = hyd yr ochr × hyd yr ochr
× nifer yr ochrau
= $6 \times 6 \times 6$

Arwynebedd arwyneb = 216 mm^2

Cyfaint = hyd × lled × uchder

Cyfaint = $6 \times 6 \times 6 = 216$ mm^3

Arwynebedd arwyneb : cyfaint = 216 : 216
= (216 ÷ 216) : (216 ÷ 216)

Arwynebedd arwyneb : cyfaint = 1:1

Ciwb 2

Arwynebedd arwyneb = hyd yr ochr × hyd yr ochr
× nifer yr ochrau
= $4 \times 4 \times 6$

Arwynebedd arwyneb = 96 cm^2

Cyfaint = hyd × lled × uchder

Cyfaint = $4 \times 4 \times 4 = 64$ cm^3

Arwynebedd arwyneb : cyfaint = 96 : 64
= (96 ÷ 32) : (64 ÷ 32)

Arwynebedd arwyneb : cyfaint = 3 : 2

Gan fod 3 : 2 yn gymhareb arwynebedd arwyneb : cyfaint fwy nag 1 : 1, ciwb 2 sydd â'r gymhareb arwynebedd arwyneb : cyfaint fwyaf.

3 arwynebedd arwyneb = $2 \times 2 \times 6 = 24$ cm^2

cyfaint = $2 \times 2 \times 2 = 8$ cm^3

arwynebedd arwyneb : cyfaint

24 : 8

3 : 1

arwynebedd arwyneb = $20 \times 20 \times 6 = 2400$ cm^2

cyfaint = $20 \times 20 \times 20 = 8000$ cm^3

Arwynebedd arwyneb : cyfaint

2400 : 8000 (rhannu â 3)

300 : 1000

3 : 10

0.3 : 1

Mae cymhareb arwynebedd arwyneb i gyfaint y ciwb sydd ag ochrau bach, ddeg gwaith cymaint â chymhareb y llall.

➤➤ 2 Llythrennedd

Ymatebion estynedig: Disgrifiwch (tudalennau 89–90)

Sylwadau ar atebion

1 Byddai'r ateb enghreifftiol hwn yn cael marciau llawn.

Cysylltwch wrthydd newidiol, amedr, uned cyflenwi pŵer a darn 50 cm o wifren gwrthiant mewn cyfres â'i gilydd. Cysylltwch foltmedr ar draws y wifren gwrthiant.

Trowch yr uned cyflenwi pŵer ymlaen, a chofnodwch y darlleniadau o'r cerrynt a'r foltedd mewn tabl. Diffoddwch yr uned cyflenwi pŵer er mwyn i'r wifren oeri. Cyfrifwch y gwrthiant drwy rannu'r foltedd â'r cerrynt.

Trowch yr uned cyflenwi pŵer ymlaen eto, addaswch y gwrthydd newidiol, a chofnodwch y darlleniadau cerrynt a foltedd newydd.

Diffoddwch yr uned cyflenwi pŵer a chyfrifwch wrthiant y wifren. Yna darganfyddwch wrthiant cyfartalog y ddau gyfrifiad.

Ailadroddwch hyn ar gyfer gwifrau eraill â hyd cynyddol.

Plotiwch graff gwrthiant cyfartalog yn erbyn hyd, a thynnwch linell ffit orau syth. Dylai basio drwy (0,0), gan gadarnhau bod gwrthiant y wifren mewn cyfranedd union â'i hyd.

Mae'r disgrifiad hwn yn llawn manylion cywir, ac mae tystiolaeth glir bod yr ymgeisydd yn gwybod yn union beth mae angen ei wneud. Byddai tabl yn dangos sut cafodd y canlyniadau eu cofnodi wedi bod yn ddefnyddiol, ond nid yw'n hanfodol.

Mae'r myfyriwr yn dangos gwybodaeth a dealltwriaeth ynglŷn â'r ffordd mae'r cyfarpar yn cael ei drefnu, y darlleniadau mae'n rhaid eu cymryd, a'r rhagofalon angenrheidiol i gael canlyniadau boddhaol. Mae'r ymgeisydd hefyd yn gwybod sut i ddod o hyd i'r gwrthiant a sut mae'n rhaid prosesu'r canlyniadau er mwyn dod i gasgliad.

Asesu ateb myfyriwr

2 Byddai'r ateb hwn yn cyrraedd lefel 1 ac yn cael 2 farc.

Mae hyn oherwydd bod yr ateb yn cynnwys rhai pwyntiau cywir, fel yr angen i sberm ac wyau gymysgu er mwyn i ffrwythloniad ddigwydd, a defnyddio FSH. Fodd bynnag, mae hefyd yn cynnwys nifer mawr o wallau. Dau gamgymeriad allweddol yw'r ffaith bod yr embryonau'n cael eu mewnblannu yng nghroth y fam, nid eu tyfu mewn tiwb profi, a hefyd hormon yw FSH, nid ensym.

Dydy'r ateb ddim wedi'i strwythuro'n dda iawn chwaith; nid yw'n sôn am ddefnyddio FSH – sy'n digwydd ar ddechrau'r broses – tan ddiwedd yr ateb. Mae gwall gramadeg hefyd yn y frawddeg 'FSH i'r fam - mae'r rhain yn ensym' – 'mae hwn yn ensym' sy'n gywir'.

Gwella'r ateb

3 Byddai'r ateb enghreifftiol hwn yn cael marciau llawn:

Byddwn i'n rhoi sinc clorid mewn dysgl anweddu. Byddwn i'n rhoi dau electrod yn y sinc clorid ac yn cysylltu un â phen positif (anod) pecyn pŵer neu fatri a'r llall â'r pen negatif (catod). Byddwn i'n rhoi'r ddysgl anweddu ar rwyllen a'i gwresogi'n ysgafn â gwresogydd Bunsen. Wrth i'r sinc clorid ddechrau ymdoddi, byddwn i'n sicrhau nad yw'r electrodau'n cyffwrdd, ac yna'n troi'r pecyn pŵer ymlaen. Wrth yr anod positif mae hylif llwyd i'w weld, ac wrth y catod mae nwy gwyrdd-melyn. Dylid defnyddio cwpwrdd gwyntyllu.

Ymatebion estynedig: Esboniwch (tudalennau 91–92)

Sylwadau ar atebion

1 Byddai'r ateb enghreifftiol hwn yn cael marciau llawn.

Metel yw copr ac mae ganddo lawer o electronau dadleoledig sy'n gallu symud a chludo gwefr ac felly mae'n dargludo trydan. Cyfansoddyn ïonig yw copr clorid. Dydy copr clorid ddim yn gallu dargludo pan fydd yn solid gan fod yr ïonau yn cael eu dal yn dynn yn eu lleoedd, ond pan fydd wedi hydoddi mewn hydoddiant, gall yr ïonau symud a chludo'r wefr. Moleciwl yw clorin a does ganddo ddim gwefr ac felly nid yw'n gallu dargludo trydan.

Asesu ateb myfyriwr

2 Byddai'r ateb hwn yn cyrraedd lefel 3 ac yn cael 5 marc.

Mae hyn oherwydd ei fod yn ateb clir sydd wedi'i strwythuro'n dda ac yn rhoi sylw i'r prif bwyntiau i gyd. Fodd bynnag, mae'n gwneud un camgymeriad allweddol:

dydy lipidau ddim yn cael eu torri i lawr i roi asidau amino, ond i roi asidau brasterog a glyserol. Mae hyn yn golygu bod yr ateb yn cael y marc isaf ar lefel 3. Mae'n dangos pa mor bwysig yw sicrhau bod y wybodaeth allweddol yn eich ateb yn gywir – mae hyd yn oed esbonio un pwynt allweddol yn anghywir yn gallu colli marciau i chi.

Gwella'r ateb

3 Byddai'r ateb hwn wedi'i wella yn cael y 6 marc llawn.

Gwasgedd yw'r grym sy'n gweithredu ar arwyneb wedi'i rannu ag arwynebedd yr arwyneb.

Mae'r golofn o hylif yn brism ag arwynebedd trawstoriadol A ac uchder h.

Cyfaint yr hylif yw'r lluoswm $A \times h$.

Màs yr hylif yw $A \times h \times \rho$, lle ρ yw dwysedd yr hylif.

Pwysau'r hylif yw $A \times h \times \rho \times g$, lle g yw'r cryfder maes disgyrchiant.

Y gwasgedd, P, yw pwysau'r hylif wedi ei rannu â'r arwynebedd, felly $P = h \times \rho \times g$.

Ymatebion estynedig: Lluniwch, Cynlluniwch neu Amlinellwch (tudalennau 92–95)

Sylwadau ar atebion

1 Byddai'r ateb enghreifftiol hwn yn cael marciau llawn.

I brofi'r rhagdybiaeth hon, yn gyntaf byddech chi'n ychwanegu crynodiad hysbys o'r penisilin at un ddisg, a chrynodiad hysbys o'r tigecyclin at ddisg arall. Dylai diamedr pob disg sy'n cynnwys gwrthfiotig fod yr un fath. Yna, byddech chi'n rhoi pob disg yng nghanol plât agar sy'n cynnwys cyfaint hysbys o grynodiad penodol o feithriniad bacteria. Yna, byddech chi'n magu'r ddwy ddisg ar 37°C am 24 awr.

Yn yr amser hwn, bydd y gwrthfiotig yn tryledu allan o'r ddisg ac i mewn i'r agar. Caiff rhan glir ei chynhyrchu lle mae'r gwrthfiotig yn lladd y bacteria. Dylech chi fesur y rhan glir y mae pob disg yn ei chynhyrchu. Yna, dylech chi ailadrodd yr ymchwiliad cyfan o leiaf dair gwaith i gyfrifo rhan glir gymedrig.

Dylech chi gymharu arwynebeddau'r ddwy ran glir gymedrig hyn, ac os yw'r tigecyclin yn cynhyrchu rhan glir gymedrig fwy na'r penisilin, mae hyn yn profi'r rhagdybiaeth. Os nad yw'n gwneud hyn, mae hyn yn gwrthbrofi'r rhagdybiaeth.

Mae hwn yn ateb rhagorol, a byddai'n cael y 6 marc llawn. Mae'r myfyriwr yn enwi'r newidyn annibynnol yn gywir (y math o wrthfiotig) ac yn nodi sut i'w amrywio (newid y math o wrthfiotig ar y ddisg).

Drwy'r ateb i gyd, mae'r newidynnau rheolydd yn cael eu nodi a'u rheoli'n gywir, er enghraifft disg yr un diamedr, meithriniad bacteria yr un cyfaint a chrynodiad, yr un amser a'r un tymheredd magu. Mae hefyd yn rhoi sylw i ddibynadwyedd yr ymchwiliad drwy awgrymu ailadrodd yr ymchwiliad a chyfrifo arwynebedd y rhan glir gymedrig.

Mae'r myfyriwr yn gorffen yn dda drwy gysylltu'n ôl â'r cwestiwn a dweud sut gellid profi neu wrthbrofi'r rhagdybiaeth.

Asesu ateb myfyriwr

2   Byddai'r ateb hwn yn cyrraedd lefel 1 ac yn cael 1 marc. Y rheswm am hyn yw bod marciau'n gallu cael eu rhoi am bwyntiau 3 a 5 y cynnwys dangosol yn unig.

Mae sawl camgymeriad sillafu/gramadeg hefyd. Mae'r ymgeisydd wedi defnyddio 'Mesyrwch' yn lle 'Mesurwch', 'angl' yn lle 'ongl', ac nid oes atalnodau llawn. Mae ansawdd y Gymraeg ysgrifenedig mor wael nes byddai'r ymgeisydd yn cael ei roi ar waelod y band marciau, yn ôl pob tebyg.

Dydy'r myfyriwr ddim yn sôn am bapur, onglydd na blwch pelydru, ac felly nid yw'n ennill unrhyw farciau am bwyntiau dangosol 1, 2 a 4. Mae'r ongl blygiant hefyd wedi'i nodi'n anghywir, ac felly mae'r marciau ar gyfer pwyntiau 6 a 7 yn cael eu colli.

Gwella'r ateb

3   Byddai'r ateb hwn wedi'i wella yn cael y 6 marc llawn.

Yn gyntaf, rhowch hydoddiant potasiwm ïodid mewn tiwb profi ac ychwanegu clorin dyfrllyd. Os bydd y lliw yn newid yn hydoddiant melyn-brown, mae ïodin wedi cael ei gynhyrchu oherwydd bod clorin yn fwy adweithiol a bydd yn dadleoli ïodin o'r hydoddiant.

Mewn tiwb profi arall, rhowch hydoddiant potasiwm ïodid ac ychwanegu bromin dyfrllyd. Os bydd lliw'r hydoddiant yn newid yn felyn-brown, mae ïodin wedi cael ei gynhyrchu oherwydd bod bromin yn fwy adweithiol a bydd yn dadleoli ïodin o'r hydoddiant.

Mewn trydydd tiwb profi, rhowch hydoddiant potasiwm bromid ac ychwanegu clorin dyfrllyd. Os bydd lliw'r hydoddiant yn newid yn oren/coch-brown mae bromin wedi cael ei gynhyrchu oherwydd bod clorin yn fwy adweithiol na bromin a bydd yn ei ddadleoli o'r hydoddiant.

Ymatebion estynedig: Cyfiawnhewch (tudalennau 95–97)

Sylwadau ar atebion

1   Byddai'r ateb enghreifftiol hwn yn cael marciau llawn.

Mae'r frech goch yn glefyd difrifol iawn sy'n gallu bod yn angheuol. Felly, mae'n bwysig iawn sicrhau bod cymaint â phosibl o blant yn cael eu brechu rhag y frech goch, gan y bydd hyn yn golygu na fyddan nhw'n dal y clefyd eu hunain. Mae brechu cyfran fawr o blant ifanc hefyd yn atal y frech goch rhag lledaenu.

Haint firol yw'r frech goch, felly allwn ni ddim ei drin â gwrthfiotigau. Triniaeth fwy priodol yw sicrhau bod y claf yn cael digon o hylifau, a'i fod yn gorffwys. Mae'r frech goch yn cael ei lledaenu drwy fewnanadlu defnynnau o disian a phesychu, felly mae cadw pobl sydd wedi'u heintio draw oddi wrth bobl eraill yn gwneud yr haint yn llai tebygol o ledaenu.

Mae hwn yn ateb rhagorol, a byddai'n cael y 6 marc llawn. Mae pob strategaeth sydd wedi'i rhestru yn y tabl yn cael ei chyfiawnhau'n llawn gan ddefnyddio gwybodaeth wyddonol y myfyriwr. Mae hyn yn cynnwys pwysigrwydd brechu cyfran fawr o bobl ifanc i atal y frech goch rhag lledaenu, a'r rheswm pam nad yw'n bosibl trin y clefyd â gwrthfiotigau. Mae'r ateb yn cysylltu cadw pobl draw o fannau cyhoeddus â sut caiff y frech goch ei lledaenu.

Mae'r ateb hefyd wedi'i strwythuro'n dda iawn; mae'n rhoi sylw i bob pwynt yn yr un drefn ag maen nhw'n ymddangos yn y tabl yn y cwestiwn.

Asesu ateb myfyriwr

2   Byddai'r ateb hwn yn cyrraedd lefel 2 ac yn cael 4 marc. Y rheswm am hyn yw mai dim ond am bwyntiau bwled cynnwys dangosol 1, 3, 4 a 5 mae'r myfyriwr yn ennill marciau. Does dim camgymeriadau sillafu na gramadeg chwaith.

Mae'r myfyriwr yn sôn am beth sy'n digwydd ar 100 °C a 0 °C pan fydd y defnydd yn newid cyflwr. Mae hon yn wybodaeth amherthnasol, gan fod y cwestiwn yn cyfeirio'n benodol at ddŵr hylif dros yr amrediad 0 °C i 100 °C.

Mae hefyd yn rhannol anghywir; mae iâ yn llai dwys na hylif dŵr (dyna pam mae mynyddoedd iâ yn arnofio). Dylai'r myfyriwr fod wedi sylwi ar y lleiafswm ar y graff, sy'n dangos bod y dwysedd uchaf ar 4 °C.

Gwella'r ateb

3   Byddai'r ateb enghreifftiol hwn yn cael y 6 marc llawn.

Mae'r graff yn dangos bod cynyddu arddwysedd golau yn cynyddu cyfradd ffotosynthesis. Drwy gynyddu'r arddwysedd golau yn y tŷ gwydr, bydd y ffermwr yn achosi i'r cnydau gyflawni mwy o ffotosynthesis. Mae hyn yn golygu y byddan nhw'n tyfu ar fwy o gyfradd a bydd y ffermwr yn cynyddu'r cynnyrch.

Ar arddwyseddau golau uchel, mae'r graff yn lefelu. Mae hyn oherwydd bod ffactor arall yn cyfyngu ar gyfradd ffotosynthesis a dydy cynyddu arddwysedd golau ddim yn cael effaith mwyach. Mae tymheredd yn enghraifft o ffactor gyfyngol arall ar ffotosynthesis. Drwy gynyddu'r tymheredd hefyd, bydd cyfradd ffotosynthesis yn cynyddu i gyfradd uwch fyth, na drwy gynyddu arddwysedd golau yn unig. Mae hyn yn golygu y gellir cyfiawnhau popeth mae'r ffermwr yn ei wneud, yn wyddonol.

Ymatebion estynedig: Gwerthuswch (tudalennau 98–99)

Sylwadau ar atebion

1   Byddai'r ateb enghreifftiol hwn yn cael marciau llawn.

Y defnydd crai i wneud hydrogen yw dŵr, ac mae cyflenwad helaeth ohono, er enghraifft mewn moroedd a llynnoedd. Mae diesel yn dod o olew crai, ond mae ei gyflenwad yn gyfyngedig ac yn rhedeg allan. I arbed olew crai, sy'n adnodd anadnewyddadwy, mae'n well defnyddio hydrogen. Mae cynhyrchu hydrogen o ddŵr yn broses ddrud gan fod angen trydan, ac mae generadu trydan yn gallu cynhyrchu carbon deuocsid, sy'n cyfrannu at yr effaith tŷ gwydr, oni bai ein bod ni'n defnyddio pŵer adnewyddadwy.

Pan mae hydrogen yn llosgi, dim ond dŵr mae'n ei gynhyrchu felly nid yw'n achosi dim llygredd aer, ond mae diesel yn llosgi i gynhyrchu carbon deuocsid, sy'n gallu cynyddu'r effaith tŷ gwydr. Mae hyn yn achosi cynhesu byd-eang ac yn peri i'r capiau iâ ymdoddi. Gall hylosgiad anghyflawn diesel gynhyrchu carbon monocsid, sy'n wenwynig, a hefyd carbon, sy'n gallu achosi mwrllwch sy'n achosi problemau resbiradol. I ddod i gasgliad, mae'n well defnyddio hydrogen oherwydd bod cyflenwad da ar gael a hefyd oherwydd nad yw'n achosi llygredd, ond mae'n nwy fflamadwy ac mae'n ddrud ei storio'n ddiogel.

Asesu ateb myfyriwr

2 Byddai hwn yn cyrraedd Lefel 2 ac yn ennill 3 marc.

Mae'n cyrraedd Lefel 2 oherwydd yr ymgais i ddisgrifio rhai amodau a dod i gasgliad o ran tymheredd. Fodd bynnag, gall y rhesymeg fod yn anghyson ar brydiau, yn enwedig o ran gwasgedd, ond mae'n adeiladu at ddadl glir am yr amodau tymheredd.

Yr anghywirdebau yw:

- Mae'r myfyriwr yn nodi nad yw cynyddu'r gwasgedd yn cael llawer o effaith; fodd bynnag, mae cynyddu'r gwasgedd yn cynyddu'r cynnyrch.

- Ni wnaeth y myfyriwr unrhyw sylw am y gwasgedd a ddylai gael ei ddefnyddio.

Gwella'r ateb

3 Byddai'r ateb enghreifftiol hwn yn cael y 6 marc llawn.

Byddai ychwanegu gwrtaith nitrad yn ffordd ddefnyddiol o drin clorosis y planhigion. Mae cyflwr clorosis yn cael ei achosi'n rhannol gan ddiffyg proteinau, a gallai'r planhigion ddefnyddio'r nitradau yn y gwrtaith i gynhyrchu proteinau. Byddai'r nitradau yn mynd i mewn i'r gwreiddiau drwy gyfrwng cludiant actif, ac yna'n cael eu cludo yn y sylem. Byddai'r nitradau'n cael eu defnyddio i gynhyrchu asidau amino, ac yna bydd y rheini ar gael i syntheseiddio proteinau yn y ribosomau yng nghelloedd y planhigyn.

Fyddai gwrtaith nitrad ddim yn trin y cyflwr yn llawn gan fod diffyg cloroffyl hefyd yn achosi clorosis. Mae angen ïonau magnesiwm i gynhyrchu cloroffyl, felly byddai angen i'r ïonau hyn fod yn y gwrtaith hefyd.

Ymatebion estynedig: Defnyddiwch (tudalennau 100–102)

Sylwadau ar atebion

1 Byddai'r ateb enghreifftiol hwn yn cael marciau llawn.

Y broblem yw bod rhai pobl yn y gynulleidfa'n clywed yr un sain sawl gwaith, gydag amser byr iawn rhwng pob un. Mae'r bobl gyntaf yn clywed y sain yn uniongyrchol o'r perfformiwr, ac yn fuan wedyn maen nhw'n clywed atseiniau. Gan fod yr atseiniau'n teithio pellteroedd gwahanol, maen nhw'n cyrraedd ar adegau gwahanol.

Adlewyrchiadau o donnau sain yw atseiniau, oddi ar arwynebau caled y waliau a'r nenfwd. I gywiro'r broblem,

mae angen cael gwared ar yr arwynebau caled sy'n cynhyrchu atsain. Gellir cyflawni hyn drwy osod llenni meddal pletiog ar y waliau. Mae arwynebau meddal yn rhagorol am amsugno sain ac mae pletiau'n rhoi arwynebedd arwyneb mawr iawn, sy'n helpu â'r amsugno hwn.

Hefyd, gellid rhoi teils ar y nenfydau sy'n cynnwys gwlân mwynol meddal, sy'n rhagorol am amsugno sain.

Mae hwn yn ateb da gan ei fod yn defnyddio'r wybodaeth sydd yn nhestun y cwestiwn ac yn y diagram i adnabod y broblem, beth sy'n ei hachosi a sut i'w datrys.

Asesu ateb myfyriwr

2 Byddai hwn yn cyrraedd Lefel 3 ac yn ennill 5 marc.

Ateb Lefel 3 yw hwn oherwydd bod y myfyriwr wedi rhoi esboniad manwl a rhesymegol sy'n dangos gwybodaeth a dealltwriaeth dda; mae'n cyfeirio at newidiadau egni a newidiadau tymheredd ar gyfer pob un o'r tri sylwedd, gan ddiddwytho yn gywir bod arwydd negatif yn golygu bod gwres yn cael ei ryddhau.

Mae'r anghywirdebau'n cynnwys:

- Mae'r myfyriwr yn ysgrifennu bod y tymheredd wedi mynd yn oerach. Byddai'n fwy cywir ysgrifennu bod y tymheredd yn gostwng.

- Mae'r frawddeg olaf am amser yn amherthnasol.

Gwella'r ateb

3 Byddai'r ateb hwn wedi'i wella yn cael y 6 marc llawn.

Mae ïoneiddiad yn digwydd pan gaiff atom neu foleciwl ei wefru. Mae hyn yn digwydd wrth iddo ennill neu golli electronau. Yn yr achos hwn, mae'r atom neu'r moleciwl yn llawer mwy tebygol o gael gwefr bositif oherwydd bydd y gronyn alffa sy'n gwrthdaro ag ef yn taro rhai o'i electronau allan o'u horbit.

Mae mwg yn y siambr yn dadleoli'r aer rhwng y ffynhonnell alffa a'r canfodydd. Mae hyn yn golygu bod llai o ïoneiddiad yn digwydd a llai o ïonau'n cyrraedd y canfodydd, sy'n achosi i gerrynt gael ei anfon i gylched y larwm a gwneud i'r larwm seinio.

Mae gan ronynnau beta a phelydrau gama lawer llai o allu i ïoneiddio na gronynnau alffa mewn aer; fydden nhw ddim yn gweithio yn y math hwn o ganfodydd mwg. Americiwm-241 yw'r dewis gorau oherwydd ni fydd angen ei amnewid byth yn ystod oes y canfodydd.

⟩⟩ 3 Gweithio'n wyddonol

Datblygu meddwl gwyddonol (tudalennau 104–109)

1 Y dull gwyddonol yw ffurfio, profi ac addasu rhagdybiaethau drwy arsylwi, mesur ac arbrofi mewn modd systematig.

2 Maen nhw'n gwneud arbrofion.

3 Defnyddiodd Charles Darwin ei arsylwadau ei hun, arbrofion a gwybodaeth newydd am ddaeareg a ffosiliau i ddatblygu ei ddamcaniaeth esblygiad drwy ddethol naturiol. Roedd hon yn wahanol i ddamcaniaethau hŷn fel damcaniaeth Lamarck a oedd yn dweud bod newidiadau sy'n digwydd yn ystod oes organeb yn gallu cael eu hetifeddu. O ganlyniad i dystiolaeth newydd, fel deall mecanweithiau etifeddiad, mae damcaniaeth Darwin wedi cael ei derbyn yn eang.

4 Mae modelau'n bwysig i esbonio a disgrifio ffenomenau mewn modd dealladwy, a hefyd i wneud rhagfynegiadau.

5 Mae rhai pobl o'r farn bod embryo yn fywyd posibl ac felly bod ganddo hawl i fywyd.

6 Gallwn ni leihau effaith gorbysgota drwy ddefnyddio technoleg i greu rhwydi â maint rhwyll mawr i adael i bysgod bach, ifanc ddianc.

7 Llosgiadau/sgaldiadau gan ddŵr poeth ac ager.

8 Mae ethanol yn fflamadwy felly peidiwch â'i wresogi'n uniongyrchol; defnyddiwch faddon dŵr poeth yn lle hynny.

9 a Cynnal arbrawf; dod i gasgliadau/cyhoeddi canlyniadau.

b

Risg	Mesur rheoli
Mae powdr potasiwm nitrad yn llidydd	Gwisgo menig/golchi eich dwylo ar unwaith os bydd peth yn mynd ar eich croen

10 Dylai'r canlyniadau gael eu hasesu gan gymheiriaid. Mae hyn yn golygu y dylen nhw gael eu gwerthuso gan wyddonwyr eraill sy'n gweithio yn yr un maes.

Sgiliau a strategaethau arbrofol (tudalennau 109–118)

1

	Newidyn annibynnol	Newidyn dibynnol	Newidyn rheolydd
a	hyd	gwrthiant	arwynebedd trawstoriadol (neu'r defnydd mae'r wifren wedi'i wneud ohono)
b	grym	cyflymiad	màs y troli
c	màs y copr carbonad	amser mae'n ei gymryd i adweithio a diflannu	arwynebedd arwyneb y copr carbonad; cyfaint a chrynodiad yr asid; tymheredd
ch	màs y calsiwm carbonad	cyfaint y carbon deuocsid	arwynebedd arwyneb y calsiwm carbonad; cyfaint a chrynodiad HCl; tymheredd
d	pellter y golau oddi wrth y dyfrllys	nifer y swigod sy'n cael eu cynhyrchu mewn pum munud	rhywogaeth y dyfrllys, màs y dyfrllys

2 a mae cyflymder hydoddi yn dibynnu ar dymheredd

b ffurfio hydoddiant glas

c bicer/tiwb profi; rhoden droi; stopwatsh

3 Dylai'r myfyriwr ychwanegu'r darn coll o'r llestri gwydr sydd ynghlwm wrth y topyn at y diagram – hydoddiant copr(II) sylffad mewn fflasg (gonigol)/tiwb berwi sydd ynghlwm wrth y llestr gwydr â'r topyn

Dŵr pur yn y tiwb profi/fflasg/bicer ym mhen pellaf y tiwb cludo; ni ddylid selio hwn

Ffynhonnell wres i wresogi'r cynhwysydd sy'n dal yr hydoddiant copr(II) sylffad

4 a clorian padell

b bwred

c stopwatsh (digidol neu analog)

ch miliamedr (digidol neu analog)

5 Mae cyfeiliornadau methodoleg yn digwydd o ganlyniad i gamgymeriad wrth gynllunio arbrawf, ac yn arwain at ganlyniadau sydd ddim yn fanwl gywir neu'n drachywir. Cyfeiliornadau wrth gynnal yr ymchwiliad yw rhai sy'n digwydd wrth i'r cynllun gael ei gyflawni, nid oherwydd bod y cynllun ei hun yn anghywir.

6 Mae cymryd nifer o wahanol samplau'n cynyddu'r siawns y bydd y canlyniadau'n gynrychiadol.

7 a magnesiwm + copr sylffad → magnesiwm sylffad + copr

b Mae'r myfyriwr wedi nodi beth ddigwyddodd yn yr arbrawf ond heb roi arsylwadau. Yr arsylwadau cywir yw bod solid coch-brown yn ffurfio neu bod yr hydoddiant glas yn newid lliw fel ei fod yn ddi-liw.

8 a Dyma fformat addas posibl:

Cyfaint (cm³)	20	35	45	50	55
Màs (g)	16	28	36	40	42

b Efallai bydd y myfyriwr am ailadrodd canlyniadau 55 cm³ a 42 g, oherwydd bod pob pâr arall o werthoedd yn rhoi dwysedd o 0.80 g/cm³, ond mae'r pâr hwn o werthoedd yn rhoi dwysedd o 0.76 g/cm³.

9

Amser (s)	10	20	30	40	50
Cyfaint 1 (cm³)	30	49	59	63	63
Cyfaint 2 (cm³)	32	51	59	63	65
Cyfaint cyfartalog (cm³)	31	50	59	63	64

10 a Stopgloc

b i Myfyriwr C

ii Myfyriwr A

c Bydd yn gwella dibynadwyedd.

Dadansoddi a gwerthuso
(tudalennau 118–120)

1 Gwerthoedd sy'n wahanol iawn i weddill canlyniadau'r ymchwiliad yw canlyniadau afreolaidd.

2 a Myfyriwr A = 21.3 ± 0.2%, Myfyriwr B = 22.5 ± 0.1%

  b Roedd Myfyriwr A yn fanwl gywir; nid oedd Myfyriwr B yn fanwl gywir

  c Roedd gan y ddau fyfyriwr ganlyniadau ailadroddadwy

  ch Oherwydd hapgyfeiliornadau

  d Roedd gan Fyfyriwr B gyfeiliornad systematig; roedd y canlyniadau'n gyson tuag 1.3% yn rhy uchel

3 a Y canlyniad ar 4.5 munud

  b 100.3 g

  c Wrth i'r amser gynyddu, mae màs y fflasg a'r cynnwys yn lleihau. Mae'r màs yn lleihau'n fwy cyflym o 103.0 i 99.4 g rhwng 0 a 4 munud, yna mae'n lleihau'n raddol tan 7 munud, pan mae'n gyson ar 99.0 g.

  ch Ailadrodd fwy o weithiau a chyfrifo'r cymedr

  d Defnyddio clorian wahanol

4 a Systematig   b Hap   c Systematig

5 Mae cyfeiliornad yn cael ei achosi gan ryw fath o nam yn y cyfarpar neu'r dechneg neu anghysondeb yn y mesuriad. Mae camgymeriad yn cael ei achosi gan unigolyn sy'n defnyddio cyfarpar (er enghraifft, cyfrifiannell) yn anghywir.

6 Mae'n lleihau hapgyfeiliornad lle mae rhai canlyniadau'n rhy fawr ac eraill yn rhy fach. Mae ailadrodd a chymryd cyfartaledd yn canslo'r gwerthoedd bach â'r gwerthoedd mawr.

7 a Mae'r canlyniadau i gyd yn llai na'r gwir werth, felly cyfeiliornad systematig yw hwn.

  b Atgynyrchadwy a dilys

8 Mae canlyniadau ailadroddadwy yn cael eu gwneud dan yr un amodau a gan yr un ymchwilydd, felly gallai'r un cyfeiliornad systematig ddigwydd bob tro. Mae canlyniadau atgynyrchadwy yn cael eu casglu gan wahanol ymchwilwyr â gwahanol gyfarpar, felly mae'n llai tebygol y byddan nhw'n gwneud yr un cyfeiliornadau systematig.

9 Mae barrau amrediad mawr yn dangos canlyniadau ansicr gan fod amrediad y canlyniadau o gwmpas y cymedr yn fawr.

» 6 Cwestiynau enghreifftiol

Bioleg Papur 1 (tudalennau 150–153)

1 a Gametau [1]

  b Mae nifer y cromosomau yn haneru yn ystod meiosis [1] felly mae gan yr epilgell hanner nifer y cromosomau o gymharu â'r rhiant-gell, ar ôl y pwynt lle mae meiosis yn digwydd [1].

  c Drwy newid i fod â hanner nifer y cromosomau, mae hyn yn golygu, pan fydd y ddau gamet yn asio yn ystod ffrwythloniad [1], bydd cell yn ffurfio â'r nifer llawn a chywir o gromosomau [1].

  ch Rhowch [1] marc am nifer y cromosomau cychwynnol cywir, [1] marc am gynnal nifer y cromosomau ar ôl mitosis.

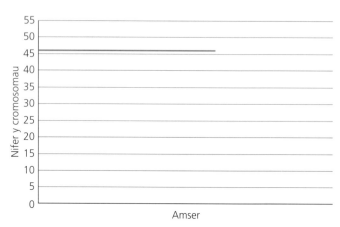

Graff i ddangos y rhif cromosom mewn cell cyn ac ar ôl i fitosis ddigwydd

2 a $1500\,\mu m = 1.5 \times 10^2$ [1 marc am y ffigurau ystyrlon cywir, 1 marc am ddefnyddio ffurf safonol yn gywir.]

  b Mae gan y rhydweli wal drwchus i wrthsefyll gwasgedd uchel llif gwaed [1]. Mae gwythiennau'n cludo gwaed ar wasgedd is, felly mae eu waliau'n deneuach [1]. Mae gan gapilarïau waliau tenau iawn i ganiatáu i nwyon a sylweddau eraill dryledu i mewn ac allan ohonynt [1].

  c Mae clefyd coronaidd y galon yn effeithio ar y rhydwelïau [1]. Wrth i'r rhydwelïau coronaidd gael eu blocio, dydy'r galon ddim yn derbyn ocsigen [1].

3 a Arwynebedd arwyneb : cyfaint = 100 : 0.002   [1]

     = (100 × 500) : (0.002 × 500) = 50 000 : 1   [1]

  b Arwynebedd arwyneb : cyfaint = 1.8 : 0.1   [1]

     = (1.8 × 10) : (0.1 × 10) = 18 : 1   [1]

  c Mae gan yr alfeoli gymhareb arwynebedd arwyneb : cyfaint lawer mwy na'r bod dynol [1]. Mae hyn yn dangos na fyddai trylediad drwy'r arwyneb yn ddigon cyflym [1] i fodloni anghenion y bod dynol, felly mae angen yr alfeoli [1].

  ch 15 mm = 15 000 μm   [1]

     Chwyddhad = maint y ddelwedd ÷ maint y gwrthrych

     Chwyddhad = 15 000 ÷ 2   [1]

     Chwyddhad = 7500   [1]

  d Na [1]. Mae'r cwestiwn yn rhoi arwynebedd arwyneb a thrwch y bilen dryledu, ac mae angen y rhain i gyfrifo deddf Fick [1]. Fodd bynnag, mae angen y gwahaniaeth crynodiad hefyd, a dydy hwn ddim wedi'i roi [1].

  dd Mae gan yr ysgyfaint gyflenwad gwaed effeithlon [1] ac maen nhw hefyd wedi'u hawyru [1].

4 a Mae DNA ligas yn uno [1] dau ddarn o DNA o organebau gwahanol â'i gilydd [1].

b Mae ensymau cyfyngu yn torri DNA [1] mewn mannau penodol [1].

5 Rhowch farciau am y cynnwys dangosol sydd wedi'i roi, hyd at uchafswm o 6 marc:

Cynnwys dangosol:

- Recriwtio gwirfoddolwyr o'r un rhywedd, oed, lefel ffitrwydd.
- Mesur cyfradd curiad y galon cyn ymarfer corff i ddarganfod y lefel wrth orffwys.
- Sicrhau bod cyfradd curiad y galon ar y lefel orffwys cyn cofnodi cyfradd curiad y galon.
- Dylai gwirfoddolwyr wneud yr un math o ymarfer corff (er enghraifft, rhedeg yn yr unfan) am gyfnod penodol (er enghraifft, 2 funud).
- Mesur yr amser mae'n ei gymryd i bob gwirfoddolwr fynd yn ôl i gyfradd curiad y galon wrth orffwys.
- Defnyddio'r amseroedd i gyfrifo amser cymedrig i fynd yn ôl i gyfradd curiad y galon wrth orffwys.
- Ar ôl gorffwys am gyfnod penodol, ailadrodd yr ymchwiliad gan wneud ymarfer corff am gyfnodau hirach (er enghraifft, 4 munud, 6 munud, 8 munud a 10 munud).
- Cymharu'r amseroedd cymedrig mae'n ei gymryd i fynd yn ôl i gyfradd curiad y galon wrth orffwys ar gyfer y gwahanol gyfnodau ymarfer corff.

6 a Rhowch farciau fel a ganlyn:

- [1] am raddfa addas ar yr echelin.
- [1] am echelin wedi'i labelu'n gywir.
- [2] am blotio 5 pwynt yn gywir.
- [−1] am bob camgymeriad.

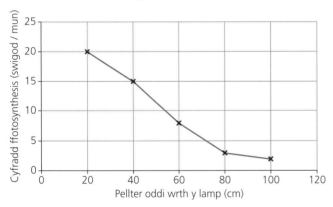

Graff yn dangos effaith golau ar gyfradd ffotosynthesis

b i [1]

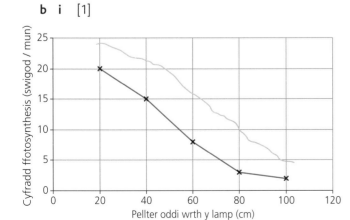

Graff yn dangos effaith cynyddu'r tymheredd ar y canlyniadau

ii Byddai cyfradd ffotosynthesis yn uwch ar bob pellter gan fod tymheredd yn cynyddu cyfradd yr adwaith [1]. Bydd cynyddu'r tymheredd yn arwain at gyfradd ffotosynthesis uwch [1].

7 a Mae proteinau'n cael eu syntheseiddio ar ribosomau [1] felly os yw'r tRNA wedi'i atal rhag trosglwyddo asidau amino i'r ribosom, chaiff yr asidau amino ddim eu hychwanegu at y gadwyn brotein sy'n tyfu [1]. Mae hyn yn golygu na fydd y proteinau sydd eu hangen ar y bacteria i dyfu yn cael eu cynhyrchu [1].

b r = diamedr ÷ 2

$r = 6 ÷ 2 = 3\,cm$

$A = \pi r^2$

$A = \pi \times 3^2$ [1]

$A = \pi \times 9 = 28.3\,cm^2$ [1]

c Firws sy'n achosi HIV [1]. Allwn ni ddim trin firysau â gwrthfiotigau [1].

ch Yn wahanol i linezolid, mae penisilin yn wrthfiotig naturiol [1] a gafodd ei ddarganfod, nid ei syntheseiddio, gan ei fod yn cael ei gynhyrchu gan y llwydni *Penicillium* [1].

8 a Gair cyntaf yr enw yw genws y gragen las (*Mytilus*) [1].

b Rhowch [1] marc am bob ateb cywir mewn print trwm isod.

Teyrnas	Anifail
Ffylwm	Mollusca
Dosbarth	Bivalvia
Urdd	Ostreoida

c Mae'r gragen las yn perthyn i barth yr ewcaryotau [1] gan ei bod yn anifail [1] NEU mae ganddi ddefnydd genynnol wedi'i gau mewn cnewyllyn [1].

9 a i Bydd poblogaeth pryfed y cerrig yn lleihau, [1] a bydd poblogaethau'r diatomau a'r algâu yn cynyddu [1].

ii Bydd poblogaethau'r gelod a phryfed y cerrig yn lleihau [1], a gallai hynny arwain at gynnydd ym mhoblogaethau'r berdys a'r gwybed Mai [1].

b i cynhyrchydd – diatomau neu algâu [1]

ii ysydd cynradd – berdys neu wybed Mai [1]

iii ysydd eilaidd – gelod neu bryfed y cerrig [1]

c Byddai cynnydd yn y mwydod llaid yn dangos bod y dŵr wedi'i lygru [1] gan fod mwydod llaid yn rhywogaeth ddangosol [1].

Cemeg Papur 1 (tudalennau 153–157)

1 a 2 farc am blotio'r pwyntiau'n gywir, 1 marc am linell lefn. [3]

b Mae'r tymheredd yn cynyddu felly mae gwres yn cael ei ryddhau. [1]

c Bwred [1]

ch Defnyddio caead ar y gwpan â thwll i adael y fwred i mewn [1]; mae hyn yn atal colledion gwres [1].

NEU

Defnyddio pibed i fesur yr asid [1]. Mae'n gywir i un lle degol [1].

d $NaOH + HCl \rightarrow NaCl + H_2O$ [2]

dd $25 \times \frac{0.10}{1000} = 0.0025 \, mol$ [1]

2 a Swigod (oherwydd y carbon deuocsid sy'n cael ei gynhyrchu) [1]

b Gall yr enghreifftiau gynnwys: Gwisgo sbectol ddiogelwch [1]; clymu gwallt hir yn ôl [1].

c $M_r \, MgCO_3 = 84$, $M_r \, MgSO_4 = 120$ [1]

$\frac{2.1}{84} = 0.025 \, mol \, MgCO_3$ [1]

$0.025 \times 120 = 3.0 \, g \, MgSO_4$ [1]

ch $\frac{1.8}{3.0} \times 100$ [1] $= 60\%$ [1]

d Gall peth o'r cynnyrch gael ei golli wrth hidlo neu wrth gael ei drosglwyddo rhwng cyfarpar. [1]

3 a ffenolffthalein (di-liw i binc)/methyl oren (melyn i goch) [1]/litmws (glas i goch) [1]

b Ni fyddai'n bosibl gweld y newid lliw mewn gwin coch. [1]

c i $18.90 + 19.00/2$ [1] $= 18.95 \, cm^3$ [1]

ii $18.95 \times \frac{0.100}{1000}$ [1] $= 0.001895 \, mol \, NaOH$ [1]

2 mol NaOH : 1 mol asid tartarig

$\frac{0.001895}{2} = 0.0009475 \, mol$ asid tartarig [1]

$0.000975 \times \frac{1000}{25.0}$ [1] $= 0.379$

$= 0.038 \, mol/dm^3$ [1]

iii 150 [1]

4 Rhowch 1 marc am bob un o'r pwyntiau cynnwys dangosol isod, hyd at uchafswm o 6 marc.

Cynnwys dangosol:
- thermomedr
- silindr mesur/pibed
- sbatwla
- cwpan blastig (â chaead)
- pwyso'r un màs o bob metel yn yr un cyflwr o ran rhaniad, e.e. powdr
- mesur cyfaint o asid sylffwrig i gwpan blastig
- mesur a chofnodi tymheredd yr asid sylffwrig
- ychwanegu metel P at y gwpan blastig
- troi a chofnodi'r tymheredd uchaf
- ailadrodd ar gyfer pob metel o leiaf dair gwaith i gyfrifo cymedr
- cyfrifo'r newid tymheredd cymedrig; y newid tymheredd mwyaf sy'n dangos y metel mwyaf adweithiol

5 a A: Chwistrell nwy [1]; B: Fflasg gonigol [1]

b $Mg + 2HCl \rightarrow H_2 + MgCl$ [2]

c Mantais: cyfleus/cyflym i'w ddefnyddio [1]

Anfantais: heb fod yn fanwl gywir/dim ond yn gywir i 1 cm³ [1]

ch Rhowch farciau fel a ganlyn: graddfeydd synhwyrol, yn defnyddio o leiaf hanner y grid ar gyfer y pwyntiau [1], pob pwynt yn gywir [1], llinell ffit orau [1]

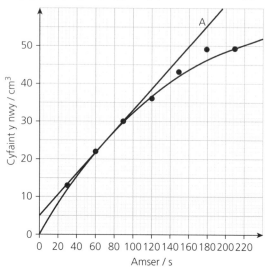

d 80 s (wedi'i ddarllen o'r graff) [1]

dd Cyfaint y nwy $= 13 \, cm^3$ [1]

Cyfradd cymedrig $= \frac{13}{30} = 0.433 \, cm^3/s$ [1]

$= 0.4$ [1] cm^3/s (i 1 ff.y.) [1]

6 a Cyfanswm màs $= 37.5 \, g$ [1]

% Sn $= \frac{15}{37.5} \times 100 = 40\%$ [1]

b C [1]

7 a Er mwyn iddo beidio â rhedeg ar y papur [1]

b Tri [1]

c Pellter mae'r smotyn glas wedi symud $= 3.3 \, cm$ [1]; pellter mae'r hydoddydd wedi symud $= 4.4 \, cm$ [1]; R_f gwerth $= \frac{3.3}{4.4} = 0.75$ [1]; Smotyn glas = Ch [1]

8 a $6CO_2 + 6H_2O \rightarrow C_6H_{12}O_6 + 6O_2$; Rhowch [1] marc am $C_6H_{12}O_6$ ac [1] marc am gydbwyso.

b Mae carbon deuocsid yn hydoddi mewn dŵr môr ac mae bywyd môr yn ei ddefnyddio i ffurfio calsiwm carbonad/cregyn [1], sy'n troi'n waddod ac yn ffurfio craig waddod [1].

c i Mae wedi cynyddu [1]

ii $\frac{(390 - 370)}{370} \times 100$ [1] $= \frac{20}{370} \times 100 = 5.41\%$ [1]

iii llosgi mwy o danwyddau ffosil [1], datgoedwigo [1]

9 Rhowch 1 marc am bob un o'r pwyntiau isod, hyd at uchafswm o 4 marc.

- Yn atmosffer y Ddaear mae llawer llai o garbon deuocsid – 0.04%. [1]

- Yn atmosffer y Ddaear mae llawer mwy o nitrogen – 78%. [1]
- Yn atmosffer y Ddaear mae llawer mwy o ocsigen – 21%. [1]
- Yn atmosffer y Ddaear does dim methan. [1]
- Mae symiau bach o nwyon nobl yn y ddau atmosffer. [1]

Ffiseg Papur 1 (tudalennau 157–160)

1 a arwynebedd = hyd × lled

$$= 0.5\,m \times 0.4\,m \text{ [1]}$$

$$= 0.2\,m^2 \text{ [1]}$$

b cyfaint $= 0.01\,cm^3 = 0.01 \div 1\,000\,000$

$$= 1 \times 10^{-8}\,m^3 \text{ [1]}$$

c diamedr = cyfaint ÷ arwynebedd

$= 1 \times 10^{-8} \div 0.2$ [1] (caniatewch ddwyn gwall ymlaen)

$$= 5 \times 10^{-8}\,m \qquad\qquad\qquad\qquad\qquad [1]$$

ch All yr olew ar arwyneb y dŵr ddim bod yn *llai* nag 1 moleciwl o drwch, sy'n awgrymu mai goramcangyfrif yw'r diamedr sydd wedi'i fesur [1].

2 a i trwch = 47 mm ÷ 500 [1] = 0.094 mm [1]

  ii Drwy fesur i'r mm agosaf, rydyn ni'n gwybod bod trwch y rîm 500 dalen t yn $46.5 \leqslant t < 47.5$ mm. [1]

   Trwch lleiaf un ddalen = (46.5 mm) ÷ 500 = 0.093 mm (i 2 ll.d.) [1]

  b i Lapiwch tua 20 troad o wifren ar bensil. Gwthiwch y troadau o wifren at ei gilydd i ffurfio coil tynn [1]. Mesurwch hyd y coil â phren mesur [1]. Rhannwch yr hyd â nifer y troadau i ddod o hyd i drwch y wifren [1].

  ii Màs y wifren [1] a hyd y wifren [1].

3 a i Cynnwys egni = 40 litr × 32 MJ y litr [1]
      = 1280 MJ [1]

  ii Egni sy'n cael ei drawsnewid yn wres
   = (7 ÷ 10) × 1280 MJ
   = 896 MJ [1] (caniatewch ddwyn gwall ymlaen).

  iii Egni defnyddiol = (9 ÷ 10) × (1280 − 896)
   = 345.6 MJ [1] (caniatewch ddwyn gwall ymlaen).

  iv Effeithlonrwydd = egni allbwn defnyddiol ÷ cyfanswm egni mewnbwn = 345.6 ÷ 1280 [1] = 0.27 [1] (caniatewch ddwyn gwall ymlaen).

  b i Mae 20 litr o betrol yn cynnwys 0.5 × 1280 MJ = 640 MJ

   Egni ychwanegol mewn petrol = (640 − 150) MJ [1] = 490 MJ [1] (caniatewch ddwyn gwall ymlaen).

  ii Dydyn ni ddim yn gwybod màs y car na faint o lwyth y gall ei gario. [1]

  iii Rhowch 1 marc am bob un o'r pwyntiau cynnwys dangosol isod, hyd at uchafswm o 6 marc. Derbyniwch unrhyw atebion rhesymol eraill.

Anfanteision

- Mae gan fatrïau ddwysedd egni llawer is na phetrol (maen nhw'n storio llai o jouleau i bob cilogram), felly mae ceir batri'n gallu teithio pellter llawer llai na cheir petrol.
- Mae batrïau ar gyfer ceir trydan yn dal i gael eu datblygu, felly mae ceir trydan yn ddrutach na cheir petrol wrth i wneuthurwyr geisio adennill y costau datblygu.
- Mae rhai pobl yn dweud bod ceir batri yn llygru llai na cheir petrol, ond dydy hynny ddim yn ystyried y llygredd ychwanegol a allai gael ei greu wrth gynhyrchu'r trydan i'w gyrru nhw. (Pe bai'r holl geir yn y DU yn geir trydan, mae cred y byddai angen cyfwerth â 10 atomfa ychwanegol ar gyfer y ceir hyn yn unig.)
- Mae batrïau ceir yn defnyddio metelau prin o gramen y Ddaear, ac ar hyn o bryd, does neb yn gwybod am ffordd o'u hailgylchu.

Manteision

- Dydy ceir trydan ddim yn cynhyrchu unrhyw CO_2, felly does dim nwyon tŷ gwydr yn cael eu cynhyrchu gan y ceir eu hunain.
- Dydy ceir trydan ddim yn cynhyrchu ocsidau nitrogen na llygryddion gronynnol – mae'r llygryddion hyn yn achosi problemau iechyd difrifol.
- Mae injan car trydan yn llawer mwy effeithlon nag injan car petrol, felly mae llai o adnoddau'r Ddaear yn cael eu defnyddio gan y ceir eu hunain.

4 a $P = (600 − 378) \div 600$ [1] = 0.37 [1]

b Y ddwy echelin wedi'u labelu gydag unedau fel yn y tabl [1]; mae'r graddfeydd wedi'u dewis i ymestyn dros o leiaf hanner pob echelin [1]; mae'r graddfeydd sydd wedi'u dewis yn caniatáu rhyngosodiad syml [1]; mae'r pwyntiau wedi'u plotio fel eu bod o fewn 1 sgwâr bach [2] (tynnu $\frac{1}{2}$ marc am bob pwynt sy'n anghywir neu ar goll – talgrynnwch y marc i fyny os oes angen); cromlin lefn wedi'i thynnu drwy'r pwyntiau data [1].

c Gweler y graff ar gyfer y gwaith cyfrifo. [1]

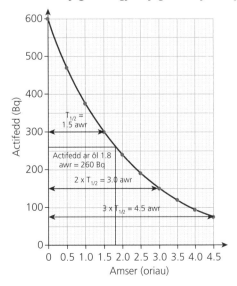

179

ch Tystiolaeth o'r graff – llinell fertigol ar 1.8 awr i'r gromlin, llinell lorweddol i'r echelin fertigol. [1]

Actifedd = 260 Bq [1]

5 a Rhowch un marc am bob cerrynt gafodd ei gyfrifo'n gywir.

Gwrthiant / Ω	5	7	8	4
Cerrynt / mA	480	240	160	320

b Mae tair rhan i'r rhwydwaith:
1 gwrthydd sengl 5 Ω
2 dau wrthydd 7 Ω â gwrthiant cyfunol o 3.5Ω [1]
3 gwrthydd 8 Ω a gwrthydd 4 Ω, â gwrthiant cyfunol o 2.67 Ω [1]

Mae'r foltedd ar ei fwyaf ar draws y cyfuniad sydd â'r gwrthiant mwyaf: y gwrthydd sengl 5 Ω [1].

c Mae cyfanswm y cerrynt yn y rhwydwaith yn dyblu [1], felly mae'r cerrynt yn y gwrthydd 8Ω hefyd yn dyblu [1].

6 a i B yw'r coil cynradd [1]. Mae'r newidydd yn gostwng y foltedd o 12 kV i 24 V, ac felly mae'n newidydd gostwng [1]. Mae gan newidyddion gostwng fwy o droadau ar y coil cynradd na'r coil eilaidd [1].

ii cymhareb troadau = cymhareb folteddau = $V_s:V_p$
= 24:12 000 = 1:500   [1]

$N_s = N_p \times \dfrac{V_s}{V_p} = 25\,000 \times \dfrac{1}{500}$ [1]

= 50 troad   [1]

b i Generadur (mewn gorsaf drydan)   [1]

ii A   [1]

iii Yn Eryri, mae'r trydan yn cael ei drawsyrru o dan y ddaear [1] oherwydd bod y peilonau'n cael eu hystyried yn hyll, a bydden nhw'n difetha'r golygfeydd godidog [1]. Dydy hyn ddim yn cael ei wneud fel arfer gan fod trawsyrru o dan y ddaear mor ddrud [1].

7 a i $P = \rho \times g \times h$ [1]

$7.35 \times 10^6 = 1050 \times 10 \times h$ [1]

$h = 700\,\text{m}$ [1]

ii Mae cyfanswm y gwasgedd hefyd yn cynnwys gwasgedd yr aer uwchben y dŵr. [1]

b i Mae'r cyfaint yn cynyddu oherwydd bod y gwasgedd yn lleihau. [1]

ii Yn ôl y ddeddf nwy: $\dfrac{p_1 V_1}{T_1} = \dfrac{p_2 V_2}{T_2}$ os yw T yn gyson [1]

Felly, $(6 \times 10^6 \times 0.1) = (1 \times 10^5 \times V_2)$ [1]

mae hyn yn rhoi:

$V_2 = \dfrac{6 \times 10^5}{1 \times 10^5}$

$= 6\,\text{cm}^3$ [1]

iii Byddai cynnydd yn nhymheredd y dŵr yn arwain at gynnydd yng nghyfaint y swigen yn unol â'r ddeddf nwy. [1]

Termau allweddol

Adolygu gan gymheiriaid: Y broses lle mae arbenigwyr yn yr un maes astudio yn gwerthuso canfyddiadau gwyddonydd arall cyn ystyried cynnwys yr ymchwil mewn cyhoeddiad gwyddonol.

Adolygu gweithredol: Adolygu lle rydych chi'n trefnu'r deunydd rydych chi'n ei adolygu wrth ei ddefnyddio. Mae hyn yn wahanol i adolygu goddefol, sef gweithgareddau fel darllen neu gopïo nodiadau sydd ddim yn gwneud i chi feddwl yn weithredol.

Allanolyn: Pwynt data sy'n llawer mwy neu'n llawer llai na'r pwynt data arall agosaf.

Allosod: Estyn graff i amcangyfrif gwerthoedd.

Ansoddol: Disgrifiadau o sut mae rhywbeth yn edrych, heb ddefnyddio ffigurau neu rifau.

Cydberthyniad negatif: Mae hyn yn digwydd os yw un maint yn tueddu i leihau wrth i'r maint arall gynyddu.

Cydberthyniad positif: Mae hyn yn digwydd os yw un maint yn tueddu i gynyddu wrth i'r maint arall gynyddu.

Cydraniad: Pa mor fanwl gallwn ni ddarllen offeryn.

Cyfannol: Pan fydd cysylltiad rhwng pob rhan o bwnc, a'r ffordd orau o'u deall nhw yw drwy gyfeirio at y pwnc cyfan.

Cyfanrifau: Rhifau cyfan yw'r rhain, sy'n cynnwys seroau.

Cyfeiliornad paralacs: Gwerth neu safle gwrthrych yn edrych yn wahanol oherwydd gwahanol linellau gweld.

Cyfeiliornad systematig: Cyfeiliornad sy'n achosi i fesuriad fod yn wahanol i'r gwir werth, a hynny yn ôl yr un maint bob tro.

Cyfrannedd gwrthdro: Mae meintiau x ac y mewn cyfrannedd gwrthdro â'i gilydd os yw eu lluoswm xy yn gyson.

Cyfrannedd union: Mae meintiau x ac y mewn cyfrannedd union â'i gilydd os yw eu cymhareb $y:x$ yn gyson.

Cylchol: Pan fydd rhif yn mynd ymlaen am byth.

Cymedr: Math o gyfartaledd yw'r cymedr. Rydyn ni'n sôn am gymedrau ar dudalennau 26-28.

Data amharhaus: Data sy'n gallu bod ag amrediad cyfyngedig o wahanol werthoedd, er enghraifft lliw llygaid.

Data arwahanol: Data sy'n gallu bod â gwerthoedd penodol yn unig, fel nifer y marblis mewn jar.

Data categorïaidd: Data sy'n gallu bod ag un o nifer cyfyngedig o werthoedd (neu gategorïau). Math o ddata amharhaus yw data categorïaidd.

Data cynrychiadol: Data sampl sy'n nodweddiadol o'r ardal gyffredinol neu'r boblogaeth sy'n cael ei samplu.

Data di-dor: Data sy'n gallu bod ag unrhyw werth ar raddfa barhaus, er enghraifft hyd mewn metrau.

Diagram gwasgariad: Graff wedi'i blotio i weld a oes perthynas rhwng dau fesur.

Dibynadwyedd: Mae arbrawf yn ddibynadwy os yw gwahanol bobl yn ailadrodd yr un arbrawf ac yn cael yr un canlyniadau.

Digidau ffug: Digidau sy'n gwneud i werth sydd wedi'i gyfrifo edrych yn fwy trachywir na'r data a gafodd eu defnyddio yn y cyfrifiad gwreiddiol.

Dim cydberthyniad: Does dim perthynas o gwbl rhwng dau fesur.

Dull gwyddonol: Ffurfio, profi ac addasu rhagdybiaethau drwy arsylwi, mesur ac arbrofi mewn modd systematig.

Ecolegol: Y berthynas rhwng organebau byw a'i gilydd ac a'u hamgylchoedd ffisegol.

Enwadur: Y rhif o dan y llinell mewn ffracsiwn.

Ffactor gyffredin: Rhif cyfan sy'n rhannu i mewn i'r enwadur a'r rhifiadur mewn ffracsiwn i roi rhifau cyfan.

Ffigur sy'n penderfynu: Y cyfanrif ar ôl nifer y lleoedd degol angenrheidiol sy'n *penderfynu* a oes rhaid i ni dalgrynnu i fyny neu beidio.

Ffracsiwn: Rhif sy'n cynrychioli rhan o rif cyfan.

Gair gorchymyn: Term cyfarwyddyd sy'n dweud wrthych chi beth mae'r cwestiwn yn gofyn i chi ei wneud. Dwy enghreifft o air gorchymyn yw 'Disgrifiwch' ac 'Esboniwch'.

Geometreg: Y gangen o fathemateg sy'n ymwneud â siâp a maint.

Graddfa ddi-dor: Graddfa sy'n cynnwys cynyddiadau â bylchau hafal rhyngddynt.

Graddiant: Mae hwn yn air arall ar gyfer 'goledd'. Dyma'r newid yng ngwerth y wedi'i rannu â'r newid yng ngwerth x.

Gwerth lle: Gwerth digid mewn rhif, er enghraifft yn 926, mae gan y digidau y gwerthoedd 900, 20 a 6 i roi'r rhif 926.

Gwerthuswch: Mae hyn yn golygu pwyso a mesur y pwyntiau da a'r pwyntiau gwael.

Hapgyfeiliornad: Cyfeiliornad sy'n achosi i fesuriad fod yn wahanol i'r gwir werth, a hynny o feintiau gwahanol bob tro.

Histogramau: Siartiau sy'n dangos data di-dor lle mae arwynebedd y bar yn cynrychioli'r amlder.

Hypotenws: Ochr hiraf triongl ongl sgwâr.

Indecs plygiant: Y gymhareb sin i: sin r.

Isluosrifau: Ffracsiynau o uned sylfaenol neu uned ddeilliadol, fel centi- yn centimetr.

Lleoedd degol (ll.d.): Nifer y cyfanrifau sy'n cael eu rhoi ar ôl pwynt degol.

Lluosrifau: Niferoedd mawr o unedau sylfaenol neu ddeilliadol, fel cilo- yn cilogram.

Manwl gywirdeb: Pa mor agos ydyn ni at wir werth mesuriad.

Màs fformiwla cymharol, M_r: Cyfanswm masau atomig cymharol (A_r) yr holl atomau yn y fformiwla.

Meintiol: Mae mesuriadau fel màs, tymheredd a chyfaint yn cynnwys gwerth rhifiadol. Ar gyfer y mesuriadau meintiol hyn, mae'n hanfodol cynnwys unedau, oherwydd nid yw nodi bod màs solid yn 0.4 yn dweud llawer am wir fàs y solid – gallai fod yn 0.4 g neu'n 0.4 kg.

Moeseg: Ystyried a yw gweithred yn gywir neu'n anghywir yn foesol.

Newidyn annibynnol: Y newidyn mae ymchwilydd yn penderfynu ei newid.

Newidyn dibynnol: Y newidyn sy'n cael ei fesur yn ystod ymchwiliad.

Newidynnau categorïaidd: Newidynnau sydd ddim yn rhifiadol (fel lliw, siâp).

Newidynnau di-dor: Y newidynnau a all fod ag unrhyw werth rhifiadol (fel màs, hyd).

Newidynnau rheolydd: Newidynnau, heblaw'r newidyn annibynnol, a fyddai'n gallu effeithio ar y newidyn dibynnol, ac sydd felly'n cael eu cadw'n gyson heb eu newid.

Normal: Llinell wedi'i thynnu ar ongl sgwâr i arwyneb.

Ongl adlewyrchiad: Yr ongl rhwng pelydryn adlewyrchedig a'r normal.

Ongl blygiant, r: Yr ongl rhwng y pelydryn plyg a'r normal i ffin defnydd tryloyw.

Ongl drawiad, i: Yr ongl rhwng y pelydryn trawol a'r normal i ffin defnydd tryloyw.

Ongl gritigol: Yr ongl drawiad mewn cyfrwng optegol ddwys pan fydd yr ongl blygiant mewn aer yn 90°.

Pelydryn adlewyrchedig: Pelydryn sy'n cael ei adlewyrchu oddi ar arwyneb.

Pelydryn trawol: Pelydryn sy'n taro arwyneb.

Perthynas achosol: Y rheswm pam mae un maint yn cynyddu (neu'n lleihau) yw bod y maint arall hefyd yn cynyddu (neu'n lleihau).

Prawf teg: Prawf lle mae un newidyn annibynnol, un newidyn dibynnol, ac mae pob newidyn arall yn cael ei reoli.

Rhagdybiaeth: Esboniad sy'n cael ei gynnig ar gyfer ffenomen; rydyn ni'n ei defnyddio hi fel man cychwyn ar gyfer profion pellach.

Rhif Avogadro: Nifer yr atomau, moleciwlau neu ïonau sydd mewn un môl o sylwedd penodol.

Rhifiadur: Y rhif uwchben y llinell mewn ffracsiwn.

Rhyngdoriad: Dyma'r pwynt lle mae'r graff yn croesi echelin. Yn yr hafaliad: $y = mx + c$, y rhyngdoriad y yw'r pwynt lle mae'r graff yn croesi'r echelin y pan mae $x = 0$; mewn geiriau eraill, dyma werth y pan mae $x = 0$.

Sero arweiniol: Sero cyn digid sydd ddim yn sero, er enghraifft mae gan 0.6 un sero arweiniol.

Seroau dilynol: Seroau ar ddiwedd rhif.

Sgil lefel uwch: Sgìl heriol sy'n anodd ei feistroli ond sy'n rhoi llawer o fudd i chi ar draws gwahanol bynciau.

Siartiau bar: Siartiau sy'n dangos data arwahanol lle mae uchder y barrau digyswllt yn cynrychioli'r amlder.

Tangiad: Llinell syth yw hon sydd prin yn cyffwrdd â'r gromlin ar bwynt penodol ac sydd ddim yn croesi'r gromlin.

Tarddbwynt: Dechrau echelin graff.

Trachywiredd: Mesuriadau trachywir yw rhai ag amrediad bach.

Trigonometreg: Y gangen o fathemateg sy'n ymwneud â'r hydoedd a'r onglau mewn trionglau.

Unedau deilliadol: Cyfuniadau o unedau sylfaenol fel m/s a kg/m^3.

Unedau sylfaenol: Mae'r system SI wedi'i seilio ar yr unedau hyn.